コンピュータシステムの理論と実装

モダンなコンピュータの作り方

Noam Nisan
Shimon Schocken 著

斎藤 康毅 訳

Noam Nisan and Shimon Schocken

The Elements of Computing Systems

Building a Modern Computer from First Principles

The MIT Press
Cambridge, Massachusetts
London, England

「less is more（少ないほど豊かである）」

ということを教えてくれた、両親へ。

賞賛の声

コンピュータシステム全体を理解することができる新しく画期的な方法である。完全なコンピュータにおいて、そのすべての要素が統合的に提示されている。

—— Jonathan Bowen
バーミンガム・シティ大学 教授
ロンドン・サウスバンク大学 名誉教授

『The Elements of Computing Systems』は素晴らしい書籍だ。優れている点を挙げれば切りがない。コンピュータシステムの基本的な点はすべてカバーされているし、内容は必要最小限に抑えられ、勉強にはちょうどよい分量である。説明はわかりやすく十分な図解が付いており、クロスプラットフォームで使える素晴らしいソフトウェアがオンラインにて無料で提供されている。そして、何より、手を動かして行う演習は楽しい！ 実際、学部生向けのコンピュータサイエンスの教科書をこれほど気に入ることがあるなんて、自分でも驚いている。

—— Nick Montfort
マサチューセッツ工科大学 准教授

訳者まえがき：NANDからテトリスへ

本書はNoam NisanとShimon Schockenの共著『The Elements of Computing Systems: Building a Modern Computer from First Principles』の日本語訳である。本書は、コンピュータサイエンスの入門書として書かれたものであり、主に欧米の大学で使用されてきた教科書である。同時に、コンピュータにかかわる技術者や「ハッカー精神」を持つ読者からも多くの支持を得てきた技術書である。実際、本書が出版されたのは2005年であり、技術書としては「古典」に近づきつつある一方で、いまだに熱心な読者を獲得し続けている。

本書が目指すことは、コンピュータを実際に作ること、そして、それを通してコンピュータを深く理解することである。具体的には、NANDという単純な電子ゲートからスタートし、論理回路、加算器、ALU、CPUといったコンピュータを構成するハードウェアを順に作っていく（ハードウェアは、各自のパソコン上でバーチャルに開発する）。そして、そのハードウェア上で動作するソフトウェア——アセンブラやバーチャルマシン、オペレーティングシステムやプログラミング言語——を開発する。そのようにして、コンピュータシステムが完成し、その上で動作するアプリケーションを動作させる。これが本書の大きな流れである。

複雑な大聖堂がレンガから作られるように、コンピュータも単純な素子（部品）から構成されている。その単純な素子として、本書ではNANDゲートからスタートする。「Nand2Tetris（NANDからテトリスへ）」——本書は、親しみを込めて、そのような名前で呼ばれている。「NAND」という、あまりに単純な電子素子だけから、「テトリス」という楽しいゲームが動作するまでの過程。その過程には、先ほど述べた技術要素が登場する。それらすべてを作ることが本書のテーマである。結局のところ、実際に作ることを経験しないと理解できないことがあるのだ（とまでは言えないかもしれないが、手を動かし、何とか作り上げるという経験を通して学んだことはとても重要である）。

コンピュータ技術の進化はとどまることを知らない。新しいコンピュータデバイスが人々のライフスタイルを変え、新しいプログラミング言語が開発者を惹きつける。技術はどんどん細分化し、そのスピードは加速していく。本書で学ぶことは、技術の細部ではない。コンピュータ全体を構成する主要な要素を実際に作ること、それによりコンピュータ全体の仕組みをじっくりと堪能すること。それが本書のテーマである。それが、本書の魅力であり、おもしろさである。

コンピュータの中では何が起こっているのか？　――ほとんどの人にとって、コンピュータはブラックボックスである。誰もがコンピュータの中身で起こっていることまで知りたいとは思わないだろう。しかし、ある一部の人にとっては、コンピュータの中身を知りたいと止まぬ欲求を持つかもしれない。本書がそのような「ハッカー精神」を持つ人の好奇心を満たし、さらにその先へ進む原動力となることができたら、翻訳者としてこれに勝る喜びはない。

最後に、本書を翻訳する機会を与えてくれた株式会社オライリー・ジャパンに感謝したい。

2015年2月23日

チームラボ株式会社 **斎藤 康毅**

まえがき

聞いたことは忘れる。見たことは思い出す。体験したことは身につく。
——孔子（551－479 BC）

今ではもう昔の話になるが、コンピュータの専門家なら誰もが、コンピュータの仕組みを体系的に理解していた時代があった。ハードウェア、ソフトウェア、コンパイラ、オペレーティングシステム、そういったものはどれもがシンプルであり明快であった。そのため、コンピュータ操作の全体像をありのままに一貫して見渡すことができた。しかし、時とともにコンピュータ技術が急速に複雑化するにつれて、そのような明快さはほとんどが消え失せてしまった。コンピュータサイエンスで最も重要なアイデアや技術は、意味不明なインターフェイスと企業秘密の実装が幾重にも重なり、その本質を覆い隠してしまっている。そして、その複雑さによって、コンピュータサイエンスは多くの専門分野に枝分かれすることになった。大学や専門学校で教える授業は、ある分野のある一面だけに焦点を当てざるを得ない。

筆者らが本書を書いた理由は、多くの学生が「木を見て森を見ず」の状態であるように思えたからである。通常の学生であれば、プログラミング、コンピュータ理論、エンジニアリングといった一連の授業がすでに組まれているだろう。そして、そのようなカリキュラムには、“森全体”の美しさを立ち止まって味わう時間は含まれていないと思う。ここで言う“森全体”とは、ハードウェアとソフトウェアが密接に関連し合う世界であり、抽象化された技術やインターフェイス、要件を満たした実装など、それらを通して連携し合う世界のことである。多くの学生や専門家は、この絡み合った世界を自分の目で見ることなく、次のステージへ進むことになる。そのため、彼ら彼女らは「コンピュータの中がどのようになっているのか」ということを完全には理解していない。そして、そのことを心許なく思っているはずである。

コンピュータはどのように動いているのか？——それを理解するための最善の方法は、コンピュータをゼロから作り上げることである。筆者らはそのように信じて疑わない。その考えに則り、考案したプランは次のようになる。まず、単純ではあるが十分にパワフルなコンピュータシステムを明確に規定するところから始める。そして、そのプラットフォームとなるハードウェアと階層構造からなるソフトウェアをゼロから作り上げていくのである。ここで「ゼロから作る」という言葉を用いたが、これは、基本要素として使えるパーツは論理ゲートだけであるということを意味する。つまり、論理ゲートだけを用いてコンピュータの構築を行うという計画である。

それはそうとして、このプロジェクトは直ちに始めなければならない。なぜなら、基本となる原理から始めて、一般用途に使われるコンピュータを作り上げるとなると、それはたいへんな仕事であり、やるべきことが星の数ほどあるからである。また、ハードウェアとソフトウェアを開発するという大仕事は、「巨大プロジェクトをいかに効率良く計画し、管理するか」ということを学ぶ絶好の機会でもある。筆者らは、そのことについても、実践的な側面を重視して説明を行っている。さらに、本書で重点的に説明する点は、数える程度の単純なビルディングブロック（building block、構成要素）だけから、信じられないくらい複雑で実用的なシステムを作ることができるということである。

本書の扱う範囲

本書が目的とすることは、ハードウェアとソフトウェアの構築という作業を通じて、コンピュータサイエンスにおける重要なテーマを学ぶことである。本書を通じて行う作業は、他のコンピュータサイエンスで教えられる理論や応用技術が、実際にはどのように行われているのか（使われているのか）、ということを明らかにしてくれるであろう。特に、次に示すトピックについては、実際に手を動かしながら学ぶ。

ハードウェア

論理ゲート、ブール演算、マルチプレクサ、フリップフロップ、レジスタ、RAMユニット、カウンタ、ハードウェア記述言語（HDL）、回路シミュレーション、回路テスト

アーキテクチャ

ALU/CPUの設計と実装、機械語、アセンブリ言語、アドレッシングモード、メモリマップドI/O

オペレーティングシステム
メモリ管理、数学ライブラリ、I/O ドライバ、スクリーン管理、ファイル I/O、高水準言語のサポート

プログラミング言語
オブジェクト指向、抽象データ型、スコープ規約、構文と意味、参照

コンパイラ
字句解析、下降型構文解析、シンボルテーブル、仮想スタックマシン、コード生成、配列とオブジェクトの実装

データ構造とアルゴリズム
スタック、ハッシュテーブル、リスト、再帰、算術アルゴリズム、幾何アルゴリズム、処理時間の検討

ソフトウェアエンジニアリング
モジュール化、インターフェイス/実装パラダイム、API デザインとドキュメント、将来を見据えたテスト設計、大規模プログラミング、品質保証

これらすべてのトピックはある明確な目的のもとで組まれたものである。その目的とは（繰り返しになるが）、現代のコンピュータをゼロから作り上げることである。実際、上記の内容は、その目的を達成するために選んだトピックであり、（トピックの数が多いと思うかもしれないが）必要最小限に抑えた結果である。また、それらの内容はコンピュータサイエンスの応用分野において、基礎を成す重要なテーマであることがわかってくるだろう。

本書の想定読者

本書が想定している読者は、情報工学（コンピュータサイエンス）またはその他工学部系の学部生および大学院生である。本書の内容は、通常のコンピュータサイエンスの授業の内容と独立したものである。そのため、大学のカリキュラムに関係なく、いつでも本書を使って勉強をスタートしても差し支えないであろう。もし本書の内容を授業で教えるとしたら、プログラミング入門の次の授業で（“CS-2” という名前の授業で）、またはすべての授業の最後に実践的なまとめとして（“CS-199” という名前の授業で）教えるのがよいだろう[†1]。前者（“CS-2”）はシステム指向のコンピュー

†1　訳注：欧米の大学では、コンピュータサイエンスの授業の名前に CS-101、CS-201 などの名前を付けることが慣習になっている。CS とは Computer Science の略。

タサイエンスの入門的な内容に、後者（“CS-199”）はプロジェクト指向の統合的にシステムを作成する内容にすることができる。そのような授業にふさわしいタイトルは『コンピュータサイエンス構造入門』や『コンピュータシステムの構成要素』、『デジタルシステムの構築』や『コンピュータ構築ワークショップ』または『コンピュータを作ろう』などであろう。授業の内容は、進捗に応じてトピックを選別しながら、半年または一年間の授業で使用することができる。

本書のサポート用の Web サイトは http://www.nand2tetris.org/ にある。本書は完全に自己完結しており、前提として必要なものはプログラミング（どのような言語でもよい）に関する知識だけである。特に、コンピュータを作るために必要なコンピュータサイエンスに関する知識は、本書ですべて与えてある。そのため、本書はコンピュータサイエンスを専攻する学生だけではなく、ハードウェアアーキテクチャやオペレーティングシステム、現代のソフトウェアエンジニアリングがどのように成り立っているかを理解したいと思う“コンピュータ好き”の人（高校生も含む）にも役に立つはずである。本書とサポート用の Web サイト（http://www.nand2tetris.org/）は独学で学ぶために使うことができ、プログラミングを学んだことがある人にとって、これまでの技術知識に関係なく、適した内容になっている。

本書の構成

このまえがきでは、筆者らが採用したアプローチと本書で主題として論じる「ハードウェアとソフトウェアの抽象化」を簡単に説明する。本書は 1 章から 12 章までで構成されている。各章では、重要なハードウェアまたはソフトウェアの抽象概念と実装方法、そして、実際に組み立てとテストを行うプロジェクトについて説明を行う。初めの 5 章では、現代コンピュータの単純化したハードウェアプラットフォームについて焦点を当てる。残りの 7 章では、階層構造からなるソフトウェアについて、その設計と実装を論じ、ついにはオブジェクトベースの言語と単純なオペレーティングシステムを作成するに至る。詳細な予定表は**図 1** のようになる。

本書は「抽象と実装」のパラダイムに従っている。各章は「背景」の節から始まり、その節で関連する概念や一般的なハードウェアまたはソフトウェアシステムについて説明を行う。続いて「仕様」の節があり、システムの抽象化された要素——すなわち、期待される振る舞いの本質的な要素——について明確に論じる。各章では“What（何をするか？）”について説明した後に、“How（どのように抽象化したものを実装するか？）”についての解説を行い、「実装」の節へと進む。その次の節は「展望」であり、その章でまだ述べられていない重要な問題について説明を加える。各章は「プロジェクト」の節で終わりとなる。この「プロジェクト」の節では、作成の手順を段階的に与え、テストのための材料や実際に作成するためのソフトウェアツール、また、システムのユニットテストを行うためのツールについて説明を行う。

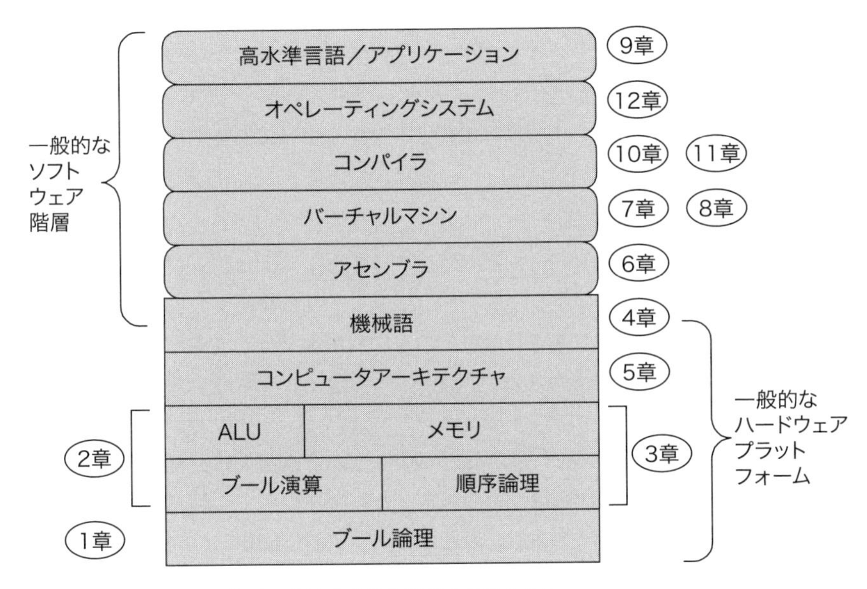

図1　本書のコースマップ。丸で囲まれた数字は章の番号を示す

プロジェクト

本書で述べられているコンピュータシステムは“本物”である――すなわち、実際に組み立てることができ、実際に動かすことができるのである！ 本書で述べられているコンピュータを実際に時間を割いて作り上げた読者は、ただ本を読んだときとは比べられないほどに深く理解することができるであろう。したがって、本書は“アクティブな読者”――腕まくりをし、コンピュータをゼロから作り上げたいと願う読者――のための本であると言える。

各章は他の章とは独立しており、ハードウェアまたはソフトウェアの開発プロジェクトに関する完全な解説が含まれている。コンピュータのプラットフォームを作るための4つのプロジェクト（「1章 ブール論理」「2章 ブール算術」「3章 順序回路」「5章コンピュータアーキテクチャ」）は、ハードウェア記述言語（Hardware Description Language、HDL）を使って作成し、本書で提供するハードウェアシミュレータを用いてシミュレーションを行う。その後の5つのソフトウェアのプロジェクト（「6章 アセンブラ」「7章 バーチャルマシン#1」「8章 バーチャルマシン#2」「10章 コンパイラ#1」「11章 コンパイラ#2」）では、現在使われているプログラミング言語であれば、どのような言語でも用いることができる。残りの3つのプロジェクト（「4章 機械語」「9章 高水準言語」「12章 オペレーティングシステム」）では、それより前のプロジェクトで実装したアセンブリ言語と高水準言語を用いてプログラムを書く。

プロジェクトへの助言

本書には全部で12のプロジェクトがある。一般的な大学で教えるレベルの授業では、ひとつのプロジェクトに対して、平均して週に一度の宿題が必要であろう。プロジェクトは完全に自己完結しているので、希望する順番で行う（または省略する）ことができる。もちろん、“完全版”はすべてのプロジェクトを順番にこなす必要があるが、これもひとつのオプションにすぎない。

筆者らが本書を使って授業を行う場合、いつも次の2点を大切な前提として話を進めることにしている。ひとつ目は、わかりきった場合を除いて「最適化」については注意を払わない、ということである。最適化という重要な問題については、他の専門的な授業に任せることにしている。もうひとつは、変換器（アセンブラ、VM実装、コンパイラ）を開発するときには、誤りのないテストファイル（ソースプログラム）を提供し、変換器への入力に誤りがないと保証していることである。これによって、エラーや例外に対処するためのコードを書く必要がなくなり、ソフトウェアの開発が進めやすくなる。もちろん、不適切な入力にいかに対処するか、ということは重要なテーマである。しかし、これに関しても他の場所で、たとえば、プログラミングの専門コースやソフトウェアデザインの授業などで習得することを想定している。

ソフトウェア

本書のWebサイト（http://www.nand2tetris.org/）では、本書で説明するハードウェアとソフトウェアのシステムについて、そのすべてを作るのに必要なツールと材料を提供している。たとえば、ハードウェアシミュレータ、CPUエミュレータ、VMエミュレータ、実行可能なアセンブラ、バーチャルマシン、コンパイラ、オペレーティングシステムなど、本書で説明するツール「Nand2tetris Software Suite」が含まれる。また、Webサイトにはすべてのプロジェクトで使用する材料——約200に及ぶテストプロブラムとテストスクリプトがあり、これらを各プロジェクトのユニットテストで用いながら開発を進めていく——も含まれている。すべてのソフトウェアのツールとプロジェクトの材料はWindowsまたはUnix/Linuxパソコンで動かすことができる[†2]。

謝辞

本書に付属するソフトウェアは、イスラエルのInterdisciplinary Center Herzliya大学のEfi Arazi School of Computer ScienceとHebrey大学に所属する学生によって開発されたものである。チーフソフトウェアアーキテクトはYaron UkrainitzとYannai Gonczarowskiが務め、Iftach Amit、Nir Rozen、Assaf Gad、Hadar Rosen-Siorが開発者として参加してくれた。これらの学生とともに仕事を進めることができたことは、この上ない喜びであり、彼ら彼女らの教育に関与できたことを誇らしく思う。また、ティーチングアシスタントを務めてくれたMuawyah Akash、David Rabinowitz、Ran Navok、Yaron Ukrainitzに感謝したい。彼らには本書の元となった授業において、いろいろなサポートをしてもらった。

ここで次の方に感謝したい。優秀なDanny Seidner博士のもとで関連プロジェクトに携わったJonathan GrossとOren Baranes、Jack言語の統合開発環境をデザインしてくれたUri ZeiraとOren Cohen、オープンソースの問題に関して有益なアドバイスをくれたTal Achituv、綿密なレビューを行い編集の助言をくれたAryeh SchnallとZdzislaw Ploski。以上の方に感謝の意を表したい。

通常の仕事量を減らすことなく本書を執筆することはできなかったであろう。Efi Arazi School of Computer Scienceの理事長であるEsti Romemの助力に感謝したい。最後に、本書が存在するのは、本書の初期の段階から参加してくれた多くの学生たちのおかげである。学生たちからの多くのバグレポートを通じて、本書の完成度を上げることができた。彼らが授業を通して「失敗は発見の扉」というJames Joyce[†3]の言葉を身をもって体験し、肌で感じていてくれることを筆者らは願っている。

Noam Nisan
Shimon Schocken

---

†2 訳注：Mac OS Xでも動作する。Nand2tetris Software Suiteのインストール方法や使い方については付録Cを参照。

†3 訳注：アイルランドの作家。

意見と質問

本書（日本語翻訳版）の内容については、最大限の努力をもって検証、確認しているが、誤りや不正確な点、誤解や混乱を招くような表現、単純な誤植などに気がつかれることもあるかもしれない。そうした場合、今後の版で改善できるよう知らせてほしい。将来の改訂に関する提案なども歓迎する。連絡先は次のとおり。

株式会社オライリー・ジャパン
電子メール　japan@oreilly.co.jp

本書の Web ページには次のアドレスでアクセスできる。

http://www.oreilly.co.jp/books/9784873117126
http://mitpress.mit.edu/books/elements-computing-systems（原書）
http://www.nand2tetris.org/（著者）

オライリーに関するその他の情報については、次のオライリーの Web サイトを参照してほしい。

http://www.oreilly.co.jp/
http://www.oreilly.com/（英語）

イントロダクション：こんにちは、世界の下側

発見の旅とは、新しい景色を探すことではない。新しい目を持つことである。
——フランスの作家 マルセル・プルースト（1871 – 1922）

本書は“発見の旅”である。本書によって、読者は次の3つのことを学ぶことになる。それは、「コンピュータの動く仕組み」「複雑な問題を扱いやすいモジュールに分割する方法」そして「ハードウェアとソフトウェアからなる巨大なシステムを開発する方法」である。本書では、実践的な作業を通じて、完全なコンピュータシステムをゼロから作り上げていく（**図1**）。この作業を通じてあなたが学ぶであろう教訓は、コンピュータそれ自体よりも価値があり普遍的なものである。心理学者であるカール・ロジャーズは言う。「人に重要な影響を与える唯一の学びは、自己発見・自己本位による学び、つまり、経験によって理解された真実のみである」、と。ここでは、これから先に待ち受ける“発見・真実・経験”について、簡単に説明を行う。

世界の表面

プログラミングの授業を受けたことがある人は、おそらく以下に示すようなコードを最初の授業で目にしたことだろう。ここで示すコードは**Jack**と呼ばれる言語で書かれている。Jackはシンプルな高水準言語（または「高級言語」とも呼ばれる）であり、古典的なオブジェクトベースの構文を持つ。

```
class Main {
  function void main() {
    do Output.printString("Hello World");
    do Output.println(); // 改行
    return;
  }
}
```

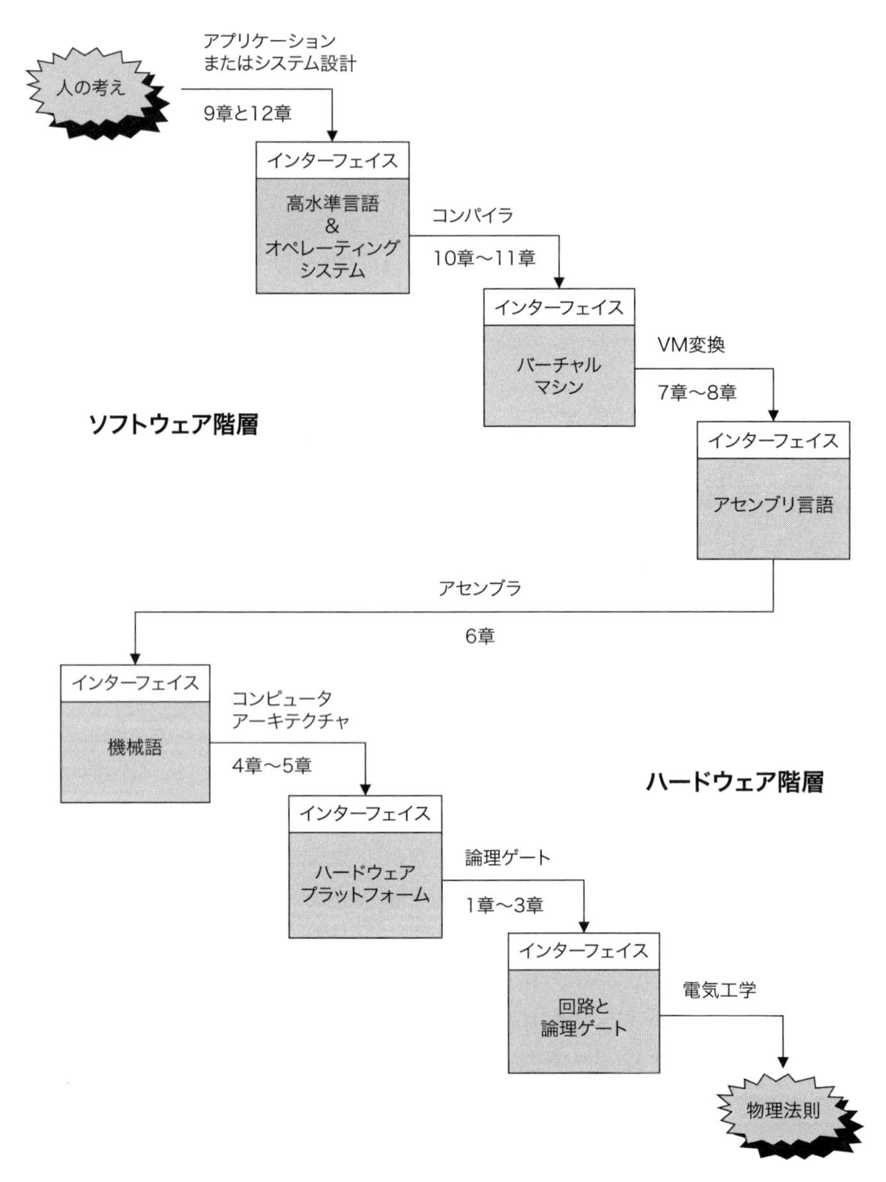

図１　一般的なコンピュータシステムについて、それを構成する主要な要素を抽象化して示す。各階層の実装はそれより下の階層にある抽象化されたサービスをビルディングブロック（構成要素）として用いることで実現される

「Hello World」のようなプログラムは一見やさしそうに見えるが、実際そうではない。そのようなプログラムがコンピュータ上で“実際のところ”はどのように実行されているか、これまで考えたことはあるだろうか？ ここでは、その“実際のところ”について簡単に見ていくことにする。第一に強調すべき点は、プログラムとはテキストファイルに格納された文字列によるデータにすぎない、ということである。我々が最初にすべき作業は、このテキストに書かれている構文を解析し、その内容を明らかにした上で、コンピュータが理解できる低水準の言語で表現し直すことである。この緻密な変換作業（翻訳作業）は**コンパイル**（compilation）と呼ばれる。この変換作業によって、機械レベルのコードを含んだ別のテキストファイルを生成する。

もちろん、機械語もまた抽象化されたものであり、物理的には存在しない。機械語の中身は、ある規則に基づくバイナリコードの集合である。この抽象的な形式を具現化するには、何らかの**ハードウェアアーキテクチャ**（hardware architecture）によって実現しなければならない。続いて、このアーキテクチャの実装には、ある回路集合——レジスタ、メモリ、ALU など——が用いられる。さらに、これらのハードウェアデバイスはどれもがすべて、集積されパッケージされた**基本論理ゲート**（elementary logic gate）から構成される。そしてさらに、これらのゲートは NAND や NOR などのプリミティブなゲートから構築することができる。もちろん、これらのゲートはすべて**スイッチング素子**（switching device）から成り立っていて、スイッチング素子は一般的にトランジスタによって作られる。そして、トランジスタを構成するものはというと……さて、話はここで終わりにしよう。なぜなら、そこが、コンピュータサイエンスが終わり、物理学がスタートする場所だからである。

読者の中には、これを読んで次のように思ったかもしれない。「“私の”コンピュータ上でプログラムをコンパイルして実行するのはとても簡単だ。やることはと言えば、アイコンをクリックしたりコマンドを入力したりするだけだから」、と。しかし、現代のコンピュータシステムは巨大な氷山のようなものであり、人の目が届くのは、その表面だけである。そのため、大部分の人にとって、コンピュータに関する知識というものは、概略だけの表面的なものにすぎない。しかし、もしあなたが、その表面の下に隠れている未開の地を探索したいと思ったならば、それはとても幸運なことである！ そこには魅力的な世界が待ち受けている。そして、その世界はコンピュータサイエンスで最も美しいアイデアと技術から作られている。この下側の世界を熟知しているかどうかが、「平凡なプログラマー」と「優れた開発者」を分ける試金石のひとつになる。優れた開発者は、アプリケーションだけでなく、ハードウェアとソフトウェアが複雑に絡み合った技術についても深く理解している。それでは、そのような知識を得るためには——そして、骨の髄まで理解するには——、どのような方法がベストであろうか？ 答えは、完全なるコンピュータシステムをゼロから構築すること。それが筆者らの答えである。

抽象化

「完全なコンピュータシステムを、人の手でゼロから作り上げることが果たして可能だろうか？」と疑問に思ったかもしれない。しかも、最初に使える材料は基本的な論理ゲートだけであり、そこを出発点としなければならない。これは途方もなく複雑な仕事に相違ない。我々はこの複雑性に対して、プロジェクトを**モジュール**に分割することで対処する。各モジュールは別個に独立した章で扱う。これを聞いて、「どのようにして、モジュール単位で独立に説明し、組み立てを行うのか？」と、またしても疑問に思ったかもしれない。明らかに、それらのモジュールはすべて相互に関係性を持つ！ これは本書を通して明らかになっていくことだが、優れたモジュール化を行えば、各モジュールに対して、そのモジュールだけを考えることができる。つまり、他のモジュールとは独立して——その他のシステムについては考えないで——開発に取り組める。実際のところ、自分の好きな順番でこれらのモジュールを組み立てていくことも可能である。

このモジュール化による計画がうまく機能するのは、人間に与えられた特別な才能のおかげである。特別な才能、それは、物事を**抽象化**して考える能力に他ならない。「抽象化」という言葉は、心理的な思考において、ある物事の本質的要素を簡潔な方法で捉え、それを抜き出し、分離して考えるときに使われるのが一般的である。一方、コンピュータサイエンスの分野で「抽象化」という言葉が使われる場合は、次のように非常に具体的な意味合いで使われる。それは「この要素は何をするのか（what）」だけを考え、その詳細である「それをどのように行うのか（how）」は無視するということである。この機能部分のみを記述するためには、その要素に関係のない情報は含めずに、それを使うために必要な情報はすべて記載する。つまり、その要素の実装部分にかかわる情報は、それを使おうとするユーザーの目に触れてはならない。なぜなら、ユーザーにとってそれは意味のない情報だからである。そのような抽象化を用いることは、我々のような実践的な専門職を遂行するにあたって、基本となる考え方である。ハードウェア開発者またソフトウェア開発者は誰でも、常日頃、そのような抽象化（または「インターフェイス」と呼ばれる）について考える。そして、その抽象化を実装するのである（もしくは、他の人にその実装を頼むのである）。この抽象化はレイヤ構造をとることが多い。レイヤが重なっていくほどに、システムの能力も増していくことになる。

優れた抽象化を設計することは技芸の域にあり、それを習得するためには、多くの実例を見ていくことが一番である。本書は「抽象と実装」の考えをベースとしている。各章では、主要なハードウェアまたはソフトウェアについて、そのインターフェイス（抽象化された要素）を説明し、実際にそれを実装するためのプロジェクトを提供する。抽象化によるモジュール性のおかげで、各章は独立して取り組むことができ、読者は各章において次のふたつのことだけに集中すればよい。ひとつは、与えられたインターフェイスについて理解すること。もうひとつは、そのインターフェイスを実装することである。実装を行うにあたっては、現在取り組んでいるレイヤよりも下位レベルのビルディングブロック（構成要素）を用いることができる。読者は本書を読み進めるにつれて、自分の手によってコンピュータが徐々に形を成していく光景を眺めることができる。そのような体験は、とてもワクワクするものになるだろう。

世界の下側

コンピュータシステムを支える抽象化の集合は、上位レベルの抽象化から、より単純なものへと**トップダウン**的に全体を捉えることができる。また、より下位レベルの抽象化から、より複雑なものへと**ボトムアップ**的な視点で捉えることもできる。本書では後者のアプローチをとる。最も基本的な要素――プリミティブな論理ゲート――から始め、一段一段積み上げながら、汎用コンピュータシステムを構築するに至る。そのようなコンピュータの構築を「エベレスト登頂」にたとえるならば、山の頂に旗を立てることは、高水準言語で書かれたプログラムをコンピュータで実行させることに相当する。我々は山の麓から頂を目指して歩を進めていく予定であるが、ここでは逆の方向で――山頂から麓へ――全体の流れを見渡してみたいと思う。つまり、最も馴染みのある分野である「高水準プログラム」からスタートする。

我々の旅路は主に3つの段階から構成される。山頂は、高水準のプログラムを書き、それを実行する場所である（9章と12章）。その後、ハードウェアの世界へ下り、高水準プログラムが機械語へと変換される、曲がりくねった、非常におもしろい道をたどっていく（6、7、8、10、11章）。最後に麓へたどりつくが、そこでは一般的なハードウェアのプラットフォームが実際どのように構成されるかということが説明される（1～5章）。

高水準言語の世界

我々の抽象化における旅路の最上部はプログラミングを行う場所——企業やプログラマーがアプリケーションを思い描き、そのアイデアをソフトウェアとして実装する場所——である。その作業を行うために、彼ら彼女らは次のふたつのツールを常用する。それは、高水準言語とライブラリである。高水準言語を書き、それをサポートする優れたライブラリを使用するのである。たとえば、「`do Output.printString("Hello World")`」というコードを考えてみよう。このコードは文字を出力するための抽象化されたサービス——このサービスは“どこかで”実装されているはずである——を呼び出す。実際、少し掘り下げてみると、このサービスは通常、オペレーティングシステムと標準言語ライブラリによって提供されていることがわかるだろう。

ところで、標準言語ライブラリとは何だろうか？ そして、オペレーティングシステム（OS）はどのように動いているのだろうか？ これらの問は 12 章で扱われるテーマである。そこでは、OS が提供するサービスに関連する主要なアルゴリズムについて説明する。次に、そのアルゴリズムを用いて、数学ファンクション、文字列操作、メモリ配置、入出力（I/O）処理などの実装を行う。結果として、Jack というプログラミング言語で書かれたシンプルな OS が完成する。

Jack は単純なオブジェクトベースの言語であり、あるひとつの目的のために設計された言語である。その目的とは、Java や C#のような現代的なプログラミング言語の設計と実装について、そのソフトウェアエンジニアリングの本質的要素を示すことである。Jack については 9 章で説明を行い、さらに Jack でコンピュータゲームなどのアプリケーションを作成する方法についても解説する。オブジェクト指向の言語を書いた経験のある人であれば、すぐに Jack のプログラムを書き始めることができるであろう。そして、それまでに構築したコンピュータ上で、各自の開発したプログラムを実行させることができる。9 章の目的は読者を Jack プログラマーにすることではなく、コンパイラや OS の実装を行う準備をすることである。

ハードウェアの世界へのロードマップ

どのようなプログラムであれ、それを実際に実行する前には、そのプログラムをある特定のコンピュータのための機械語に変換しなければならない。この変換作業はコンパイルと呼ばれ、その作業工程はいくつかの抽象化レイヤに分けることができるほどに複雑である。一般的にコンパイルには、コンパイラ、バーチャルマシン、アセンブラの3つの変換器が関連する。次に示すように、本書はこの3つのテーマに関して全部で5つの章を割いている。

コンパイラが行う変換作業は、概念的には、次のふたつのステージからなる。それは構文解析とコード生成である。初めに、ソースコードが解析され、意味的なグループ化が行われる。ここでの結果は、「構文木」と呼ばれるデータ構造に格納される。このパース作業は**構文解析**（syntax analysis）として知られており、10章でその説明を行う。続いて11章で、このパース木を再帰的に処理し、中間言語で書かれたプログラムを生成する方法を示す。JavaやC#と同様に、このJackコンパイラによって生成された中間コードには、スタックベースの**バーチャルマシン**（virtual machine、VM）上で動作する一連の手続きが書かれてある。この古典的なモデル、そして実際のコンピュータ上で実現されるバーチャルマシンの実装については、7〜8章で詳しく述べる。バーチャルマシンの出力結果は、アセンブリ言語の巨大なプログラムになる。このアセンブリコードはアセンブラによってバイナリコードへ変換しなければならない。アセンブラを書く作業は比較的単純であり、これは6章で説明する。

ハードウェアの世界

我々の旅は最も深遠な場所に到達した。機械語から機械そのものへ下降する場所であり、ついにソフトウェアとハードウェアが交わる場所である。この場所はHackが姿を現す場所でもある。Hackとは、汎用コンピュータシステムであり、シンプルさとパワフルさのバランスが保たれるように設計されたハードウェアである。一方で、Hackアーキテクチャは、1〜3章で説明される回路セットを用いれば、ものの数時間の作業で作ることができる。また、Hackは、主要な動作原理とハードウェア要素を明らかにするのに十分な一般性を兼ね備えている。どのようなデジタルコンピュータであれ、それを設計するには、そのような原理と要素が必要になる。

Hackプラットフォームの機械語の仕様は4章で示し、コンピュータの設計自体は5章で議論する。読者は自分のコンピュータ上で、Hackコンピュータと本書で述べるすべての回路とゲートを作ることができる。その場合、本書が提供するソフトウェアベースのハードウェアシミュレータとハードウェア記述言語（HDL）を用いる必要がある。HDLについてのドキュメントは付録Aにある。ハードウェアのモジュールはすべて、テストスクリプトによってテストされる。このテストスクリプトのドキュメントは付録Bにある。

この組立作業からできあがるコンピュータは、CPU、RAM、ROMなどの一般的な構成要素と、シミュレーションされたスクリーンとキーボードを持つ。コンピュータのレジスタとメモリシステムは3章で作成し、続いて「順序回路」について簡潔な説明を与えてある。2章では、コンピュータの「組み合わせ回路」から「算術論理演算機（ALU）」を作成するに至る。そこでは、ブール演算について簡単な説明も行っている。これらの章で登場する回路は、1章で構築する基本的な論理回路をベースとして作られる。

もちろん、抽象化のレイヤはここで終わりではない。基本となる論理回路はトランジスタからできており、固体物理学から、ついには量子力学までを対象とする技術が使われる。実際、これは自然界の抽象化であり、物理学者によって研究され、定式化される対象である。そのような物理学者によって作成されたものが、コンピュータ科学者のビルディングブロックとして用いられることになる。そして、その上に人工世界の抽象化が構築され、研究が行われる。

これで大旅行の下見は終わりである。オブジェクトベースのソフトウェアという頂から始まり、ハードウェアのプラットフォームを構築する材料へと下っていく旅路であった。これまで見てきた方法論――複雑なシステムをモジュール化された重層的なシステムとして把握する方法――は、エンジニアリングにおいて非常に有効な方法である。さらに、その方法論は、少なくとも2500年前にさかのぼる人間の思考における中心的なテーマであった。そのことは次の文が示している。

> われわれが思量するのは目的に関してではなく、目的へのもろもろのてだてに関してである。たとえば、思量されるのは、医者の場合にあっては病人を健康にすべきかいなかではなく、弁論家にあっては相手を説得すべきかいなかではなく...。かえって、ひとびとは目的を設定した上、この目的がいかなる仕方で、いかなる手段によって達成されるであろうかを考察する。そうして、この目的を達成するいくつかのてだてがあると見られる場合には、そのいずれによって最も容易にまた最もうるわしく達成されるであろうかを考察するし、もしまた達成のてだてがひとつであるならば、いかなる仕方でその目的がこのてだてによって達成されるか、そうしてこのてだてはさらにいかなるてだてを要するかというふうにして第一の因（それは発見されることにおいては最後のものである）にまで遡る。
> （アリストテレス著『ニコマコス倫理学』第3巻、高田三郎訳、岩波文庫）

最後に、ページどおりの順番で全体の流れ（ボトムアップ的に進む流れ）を見ることにする。まずは基本となる論理ゲートから始め（1章）、「順序回路」と「組み合わせ回路」へと進む（2〜3章）。さらに一般的なコンピュータアーキテクチャを設計し（4〜5章）、一般的なソフトウェア階層を構築する（6〜8章）。そして、モダンなオブジェクトベースの言語（9章）のためのコンパイラを実装するに至る（10〜11章）。最後にシンプルなOSの設計と実装を行う（12章）。

本章によって、この先何が待ち受けているかということを把握し、この“発見の旅”を推し進める原動力となれば幸いである。さぁ、準備は整った。それでは出発しよう！

目次

コラム目次

1章
ブール論理

あまりに単純なものから、人間が手に負えないほど複雑なものが作られる。
——アメリカの詩人 ジョン・アッシュベリー（1927–）

すべてのデジタル機器は——それがパソコンであれ、携帯電話であれ、ネットワークルータであれ——情報の保存と処理を行うために設計された回路からできている。そのような回路は、それぞれに形状や形態は異なるものの、それを構成する要素はどれも同じである。その構成要素とは**論理ゲート**（logic gate）である。物理的には、論理ゲートを作るための材料や製造方法はたくさん存在するが、論理的には、同じ論理ゲートであれば、その振る舞い、およびそのインタフェースはすべてのコンピュータで同じである。本章では、最も単純な論理ゲートのひとつであるNand[†1]から始め、その他すべての論理回路をNandから作成していく。結果として、より一般的な論理回路ができあがり、後ほどコンピュータの処理とストレージ用の回路を作るときに用いる。コンピュータの処理とストレージ用の回路については、2章と3章でそれぞれ説明を行う。

本書のハードウェアに関する章は、本章からスタートするが、すべて同じ構成である。各章では、明確に定義された課題が与えられている。その課題とは、特定の回路を組み立てたり、ひとつにまとめ上げたりするためのものである。この課題を解くために必要な知識は「背景」の節で簡潔にまとめてある。その次の節では、抽象化した回路のインターフェイスに関する完全な「仕様」について、つまり、回路が提供すべきさまざまなサービスについての情報を与える。そのように“何を作るか（what）”について説明した上で「実装」の節に進み、“どのように実装するか（how）”についてのガイドラインとヒントを与える。「展望」の節では、議論では割愛した重要なトピッ

†1　訳注：「NAND」とすべて大文字で表記するほうが一般的であるが、本書で使用するソースコードや他の図中の表現と整合性を保つため、原著の記載どおり「Nand」のまま表記する。AND、OR、XORについても、同様の理由により、And、Or、Xorと表記する。

クを説明し、その章のまとめを述べる。各章は「プロジェクト」の節で終わる。この節では、本書が提供しているハードウェアシミュレータを使い、コンピュータの回路を実際に作成する。回路を作るための説明は段階的に与える。

本章はハードウェアに関する最初の章であるため、「背景」の節は通常よりもいくぶん長く、「ハードウェア記述言語（HDL）」と「ハードウェアシミュレーション」という節を特別に設けてある。

1.1 背景

本節では、**ブールゲート**（boolean gate）と呼ばれる単純な回路に焦点を当てる。ブールゲートとは、ブール関数を物理的に実現したものであるため、初めにブール代数について簡単に説明する。その後で、単純なブール関数を実装したブールゲートを作り、それらを相互に連結することで、より複雑な機能が実現できることを示す。この「背景」の節の結論として、ハードウェアの設計が現実にはどのように行われているかということに関して、ソフトウェアのシミュレーションツールを用いて説明を行う。

1.1.1 ブール代数

ブール代数はブール値（「バイナリ値」や「2値」とも呼ばれる）を扱う。このブール値には通常、true/false、1/0、イエス/ノー、オン/オフなどのラベルが使われる。本書ではブール値のラベルに1と0を用いることにする。ブール関数は入力としてブール値を受け取り、出力としてブール値を返す関数である。ブール関数は、ハードウェアアーキテクチャの設計仕様や製造、最適化などにおいて中心的な役割を担う。そのため、ブール関数を定式化し分析する能力が、コンピュータアーキテクチャを構築する第一歩となる。

真理値表による表現

ブール関数を表現する最も単純な方法は、関数の入力について、すべての可能な組み合わせを列挙し、入力の各組み合わせに対する関数の出力をひとつずつ埋めていくことである。これはブール関数の**真理値表**（truth table）による表現であり、**図1-1**のように表される。

図1-1の最初の3列に、関数の入力としてバイナリ値のすべての可能な組み合わせが列挙されている。$v_1 ... v_n$（ここでは $n = 3$）という変数の組み合わせは 2^n 通りあり、最後の列で出力である $f(v_1 ... v_n)$ の値が与えられる。

x	y	z	$f(x, y, z)$
0	0	0	0
0	0	1	0
0	1	0	1
0	1	1	0
1	0	0	1
1	0	1	0
1	1	0	1
1	1	1	0

図 1-1 ブール関数の真理値表による表現の一例

ブール式

真理値表による指定の他に、ブール関数はブール式（boolean expression）によって記述することもできる。ブール式の基本は And、Or、Not の 3 つである。x And y は x と y の両方が 1 のときだけ 1 になり、x Or y は x または y のどちらか、またはその両方が 1 のときだけ 1 になる。そして、Not x は x が 0 のときだけ 1 になる。我々は、数式で用いる記法をブール式でも用いることにする。具体的には、$x \cdot y$（または xy）は x And y を、$x + y$ は x Or y を、$\bar{x}$ は Not x を意味するものとする。

図 1-1 で定義される関数は、ブール式では $f(x, y, z) = (x + y) \cdot \bar{z}$ と表すことができる。たとえば、この論理式を $x = 0$、$y = 1$、$z = 0$ で評価する場合（表の 3 行目）、y が 1 であるから $x + y = 1$ であり、$1 \cdot \bar{0} = 1 \cdot 1 = 1$ となる。論理式と真理値表が同じブール関数であるかを確かめるためには、すべての入力の組み合わせ（ここでは 8 通り）について論理式を評価し、それが表の値と一致することを確認すればよい。

正準表現

どのようなブール関数でも、少なくともひとつの**正準表現**（canonical representation）と呼ばれるブール式で表すことができる。真理値表から正準表現を導くには、真理値表で関数の出力が 1 である行だけに注目する。そのような各行について、その行に入力される**リテラル**（変数またはその変数の否定）を And で結合して新たな項を作成する。たとえば、**図 1-1** の 3 行目の出力は 1 である。その行の変数の値は $x = 0$、$y = 1$、$z = 0$ であるので、$\bar{x}y\bar{z}$ という項を作る。同じ手順に従うと、5 行目と 7 行目はそれぞれ $x\bar{y}\bar{z}$ と $xy\bar{z}$ で表すことができる。これらの項（関数の出力が 1 である行）

をすべてOrで結合することで、真理値表と等しいブール式が得られる。したがって、**図1-1**のブール式を正準表現で表すと、$f(x, y, z) = \bar{x}y\bar{z} + x\bar{y}\bar{z} + xy\bar{z}$になる。ここで示した内容はひとつの重要な結論を導く。それは、どのようなブール関数であれ、たとえそれがどれだけ複雑であったとしても、3つのブール演算And、Or、Notを用いて表現できる、ということである。

2入力のブール関数

図1-1を考察して明らかになったかもしれないが、n個のバイナリ変数によって定義されるブール関数は2^{2^n}通り存在する。たとえば、ふたつの変数による関数は**図1-2**に示す16通りが存在する。これらの関数は、表の右にある4つの列に示すように、4つのブール値の組み合わせをすべて列挙することで、系統立てて作成できる。すべての関数には、操作内容を簡潔に記した慣例的な名前が付けられている。いくつか例を挙げると、Nor関数は「Not Or」を略して表記したものであり、xとyのOrをとり、その結果を反転させている。Xor関数は「exclusive or」の略記であり、ふたつの変数が互いに異なる場合は1を、それ以外の場合は0を返す。逆にEquivalence関数は、ふたつの変数が等しいときに1を返す。If x then y関数（「$x \rightarrow y$」としても知られている）は、xが0のときとxとyが1のとき、結果として1を返す。他の関数については自明であろう。

Nand関数は（Nor関数も同様に）、理論的に興味深い性質を持っている。それは、And、Or、NotはそれぞれNand（またはNor）だけから作ることができるという点である。たとえば、x Or y = (x Nand x) Nand (y Nand y)というように、NandだけからOrを作ることができる。また、正準表現を用いることで、すべてのブール関数はAnd、Or、Notの操作によって作ることができた。そのため、すべてのブール関数はNandだけから作れることになる。これは実践上とても重要なことを意味する。つまり、Nandを実現した物理デバイスが自由に使えるのであれば、どのようなブール関数でも、（Nandをつなぎ合わせて）ハードウェアとして作れるということである。

関数	x	0	0	1	1
	y	0	1	0	1
Constant 0	0	0	0	0	0
And	$x \cdot y$	0	0	0	1
x And Not y	$x \cdot \bar{y}$	0	0	1	0
x	x	0	0	1	1
Not x And y	$\bar{x} \cdot y$	0	1	0	0
y	y	0	1	0	1
Xor	$x \cdot \bar{y} + \bar{x} \cdot y$	0	1	1	0
Or	$x + y$	0	1	1	1
Nor	$\overline{x + y}$	1	0	0	0
Equivalence	$x \cdot y + \bar{x} \cdot \bar{y}$	1	0	0	1
Not y	$\bar{y}$	1	0	1	0
If y then x	$x + \bar{y}$	1	0	1	1
Not x	$\bar{x}$	1	1	0	0
If x then y	$\bar{x} + y$	1	1	0	1
Nand	$\overline{x \cdot y}$	1	1	1	0
Constant 1	1	1	1	1	1

図 1-2　2 変数ブール関数：すべての組み合わせを列挙する

1.1.2　論理ゲート

ゲート（gate）はブール関数を実装するための物理デバイスである。もし n 個の変数を入力として受け取り、m 個のバイナリを返すブール関数 f があった場合（これまでの例ではすべて m は 1 であった）、f を実装するゲートは n 個の入力ピンと m 個の出力ピンを持つことになる。ゲートの入力ピンに $v_1 ... v_n$ というある値が入力された場合、そのゲートの“論理”は、その内部構造により $f(v_1 ... v_n)$ を計算し出力するはずである。また、複雑なブール関数がより単純な関数から構成できるように、複雑なゲートはより基本的なゲートから構成することができる。最も単純なゲートは、あるスイッチ素子を特定の配線経路（ゲートの機能が実現するように設計されている構造）でつなぎ合わせることで作られる。このスイッチ素子は**トランジスタ**（transistor）と呼ばれる。

現代のデジタルコンピュータのほとんどすべてが、2 値データの表現と伝達（ゲートからゲートへの伝達）を行うために電気を用いている。しかし、スイッチング（切り替え）や伝送を行うことができる技術が電気の他にあれば、それを採用することもできる。実際、過去50年間の間に、ブール関数を実現するために多くの研究がなされており、その中には、磁石、光、バイオ、水圧、空気圧などのメカニズムが使われているものもあった。今日においては、ほとんどのゲートがシリコンから作られたトランジスタにより実現されており、そのようなゲートは**回路**（または**チップ**）としてパッケージされている。ちなみに、本書では「回路」と「ゲート」という用語を同じ意味で用いている。

先ほども述べたとおり、スイッチング技術が他にあれば、それを使うことができる。またその一方で、ブール代数はいかなる技術を使ったとしても、その振る舞いを抽象化して表すことができる。これは非常に重要なことを示している。コンピュータ科学者は、電気、回路、スイッチ、リレー装置、電源といった物理的な要素については基本的に考える必要はないということである。その代わりに、コンピュータ科学者はブール代数と論理ゲートの抽象化された世界に集中することができる。ハードウェアについては、他の誰か（物理学者や電気エンジニアであろう）がうまく実装してくれていると信じて使うことができるのである。そのため、**図1-3**に示すような基本ゲートについてはブラックボックスとみなすことができ、その実装はいずれかの方法で行われているだろうが、そのことについては気にする必要はない。ハードウェア設計者はそのような基本ゲートから始め、それらをつなぎ合わせて、より複雑な機能を持つ**複合ゲート**（composite gate）を設計する。

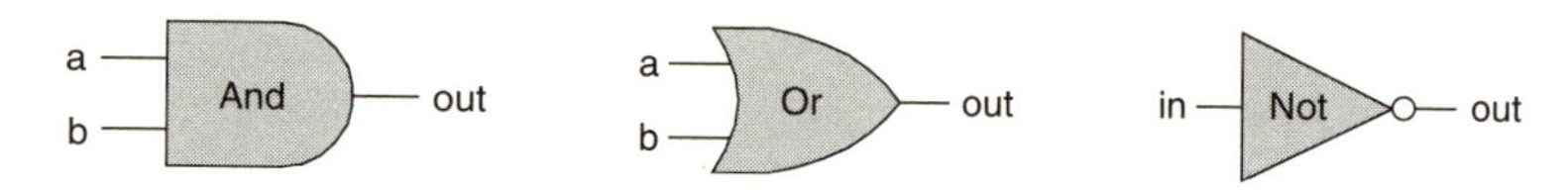

図1-3　基本論理ゲートの一般的な記号による表記

基本ゲートと複合ゲート

論理ゲートの入力と出力はすべて0と1からなる要素であるため、それらを互いに組み合わせて複合ゲートを構成することができる。たとえば、3入力のブール関数であるAnd(a, b, c)の実装を考えよう。ブール代数を用いると、$a \cdot b \cdot c = (a \cdot b) \cdot c$であることがわかる。また、前置表記法の場合、And(a, b, c) = And(And$(a, b), c)$と表すことができる。この結果を利用すれば、**図1-4**のように3入力Andゲートを構成することができる。

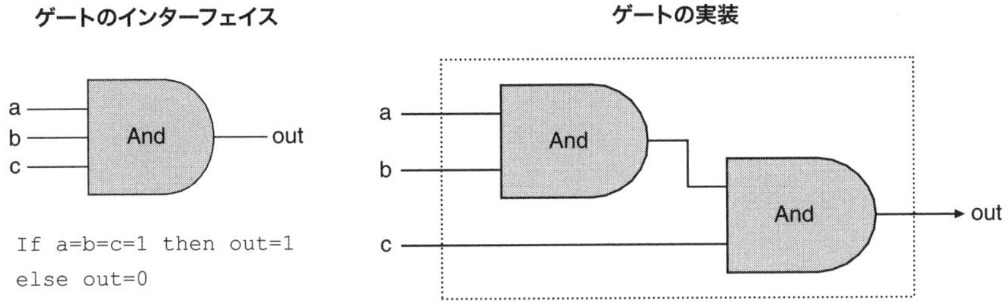

ゲートのインターフェイス

ゲートの実装

```
If a=b=c=1 then out=1
else out=0
```

図 1-4　3 入力 And ゲートの実装方法。右図の四角形枠は、ゲートのインターフェイスについて概念上の境界線を示している

図 1-4 で行った組み立ては論理ゲートの単純な例であり、**論理設計**（logic design）とも呼ばれる。論理設計とは、簡単に言えば、ゲートのつなぎ方に関する技法であり、それによって複雑な機能を持った複合ゲートを構成することができる。複合ゲートはそれ自体ブール関数であるため、“見た目”（例としては**図 1-4** の左図）は基本ゲートと同じである。しかし、その内部構成はより複雑なものになる。

どのような論理ゲートであれ、それをふたつの異なる視点から捉えることができる。ふたつの視点とは、外部と内部である。**図 1-4** の右図はゲートの内部に関するアーキテクチャ、つまり、その**実装**を表す。一方、左図はゲートの**インターフェイス**であり、外の世界に対する入力ピンと出力ピンを示している。前者にかかわるのはゲート設計者だけであり、後者は他の設計者に向けたものである。他の設計者は内部構成を気にすることなく、抽象化されたコンポーネントとして使うことができる。

それでは、他の論理設計の例について、たとえば Xor について考えてみよう。先ほど議論したとおり、$\mathrm{Xor}(a,b)$ の値が 1 になるのは、a が 1 で b が 0 のとき、または a が 0 で b が 1 のときのどちらかである。別の表現を用いれば、$\mathrm{Xor}(a,b) = \mathrm{Or}(\mathrm{And}(a,\mathrm{Not}(b)),\mathrm{And}(\mathrm{Not}(a),b))$ となる。これから**図 1-5** に示すような論理設計が導かれる。

ここで注意すべきは、ゲートのインターフェイスはただひとつしか存在しない、ということである。つまり、それを表現する方法はひとつだけ存在し、通常、真理値表やブール式、または言葉でその仕様を表現する。しかし、このインターフェイスを実現する実装方法にはさまざまな方法が存在する。その実装方法の中には、他よりもコスト、スピード、単純性の点で優れたものがある。たとえば、Xor 関数は And、Or、Not ゲートを計 4 つ用いれば実装できる（例で示した実装方法はゲートを 5 つ使用している）。機能的な点から言えば、論理設計の基本要求は、特定のインターフェイスを

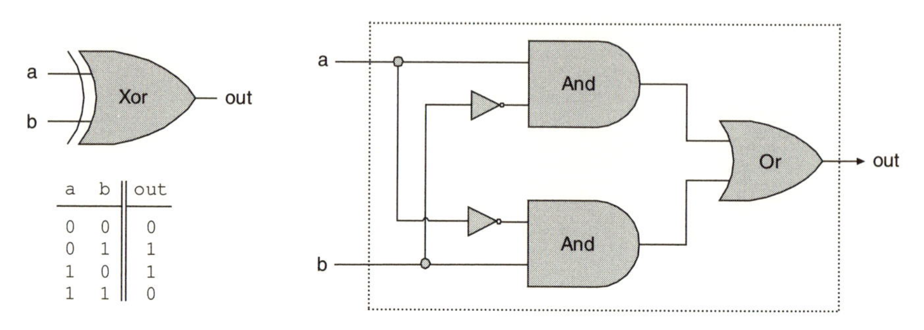

a	b	out
0	0	0
0	1	1
1	0	1
1	1	0

図 1-5　Xor ゲートとその実装方法

何らかの方法で実現することである。効率の点で言えば、一般的な指標は「do more with less」、つまり「ゲートの数をできるかぎり減らせ」ということになる。

以上をまとめると、論理設計の技法は次のように説明できる。それは、ゲートの仕様（インターフェイス）が与えられたとき、すでに実装済みの他のゲートを用いて対象のゲートを実装する効率的な方法を探す、ということである。本節の残りの部分では、主にこの論理設計の技法を扱う。

1.1.3　実際のハードウェア構築

単純なゲートから複雑なゲートを構築する方法を解説したので、実際にゲートが作られるプロセスについて話を進めたいと思う。まずは単純な例から始めることにする。

ここでは自宅ガレージに「回路組み立てショップ」をオープンしたと想定しよう。最初の仕事は Xor ゲートを 100 個作ることに決まったとする。そこで、受注した仕事の頭金を使って、はんだごて、銅線、それに加えて And ゲート、Or ゲート、Not ゲートをたくさん購入することにした。この 3 種類のゲートは、「And ゲート」「Or ゲート」「Not ゲート」とラベルを貼った入れ物の中にそれぞれ入れておく。これらのゲートはプラスティックの容器でできており、入力ピンと出力ピン、そして電源供給プラグが外へ出ている。手始めに**図 1-5** が印刷された紙をガレージの壁に貼り付け、用意した材料を使って実装することにする。初めに And ゲートをふたつ、Not ゲートをふたつ、Or ゲートをひとつ取り出し、図の配線図に従ってボードにゲートを取り付ける。続いて回路の間を連結するために、銅線を使ってゲートの入力ピンと出力ピンをはんだ付けする。配線図に従って慎重に作業を進めれば、3 本の配線が外に出ることになる。そしてその 3 本の配線の先にそれぞれピンをはんだ付けし、それらの 3 本のピンを除いて全体をプラスティックの容器で覆い、「Xor」というラベルを貼り付ける。後はこの組み立て作業を繰り返すだけである。日が暮れる頃には、「Xor ゲート」という新しい入れ物の中にたくさんの回路ができあがっているだろう。もしこの先、他の回路を作ってほしいと頼まれたら、これまで And、Or、Not ゲートを使ってきたときと同じように、この Xor ゲートをビルディングブロック（構成要素）として使うことができる。

おそらく気づいたかもしれないが、この回路の組み立て方法には多くの問題がある。まず第一に、与えられた回路の配線図が正しいという保証はない。ここでは Xor のような単純な回路を扱ったので、配線図が正しいことを証明できる。しかし、実際の複雑な回路の多くではそのようなことはできない。そういった場合、実験に基づいてテストを行う必要がある。実験に基づくテストとは、回路を組み立て、電源につなぎ、入力ピンに対して 0/1 のさまざまな組み合わせを設定し、そのときの出力が仕様に従うかどうか逐一確認を繰り返すテストである。もし出力が期待するものでなければ、物理的な構造をいじくり回す必要があり、それはかなり面倒なことになるだろう。さらに、正しい設計を行ったとしても、組み立て工程を何度も繰り返す作業は時間がかかり、ミスも起こりやすい。そのため、ここで述べた組み立て方法は採用しないほうがよい。良い方法が他にあるはずである。

1.1.4 ハードウェア記述言語（HDL）

今の時代、ハードウェア設計者はモノを作るために手を汚さなくてよい。その代わりに、コンピュータ上で**ハードウェア記述言語**（Hardware Description Language、HDL）を用いて、回路のアーキテクチャを設計し、最適化について考えることができる（HDL は VHDL としても知られている。V は Virtual を意味する）。設計者は回路の構造を HDL プログラムで表現し、その後で厳密なテストを行う。テストはコンピュータのシミュレータ上で仮想的に行うものであり、具体的には**ハードウェアシミュレータ**（hardware simulator）と呼ばれる特別なソフトウェアツールを用いる。ハードウェアシミュレータは HDL で書かれたプログラムを入力として読み込み、メモリ上にそのプログラムで指定された回路を構成する。続いて設計者は、シミュレータにテストを行うように指示を与えられる。その仮想回路へのさまざまな入力に対して回路の出力をシミュレートし、出力を期待される結果と比較する。そうすることで、クライアントの要望した回路と合致するかどうか確かめることができる。

一般的にハードウェア設計者は、回路の正確性に加えて、処理速度、エネルギー消費量、回路設計全体のコストなどについても注意を払う。ハードウェアシミュレータは、これらすべての要素をシミュレートし、定量化する。そのため、シミュレートされた回路がコストとパフォーマンスの点で要望を満たすまで、設計者は実験を繰り返し行うことができる。

このように、HDLを用いることで回路全体のプランを練り、デバッグを行い、最適化を施すことができる。しかも、これらの作業は、実際の製品に対して1円もコストを費やすことなく行える。HDLプログラムが完成したとみなすことができた段階で、つまりシミュレートされた回路がクライアントの要望を満たしていると判断した段階で、そのHDLプログラムは「設計図」となる。その設計図から実際の回路が大量に製造され、シリコンにプリントされる。回路製造の最後の段階——最適化されたHDLプログラムから大量生産への段階——は回路製造を専門とする会社に外注することがほとんどである。

例：Xorゲートの構成

図1-2と**図1-5**で見てきたように、**排他的論理和**（exclusive or）であるXorを定義する方法のひとつは$\mathrm{Xor}(a,b) = \mathrm{Or}(\mathrm{And}(a,\mathrm{Not}(b)),\mathrm{And}(\mathrm{Not}(a),b))$を用いることである。この論理式はゲート図のように図で表現することもできるし、HDLプログラムのようにテキストで表すこともできる（詳細は**図1-6**を参照）。本書で用いるHDLプログラムは、付録Aで定義されるHDLで書かれている。

解説

回路を定義するHDLはheaderセクションとpartsセクションからなる。headerセクションは回路のインターフェイスについて記述する。ここで言うインターフェイスとは、回路名、入力ピン名、出力ピン名の3つの要素である。partsセクションでは、より下位レベルのパーツ（他の回路）の名前やそれらのつなぎ方を指定し、各自が所望する回路を構成する。各パーツは**ステートメント**によって表現される。ステートメントとは、パーツの名前や他パーツとのつなぎ方を指定した文である。そのようなステートメントを書くためには、HDLのプログラマーは内部で使うパーツのインターフェイスについて完全なドキュメントが必要である。たとえば、**図1-6**で想定しているのは——Notゲートの入力ピンと出力ピンはそれぞれ`in`と`out`という名前であり、Andゲート、Orゲートでは`a`と`b`そして`out`という名前でラベル付けされている——ということである。このような名前の決め方は明白ではないため、現在のコードで対象の回路を用いる前に、一度対象のドキュメントまたはインターフェイス

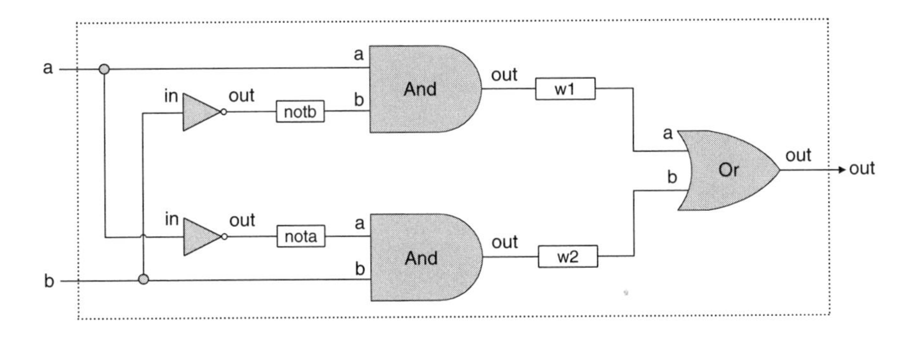

HDLプログラム (Xor.hdl)	テストスクリプト (Xor.tst)	出力ファイル (Xor.out)

```
/* Xor (exclusive or) gate:
   If a<>b out=1 else out=0. */
CHIP Xor {
   IN a, b;
   OUT out;
   PARTS:
   Not(in=a, out=nota);
   Not(in=b, out=notb);
   And(a=a, b=notb, out=w1);
   And(a=nota, b=b, out=w2);
   Or(a=w1, b=w2, out=out);
}
```

```
load Xor.hdl,
output-list a, b, out;
set a 0, set b 0,
eval, output;
set a 0, set b 1,
eval, output;
set a 1, set b 0,
eval, output;
set a 1, set b 1,
eval, output;
```

```
a | b | out
- - - - - - - -
0 | 0 | 0
0 | 1 | 1
1 | 0 | 1
1 | 1 | 0
```

図 1-6　Xor ゲートの HDL による実装

を調べる必要がある。

内部的なパーツの連結は、必要に応じて**内部ピン**（internal pin）を作成し、それを連結することによって表現される。たとえば、**図 1-6** のゲート図において、Not ゲートの出力が And ゲートに連結されている箇所を見てみよう。HDL のコードではこの連結は、`Not(...,out=nota)` と `And(a=nota,....)` という対になる記述によって表される。最初のステートメントで `nota` という名前の内部ピンを作成し、それに `out` を代入している。ふたつ目のステートメントは `nota` の値を And ゲートの入力である `a` に代入している。ここで、ピンの出力の数に限界はないということに注意する必要がある。たとえば**図 1-6** では、各入力線は同時にふたつのゲートに入っている。ゲート図において複数連結はフォーク（分岐）によって表される。HDL ではフォークの有無はコードから判断できる。

テスト

回路に対して品質保証を行うためにテストが行われる。このテストは特定の方法によって繰り返し行うことができ、ドキュメントとしてもきちんとまとめられた形で行われる。また、ハードウェアシミュレータは、あるスクリプト言語で書かれたテストスクリプトを実行するように設計されているのが普通である。たとえば、**図1-6**で示したテストスクリプトの例は、本書が提供するハードウェアシミュレータが理解できるスクリプト言語で書かれている。このスクリプト言語の詳細については付録Bに説明がある。

ここでは**図1-6**で示されるテストスクリプトについて簡単な説明を行う。テストスクリプトの最初の2行で、シミュレータに`Xor.hdl`のプログラムを読み込ませ、選択した変数の値を出力する準備を行う。次に一連のテスト環境を羅列していき、将来起こり得るであろうさまざまな状況（Xorゲートが操作するであろう状況）をシミュレートする。各状況において、シミュレータは回路の入力ピンに指定されたデータ値を設定し結果となる出力を計算する。そして、指定された出力ファイルにテスト結果を記録する。Xorのような単純なゲートの場合、すべての入力の組み合わせをカバーできる完全なテストスクリプトを書くことは可能である。出力ファイルの結果（**図1-6**の右図）によって、その回路が完全に正しく設計されたものであると実験で検証できたことになる。後ほど見ていくが、より複雑な回路においては、そのようなすべての場合を網羅したテストを行うことは現実的ではない。

1.1.5 ハードウェアシミュレーション

HDLはハードウェアを構築するための「言語」である。そのため、HDLプログラムを書いてデバッグを行う過程はソフトウェア開発と極めて類似している。大きな違いは、Javaのよう言語で書く代わりに、HDLで書くことである。そして、コンパイラを使ってコードを変換するのに代わって、**ハードウェアシミュレータ**を使う。ハードウェアシミュレータはコンピュータのプログラムであり、HDLで書かれたコードについて、その構文解析と解釈の方法を知っている。そしてそれを実行可能な形式に変換し、テストスクリプトの仕様に従ってテストを行う。現在、商用のハードウェアシミュレータは数多くあり、費用、操作性、使いやすさなどの点でさまざまなものが存在する。本書ではシンプル（そして無料！）なハードウェアシミュレータを提供している。ハードウェアの設計には、このハードウェアシミュレータで十分であろう。さらに、このシミュレータには必要なツールはすべて含まれており、回路を構築し、テストを行い、他の回路を統合することができる。このシミュレータを使い、最終的には汎用コンピュータを作るまでに至る。**図1-7**はハードウェアシミュレータでシミュレーションを行っているときのキャプチャ画像である。

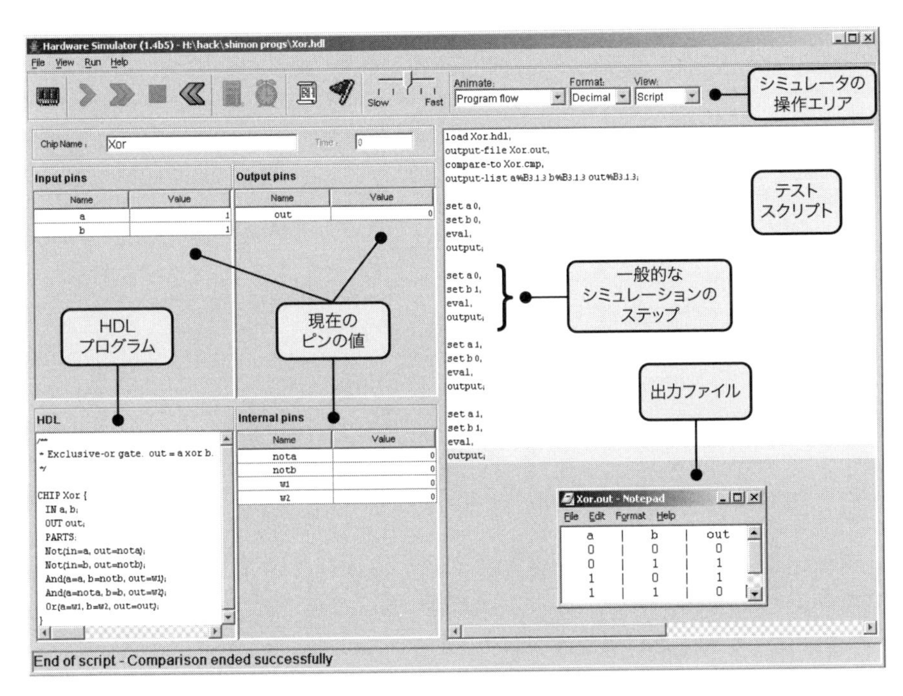

図1-7　ハードウェアシミュレータでXor回路をシミュレートしているときのキャプチャ画像。シミュレータの状態は、テストスクリプトの実行が完了した後に表示される。ピンの値は、最後のシミュレーションのステップ（a=b=1）に対応した値が表示される。シミュレーションによって生成される「出力ファイル」はXorの真理値表と一致しており、読み込んだHDLプログラムの動作が正しいことを示している。この図には「比較ファイル」は表示されていないが、一般的に回路の依頼主から指定されることが想定される。この「比較ファイル」は「出力ファイル」と同じ構造になる。そのふたつのファイルが同じ結果であることがわかれば、ウィンドウの下に「Comparison ended successfully（比較結果は正しい）」というメッセージが表示される

1.2　仕様

本節では代表的なゲートについて具体的に述べる。ここで取り上げるゲートは一般的なブール操作を行うものである。この後の章では、現代の一般的なコンピュータを構築するため、これらのゲートが使われることになる。我々の出発点はNandゲート

ただひとつである。このNandゲートから他のすべてのゲートが作成される。本節ではゲートの仕様、つまりインターフェイスについてだけ述べ、実装については次節で後述する。ゲートをHDLで作るときには、必要に応じて付録Aを参照するとよい。すべてのゲートは手持ちのパソコン上で作ることができ、本書が提供しているハードウェアシミュレータでシミュレートすることができる。

1.2.1 Nandゲート

我々のコンピュータアーキテクチャの出発点はNandゲートであり、このNandゲートから他のすべてのゲートと回路が作られる。Nandゲートは次に示すブール関数が計算されるように設計されている。

a	b	Nand(a, b)
0	0	1
0	1	1
1	0	1
1	1	0

本書では、次に示すような「回路APIボックス」を使って、回路の仕様を示す。各回路のAPIは、回路の名前、入力ピンの名前、出力ピンの名前、関数または回路の行う操作、そしてオプションとしてコメントが与えられる。

回路名	`Nand`
入力	`a, b`
出力	`out`
関数	`If a=b=1 then out=0 else out=1`
コメント	このゲートは基本要素として使うため、実装する必要はない。

1.2.2 基本論理ゲート

ここで述べられる論理ゲートは一般的には「基本ゲート」または「基礎ゲート」と表現される。また同時に、それらはすべてNandゲートだけから構成することができる。そのため、ここで述べるゲートは基本要素としてみなす必要はない。

Not

1入力のNotゲートは「インバータ」とも呼ばれる。0を1に、1を0に変換する。ゲートのAPIは次のようになる。

回路名	`Not`
入力	`in`
出力	`out`
関数	`If in=0 then out=1 else out=0`

And

And関数は両方の入力が1のとき1を返し、それ以外は0を返す。

回路名	`And`
入力	`a, b`
出力	`out`
関数	`If a=b=1 then out=1 else out=0`

Or

Or関数は少なくとも入力のひとつが1のとき1を返し、それ以外は0を返す。

回路名	`Or`
入力	`a, b`
出力	`out`
関数	`If a=b=0 then out=0 else out=1`

Xor

Xor関数は「排他的論理和（exclusive or）」とも呼ばれ、2入力が互いに異なる場合に1を返し、それ以外は0を返す。

回路名	Xor
入力	a, b
出力	out
関数	If a ≠ b then out=1 else out=0

マルチプレクサ

マルチプレクサ（Multiplexor）は**図 1-8** に示すとおり 3 入力のゲートである。「データビット」と呼ばれるふたつの入力からひとつを選択して出力するために、「選択ビット」と呼ばれる入力がひとつ用いられる。このゲートは「セレクタ」と呼ぶほうがふさわしいかもしれない。「マルチプレクサ」という名前は通信システムで採用されたもので、そのシステムではいくつかの入力信号を 1 本のワイヤへの出力へとシリアライズするために、同じようなデバイスが使われている。

回路名	Mux
入力	a, b, sel
出力	out
関数	If sel=0 then out=a else out=b

a	b	sel	out
0	0	0	0
0	1	0	0
1	0	0	1
1	1	0	1
0	0	1	0
0	1	1	1
1	0	1	0
1	1	1	1

sel	out
0	a
1	b

図 1-8　マルチプレクサ。右上の表は左表を簡易的に表記したものである

デマルチプレクサ

デマルチプレクサ（Demultiplexor）は**図 1-9** に示すとおり、マルチプレクサとは反対のことを行う。ひとつの入力を、選択ビットに従って、ふたつの可能な出力のどちらかに振り分ける。

回路名	`DMux`
入力	`in, sel`
出力	`a, b`
関数	`If sel=0 then {a=in, b=0} else {a=0, b=in}`

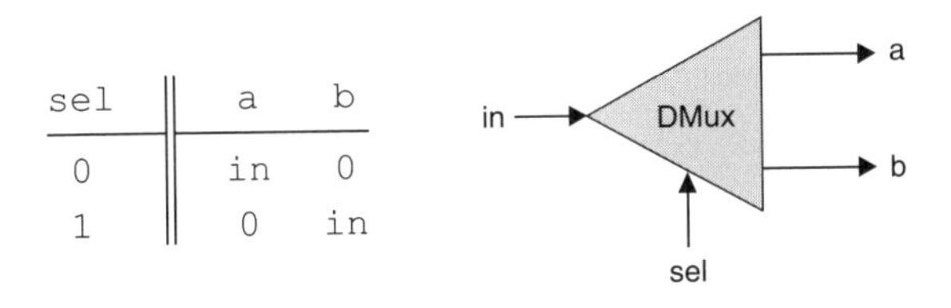

図 1-9 デマルチプレクサ

1.2.3 多ビットの基本ゲート

コンピュータのハードウェアは「バス」と呼ばれる複数のビットからなる配列を操作するように設計されているのが一般的である。たとえば、32 ビットのコンピュータは 32 ビットのバス 2 本に対して And 関数を行う必要がある。この操作を実装するためには、バイナリの And ゲートを 32 個用意し、各ゲートがペアとなるビットを別々に処理すればよい。この処理を行う回路はひとつのパッケージにまとめることができる。32 ビットの入力バスが 2 本、32 ビットの出力バスが 1 本のインターフェイスを持つ回路としてカプセル化することができる。

本節では、そのような多ビットからなる論理ゲートを扱う。本書では 16 ビットのコンピュータを作ることを想定している。ちなみに、n ビットの論理ゲートのアーキテクチャは n の値に関係なく基本的に同じである。

バスの各ビットについて言及する場合、配列のシンタックス（構文）を用いるのが普通である。たとえば、`data` という名前の 16 ビットバスの各ビットにアクセスするために、`data[0]`、`data[1]`、…、`data[15]` という記述を用いる。

多ビットNot

n ビットのNotゲートはn ビットの入力バスの各ビットに対してNot演算を行う。

回路名	`Not16`
入力	`in[16] // 16ビットのピン`
出力	`out[16]`
関数	`For i=0..15 out[i]=Not(in[i])`

多ビットAnd

n ビットのAndゲートは2本のn ビット入力バスでペア同士のビットに対してそれぞれAnd演算を行う。

回路名	`And16`
入力	`a[16], b[16]`
出力	`out[16]`
関数	`For i=0..15 out[i]=And(a[i],b[i])`

多ビットOr

n ビットのOrゲートは2本のn ビット入力バスでペア同士のビットに対してそれぞれOr演算を行う。

回路名	`Or16`
入力	`a[16], b[16]`
出力	`out[16]`
関数	`For i=0..15 out[i]=Or(a[i],b[i])`

多ビットマルチプレクサ

n ビットのマルチプレクサは、ふたつの入力がそれぞれn ビットになったことを除いて、**図1-8**で示したバイナリ版のマルチプレクサとまったく同じである。選択は1ビットで行う。

回路名	`Mux16`
入力	`a[16], b[16], sel`
出力	`out[16]`
関数	`If sel=0 then for i=0..15 out[i]=a[i]` `else for i=0..15 out[i]=b[i]`

1.2.4 多入力の基本ゲート

2入力の論理ゲートを一般化すれば、多入力の論理ゲート、つまり任意の数の入力を受け入れることができる論理ゲートとなる。ここでは多入力のゲートについて説明を行う。コンピュータアーキテクチャのこれから作っていくさまざまな回路において、多入力ゲートは用いられることになる。同様な一般化は他のアーキテクチャでも必要に応じて取り入れることができる。

多入力Or

n 入力の Or ゲートは n ビットの入力のうち少なくともひとつが1であれば1を出力し、それ以外は0を出力する。ここでは8入力のゲートを示す。

回路名	`Or8Way`
入力	`in[8]`
出力	`out`
関数	`out=Or(in[0],in[1],...,in[7])`

多入力/多ビットマルチプレクサ

m 入力 n ビットのマルチプレクサは m 本ある n ビットの入力バス中からひとつを選択し、1本の n ビット出力バスへ出力する。選択は k 個の制御ビットによって指定される。ここで $k = \log_2 m$ である。**図1-10**には代表的な例をひとつ示してある。

この種類のゲートで、本書で開発するコンピュータで必要なものは「4入力16ビットマルチプレクサ」と「8入力16ビットマルチプレクサ」のふたつである。

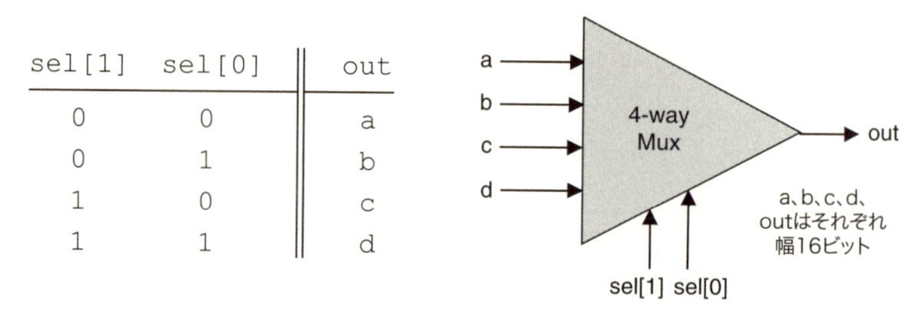

図 1-10 4 入力マルチプレクサ。入力バス、出力バスの幅は適宜変更される

回路名	`Mux4Way16`
入力	`a[16], b[16], c[16], d[16], sel[2]`
出力	`out[16]`
関数	`If sel=00 then out=a else if sel=01 then out=b else if sel=10 then out=c else if sel=11 then out=d`
コメント	代入操作はすべての 16 ビットに対して行われる。たとえば、「out=a」は「for i=0..15 out[i] = a[i]」を意味する。

回路名	`Mux8Way16`
入力	`a[16],b[16],c[16],d[16],e[16],f[16],g[16],h[16],sel[3]`
出力	`out[16]`
関数	`If sel=000 then out=a else if sel=001 then out=b else if sel=010 out=c ... else if sel=111 then out=h`
コメント	代入操作はすべての 16 ビットに対して行われる。たとえば、「out=a」は「for i=0..15 out[i] = a[i]」を意味する。

多出力/多ビットデマルチプレクサ

m 入力 n ビットのデマルチプレクサ（**図 1-11**）は 1 本の n ビット入力を m 本ある n ビット出力のいずれかに振り分ける。選択の方法は k 個の制御ビットによって指定される。ここで $k = \log_2 m$ である。

このタイプのゲートで、本書で開発するコンピュータで必要なものは「4 出力 1 ビットデマルチプレクサ」と「8 出力 1 ビットデマルチプレクサ」のふたつである。

sel[1]	sel[0]	a	b	c	d
0	0	in	0	0	0
0	1	0	in	0	0
1	0	0	0	in	0
1	1	0	0	0	in

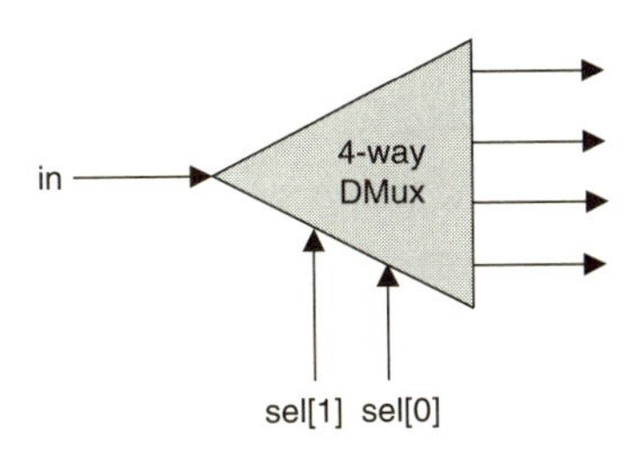

図 1-11　4 出力デマルチプレクサ

回路名　DMux4Way
入力　in, sel[2]
出力　a, b, c, d
関数

```
If sel=00 then {a=in, b=c=d=0}
else if sel=01 then {b=in, a=c=d=0}
else if sel=10 then {c=in, a=b=d=0}
else if sel=11 then {d=in, a=b=c=0}
```

回路名　DMux8Way
入力　in, sel[3]
出力　a, b, c, d, e, f, g, h
関数

```
If sel=000 then {a=in, b=c=d=e=f=g=h=0}
else if sel=001 then {b=in, a=c=d=e=f=g=h=0}
else if sel=010 ...
  ...
else if sel=111 then {h=in, a=b=c=d=e=f=g=0}
```

1.3 実装

プリミティブなゲートは、数学における公理と同じ働きをする。プリミティブゲートは最小単位の構成要素となり、すべてがそのプリミティブゲートから作られる。実際のところ、プリミティブゲートは市販のものを使用することを考えると、その中身の実装については心配する必要はない。我々はプリミティブゲートを使って、他のゲートを構築することができる。これから組み立てていくコンピュータアーキテクチャにおいて、プリミティブゲートとして使用するゲートはただひとつ、Nandだけである。本書のハードウェア構築プロジェクトはボトムアップで進めていく。それでは、プロジェクトの最初のステージについて、その概要を説明する。

実装のためのガイドラインは、わざと部分的にしか記載していない。その理由は読者自身で試行錯誤を行い、自らの手によってゲート構造を発見してほしいと考えたからである。繰り返しになるが、ゲートの実装方法はいくらでも存在する。実装を行うにあたっては、「実装が単純であればあるほどよい」ということを指針としてほしい。

Not

2値のNandゲートからNotゲートを実装するのは単純である。

助言：ポジティブに考えよ。

And

この実装も単純である。

助言：ネガティブに考えよ。

Or/Xor

これらの関数は、単純なブール操作によって、これまで実装したブール関数を用いて定義できる。そのため、Or/Xorゲートはこれまで作成したゲートを使って組み立てることができる。

マルチプレクサ/デマルチプレクサ

これらのゲートも同様にこれまで作成したゲートから組み立てることができる。

多ビットNot/And/Orゲート

これらのゲートの1ビット版の回路についてはすでに実装を行っているであろう。そのため、nビット回路の場合は、単純にその1ビットの基本ゲートをn個並べ、各ゲートが対応する入力ビットを別々に処理するようにすればよい。ここで行う実装はやや退屈なものであるが、これらの多ビットゲートはこれから先、より複雑な回路で使われるため、とても重要な回路である。

多ビットマルチプレクサ

n 配列マルチプレクサの実装は、2 値のマルチプレクサを n 個用意し、そのすべてに同じ選択ビットを入力するだけである。この作業もまた退屈ではあるが、できあがる回路はとても重要なものとなる。

複数入力ゲート

実装の助言：フォーク（分岐）を考えよ。

1.4 展望

本章では、デジタル設計のプロジェクトにおける初めのステップについて説明を行った。次章では、ここで作ったゲートを用いて、より複雑な機能を持つゲートを作成する。我々は最小単位のビルディングブロックとして Nand を用いたが、他のアプローチも可能である。たとえば、Nor ゲートだけからスタートすることも可能である。もしくは And、Or、Not ゲートの組み合わせから、完全なコンピュータを作ることもできる。これらの論理設計のアプローチは理論上どれも等しいものである。このことは、すべての幾何学の定理は異なる公理からスタートしても証明できることと似ている。「デジタル設計」や「論理設計」についての標準的な教科書には、そのような構造の理論と実践について詳しく書かれてある。

本章では、最適化——複合ゲートを構築するために使われる基本ゲートの数を考慮したり、設計によって生じるであろうワイヤの交差について考えたりすることなど——には特に注意を払わなかった。最適化を考えることは実践上極めて重要なことであり、コンピュータサイエンスや電子工学の専門家は最適化に多くの時間を費やしている。この他に我々が説明を省略したテーマは、ゲートと回路の物理的な実装方法についてである。たとえば、シリコンに埋め込まれたトランジスタの仕組みについては説明を行っていない。もちろん、それを実現するためにはいくつも方法があり、それぞれに特徴がある（スピード、消費電力、製造コストなどの点で差異がある）。そのような重要なテーマについては電子と物理の知識が必要になる。

1.5 プロジェクト

目標

本章で取り上げた論理ゲートをすべて実装する。最初に構成要素として使用できるのは、プリミティブなNandゲートのみ。作り終わった複合ゲートについては、それ以降用いることができる。

材料

このプロジェクトに必要なツールは本書で提供するハードウェアシミュレータである。すべての回路はHDL言語（詳細は付録Aを参照）を用いて実装を行うこと。本章で言及した回路については、ひな形のファイルとして「`.hdl`」という名前のプログラム（テキストファイル）を用意しており、これは実装が部分的に欠けている。さらに「`.tst`」というスクリプトファイルも用意してある。このファイルはシミュレータがどのようにテストを行うかを指示したものである。また、「`.cmp`」という正しい出力結果のファイルが比較用（compare）に用意してある。読者のタスクは、`.hdl`プログラムの欠けた実装部分を完成させることである。

規約

`.tst`ファイルが読み込まれると、各自の回路設計（修正した`.hdl`ファイル）がハードウェアシミュレータに読み込まれ、一連のテストが行われ、出力結果が`.cmp`ファイルと比較される。比較結果が一致しないときは、その旨がシミュレータにより報告される。

助言

Nandゲートはプリミティブな要素であると想定しているため、それを自分で作る必要はない。HDLプログラムの中でNandを使うときは、シミュレータはあらかじめ用意した実装（`tools/builtInChips/Nand.hdl`にある）を自動的に呼び出すようになっている。他のゲートを実装する順番は、本章で登場した順番がよいだろう。ここで注意すべき点は、`builtInChips`ディレクトリには本書に登場するすべての回路が置かれているので、それらの回路は定義することなくいつでも使えるということである。つまり、シミュレータはビルトイン版のゲートを自動的に使うことができる。

たとえば、本プロジェクトのMux.hdlの実装が何らかの理由で完成せず、それでも他のゲートでMuxゲートを内部的なパーツとして使用したいとする。その場合、次の規則を思い出せば、その問題を解決できる。それは、もしシミュレータがMux.hdlファイルを現在のディレクトリで見つけることができなかったら、自動でビルトインのディレクトリから、完成されたMuxの実装を読み込む、という規則である。このビルトインの実装——builtInChipsディレクトリに格納されているJavaクラス——は、本書で説明したMuxゲートと同じインターフェイスであり、同じ機能を持つ。そのため、自分で実装した回路をシミュレータに使用してほしくない場合には、対応する.hdlファイルを現在のディレクトリから他の場所へ移動するだけでよい。

手順

次の手順で進めることを推奨する。

1. 本プロジェクトに必要な**ハードウェアシミュレータ**は本書ソフトウェアパッケージのtoolsディレクトリに用意されている。
2. 付録AのA.1節からA.6節までを読む。
3. 「ハードウェアシミュレータ・チュートリアル[†2]」のパートI、II、IIIに目を通す。
4. projects/01ディレクトリで指定されているすべての回路を作成し、シミュレーションを行う。

†2 訳注：「ハードウェアシミュレータ・チュートリアル」は次より取得できる。http://www.nand2tetris.org/tutorials/PDF/Hardware%20Simulator%20Tutorial.pdf

2章
ブール算術

数えることは、この世の宗教である。この世の希望であり、救済である。
——ガートルード・スタイン（1874–1946）

本章では、数を表現し算術演算を行うための論理ゲートを作成する。我々の出発点は1章で作成した論理ゲートであり、終着点は算術論理演算器（ALU）である。コンピュータで行われる算術演算と論理演算はすべて、このALU回路によって行われる。そのため、ALUの機能を理解することは、CPU、さらにはコンピュータ全体の仕組みを理解する上で重要なステップとなる。

通常どおり、ここでも段階的に話を進めていく。最初の「背景」の節では、符号付き整数の表現について、また、その和を求めるために2進コードとブール算術がどのように使われるかについて簡単に述べる。「仕様」の節では、**加算器**（adder）について解説する。本章で登場する加算器は3つある。2ビット加算器、3ビット加算器、nビットバイナリをペアとした加算器の計3つである。また、この節ではALUの仕様について明確な定義を与える。ALUの仕様は複雑に見えるかもしれないが、シンプルな論理設計に基づいていることがわかるだろう。「実装」と「プロジェクト」の節では、本書が提供するハードウェアシミュレータを用いて、各自のコンピュータ上で、加算器とALUを実装する方法について助言とガイドラインを与える。

2進数の加算は単純な演算ではあるが、奥が深い。驚くべきことに、デジタルコンピュータによって行われる命令の多くが「2進数の加算」へと還元することができる。そのため、コンピュータの多種多様な命令を実装するにあたって、2進数の加算を理解することが重要である。

2.1 背景

2進数

10進法は10を底として数を表すが、2進法は2を底とする。ある2進数の値が与えられたとき、たとえば、それが10011であったとすると、次の計算によって、10進数の値で表現することができる。

$$(10011)_{two} = 1 \cdot 2^4 + 0 \cdot 2^3 + 0 \cdot 2^2 + 1 \cdot 2^1 + 1 \cdot 2^0 = 19 \qquad \text{式 (1)}$$

それでは、一般的な公式を示そう。ここで $x = x_n x_{n-1} \ldots x_0$ は数字列であり、b を底とする x の値は（これを $(x)_b$ と表記する）次のように計算することができる。

$$(x_n x_{n-1} \ldots x_0)_b = \sum_{i=0}^{n} x_i \cdot b^i \qquad \text{式 (2)}$$

$(10011)_{two}$ に式(2)のルールに適用することで、式(1)と同じ式に変換されることを確認してほしい。

さて、式(1)の結果は19である。したがって、たとえば、Excelなどの表計算ソフト上で、キーボードから「1」「9」と入力してEnterキーを押すと、コンピュータのメモリであるレジスタのどこかに2進数の10011が格納されることになる。より正確に言えば、もしコンピュータが32ビットのマシンであれば、レジスタに格納されるビットの配列は、00000000000000000000000000010011になる。

2進数加算

2進数の加算を行うには、小学校で習った「足し算」のときと同じように、与えられたふたつの数を右から左へ各桁で足し合わせればよい。最初に一番右の桁——これは**最下位ビット**（Least Significant Bit、LSB）と呼ばれる——の和を計算する。続いて、先ほどの計算結果のキャリービット（「桁上りビット」とも呼ばれる）と次の桁の和を足し合わせる。この手続きを**最上位ビット**（Most Significant Bits、MSB）に到達するまで続ける。もし最後のビット単位の和において、そのキャリービットの値が1であれば、「オーバフロー」であることを報告する。もしそうでなければ、加算が無事終了したことになる。

0	0	0	1		(キャリー)	1	1	1	1		
	1	**0**	**0**	**1**	x		**1**	**0**	**1**	**1**
+	**0**	**1**	**0**	**1**	y	+	**0**	**1**	**1**	**1**
0	1	1	1	0	$x+y$	1	0	0	1	0

オーバフローなし　　　　オーバフロー

x、y のような n ビットからなる数（この例では 4 ビット）を 2 進数加算するハードウェアは、3 ビット加算器から構築することができる。3 ビット加算器は、ふたつのビットとキャリービットを合わせた 3 ビットの和を計算する論理ゲートである。この 3 ビット加算器を適切に接続することで、キャリービットを次の桁の加算器へと送信し、n ビットからなる数の 2 進数加算を計算することができる。

符号付き 2 進数

n 桁の 2 進数は 2^n 通りの異なるビット配列を生成することができる。2 進コードで符号付き数字を表現するためには、この 2^n 通りの領域を均等にふたつに分けることが自然な方法である。一方の領域は正の数を、もう一方の領域は負の数を表すために用いる。符号付き数を導入するには、理想的には、ハードウェアの実装がなるべく複雑にならないようなコード体系を選ぶ必要がある。

2 進コードにおいて符号付き整数を表現するため、これまでいくつかのコード体系が考案されてきた。今日ほとんどすべてのコンピュータで用いられる方式は、**2 の補数**（2's complement）と呼ばれる方式である（これは**基数の補数**（radix complement）とも呼ばれる）。n 桁の 2 進数においては、「2 の補数」は次のように定義される。

$$\bar{x} = \begin{cases} 2^n - x & (x \neq 0 \text{ の場合}) \\ 0 & (\text{それ以外}) \end{cases}$$

この 2 の補数表現を使うことで、負の数を表現できる。たとえば 5 ビットの 2 進数において、−2、つまり「マイナス $(00010)_{two}$」を 2 の補数で表すとすると、$2^5 - (00010)_{two} = (32)_{ten} - 2_{ten} = (30)_{ten} = (11110)_{two}$ となる。この結果が正しいことを確認するには、$(00010)_{two} + (11110)_{two} = (00000)_{two}$ であることから確認することができる。この計算において、その和は正確には $(100000)_{two}$ であるが、5 ビットの 2 進システムで処理を行っているため、最も左に位置する 6 番目のビットは無視される。原則として、2 の補数方式が n ビットの数字で用いられた場合、$x + (-x)$

は常に 2^n（つまり、1の後に n 個の0が続く）になる。——これが「2の補数」という名前の由来でもある。**図2-1** には4ビットの2進システムにおける2の補数表現を示している。

正の数		負の数	
0	0000		
1	0001	1111	−1
2	0010	1110	−2
3	0011	1101	−3
4	0100	1100	−4
5	0101	1011	−5
6	0110	1010	−6
7	0111	1001	−7
		1000	−8

図2-1　4ビット2進システムにおける2の補数表現

図2-1 を調べると、n ビット2進システムでの2の補数表現には次の性質があることがわかる。

- 2^n 個の符号付き数を表すことができ、最大値と最小値はそれぞれ $2^{n-1}-1$、-2^{n-1} になる。
- 正の数の最上位ビットは0である（0000, 0001, 0010...）。
- 負の数は最上位ビットは1である（1111, 1110, 1101...）。
- x というコードから $-x$ を得るには、最下位ビットから桁を繰り上げて見ていき、1が出現するビットに遭遇したら、その1の場所より上位のビットをすべて反転させる（0は1に、1は0に変換する）ことで実現できる。たとえば、0110の場合、下から2ビット目の場所で1が出現しているため、それより上位の3ビットと4ビット目を反転させ、結果として1010を得る。より簡単な実装方法は、x のすべてのビットを反転させ、その結果に1を足すことで実現できる。

この表現方法が優れている点としては、2の補数で表した符号付き数の和は、正の数の和と同じ手順で計算できることである。たとえば、$(-2)+(-3)$ という計算を考えてみよう。2の補数を用いると、4ビット表現の2進数では $(1110)_{two} + (1101)_{two}$ を計算する必要がある。ここでの計算は、対象とする数が正か負か気にすることなく行える。ビット単位の加算を行うと、1011という結果になる（オーバフロービットは取り除いてある）。**図2-1**が示すとおり、実際、この結果は -5 である。

以上をまとめると、2の補数を用いることで、単純なビット単位の加算が行えるハードウェアがあれば、特別なハードウェアを用いることなく正と負のどちらの加算も行える、ということになる。それでは、「引き算」はどうなるだろうか？ 2の補数を用いる方式では、符号付き数字 x を反転する、つまり $-x$ にするには、x のすべてのビットを反転させ1を足せばよいことは先ほど示した。したがって、$x - y = x + (-y)$ であるから、引き算は足し算として扱うことができる。これにより、ハードウェアの複雑さを最小限に保つことができる。

ここまでの理論的考察から、ひとつの結論にたどり着く。それは、ひとつの回路に——この回路は**算術論理演算器**（Arithmetic Logical Unit、ALU）と呼ばれる——、初歩的な算術演算と論理演算のすべてをまとめることができる（できそうである）ということである。それでは、これからそのようなALUを定義していこう。まずは加算器回路の仕様から始める。

2.2　仕様

2.2.1　加算器（Adder）

ここでは次の3つの加算器の仕様を示す。

- 半加算器（half adder）：ふたつのビットの和を求める
- 全加算器（full adder）：3つのビットの和を求める
- 加算器（adder）：ふたつの n ビットの和を求める

これに加えて、**インクリメンタ**（incrementer）と呼ばれる特殊な加算器についても、その仕様を示す。インクリメンタは与えられた数字に1を加算するように設計される。

半加算器

2進数の加算を行うための初めの一歩は、ふたつのビットに対して、その和を求めることである。ここで、最下位ビットの和を sum、最上位ビットの和を carry と呼ぶことにしよう。**図 2-2** には、この操作を行う Halfadder と呼ばれる回路を示す。

回路名 HalfAdder
入力 a, b
出力 sum, carry
関数 sum = a + b の最下位ビット
carry = a + b の最上位ビット

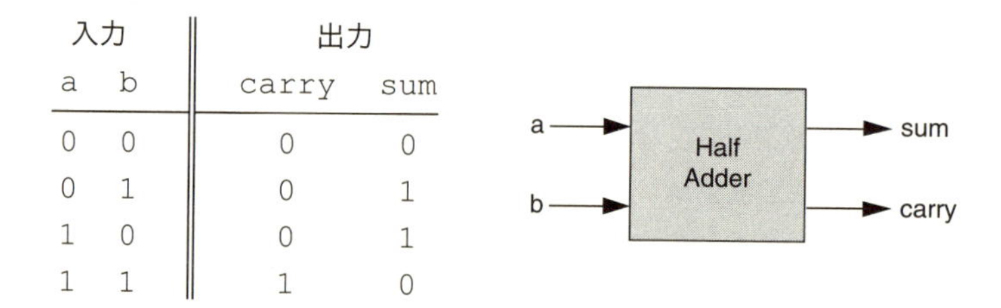

入力		出力	
a	b	carry	sum
0	0	0	0
0	1	0	1
1	0	0	1
1	1	1	0

図 2-2 ふたつのビットの和を求めるための半加算器

全加算器

先に、ふたつのビットの加算についての仕様を示した。**図 2-3** には、3 つのビットの和を求める**全加算器**を示す。半加算器と同様に、全加算器の出力も 2 本あり、それぞれ「和の最下位ビット」と「キャリービット」である。

回路名 FullAdder
入力 a, b, c
出力 sum, carry
関数 sum = a + b + c の最下位ビット
carry = a + b + c の最上位ビット

加算器

メモリやレジスタなどの回路では、整数を表すために n ビットの配列を用いる。こ

a	b	c	carry	sum
0	0	0	0	0
0	0	1	0	1
0	1	0	0	1
0	1	1	1	0
1	0	0	0	1
1	0	1	1	0
1	1	0	1	0
1	1	1	1	1

図 2-3　3 つのビットの和を求めるための全加算器

こで、n はコンピュータのプラットフォームによって異なり、16、32、64 などの数字が用いられる。そのような多ビットの加算を行う加算器は「多ビット加算器」、または、単に「加算器」と呼ばれる。**図 2-4** では 16 ビット加算器が示されている。ここで、n の値が変わっても、同じ論理が成り立つことに注意してほしい。

回路名	`Add16`
入力	`a[16], b[16]`
出力	`out[16]`
関数	`out = a + b`
コメント	2 の補数による加算。 オーバフローは検出されない。

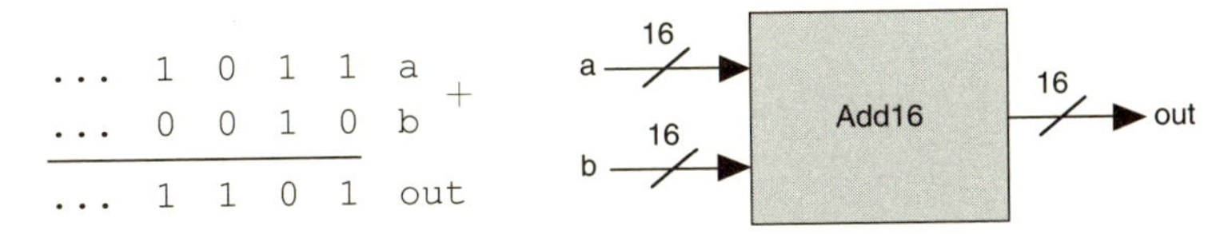

図 2-4　16 ビット加算器。2 本の n ビットの和を求める。n がどのような数値であれ、同じ論理が成り立つ

インクリメンタ

与えられた数字に 1 を加算することができる回路。そのような回路があると便利で

ある。次にその仕様を示す。

回路名 `Inc16`
入力 `in[16]`
出力 `out[16]`
関数 `out = in + 1`
コメント 2の補数による加算。
オーバフローは検出されない。

2.2.2 ALU（算術論理演算器）

これまで見てきた加算器回路の仕様は“一般的”なものであった。一般的とは、つまり、どのようなコンピュータでも使われる、という意味である。それとは対照的に、ここで述べるALUは、Hackと呼ばれる特定のコンピュータプラットフォームだけで使われる専用の回路である。そのALUは、これから先、コンピュータの中心的な役割を担う回路となる。さらに、そのALUのアーキテクチャは、最小限の内部パーツだけから構成されてはいるが、それにもかかわらず、非常に多くの機能を持つ。それゆえ、その論理設計は「効率さ」と「簡潔さ」を示す良い手本になるだろう。

HackのALUは、仕様で決められた関数である $out = f_i(x, y)$ を計算するように設計されている。ここで、x と y は回路への16ビットの入力であり、out は16ビットの出力である。f_i は算術演算または論理演算であり、全部で18種類の関数がある。ALUに対して、どの関数を実行させるかを指定するには、**制御ビット**（control bits）と呼ばれる6ビットの入力ビットを用いる。実際の仕様については、擬似コードを用いて示す（図2-5）。

回路名 ALU

入力

```
x[16], y[16], // ふたつの16ビットデータ入力
zx, // 入力xをゼロにする
nx, // 入力xを反転（negate）する
zy, // 入力yをゼロにする
ny, // 入力yを反転する
f,  // 関数コード：1は「加算」、0は「And演算」に対応する
no  // 出力outを反転する
```

出力

```
out[16], // 16ビットの出力
zr,      // out=0の場合にのみTrue
ng       // out<0の場合にのみTrue
```

関数

```
if zx then x = 0        // 16ビットの定数ゼロ
if nx then x = !x       // ビット単位の反転
if zy then y = 0        // 16ビットの定数ゼロ
if ny then y = !y       // ビット単位の反転
if f then out = x + y // 2の補数による加算
     else out = x & y // ビット単位のAnd演算
if no then out = !out // ビット単位の反転
if out=0 then zr = 1 else zr = 0 // 16ビットの等号比較
if out<0 then ng = 1 else ng = 0 // 16ビットの負判定
```

コメント オーバフローは検出されない。

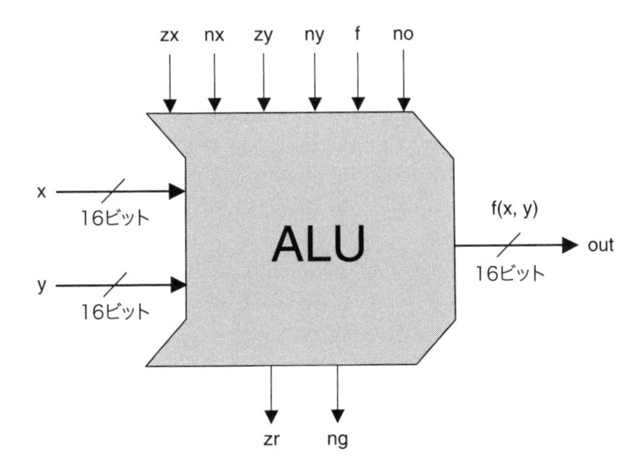

図2-5 算術論理演算器（ALU）

制御ビットの各ビットは、ALU に特定の基本演算を行わせるために用いられる。これらの操作が合わさることで、さまざまな有用な関数の計算を行うことができる。全体の操作は 6 つの制御ビットにより行われるので、可能性としては $2^6 = 64$ 通りの異なる関数を操作できる。**図 2-6** では、18 種類の関数について、その仕様を示す。

これらのビットは入力 x に対しての操作を指定する		これらのビットは入力 y に対しての操作を指定する		このビットは「+」か「And」を指定する	このビットは出力前の out に対しての操作を指定する	結果的に生じる ALUの出力
zx	nx	zy	ny	f	no	out=
if zx then x=0	if nx then x=!x	if zy then y=0	if ny then y=!y	if f then out=x+y else out=x&y	if no then out=!out	f(x,y)=
1	0	1	0	1	0	0
1	1	1	1	1	1	1
1	1	1	0	1	0	-1
0	0	1	1	0	0	x
1	1	0	0	0	0	y
0	0	1	1	0	1	!x
1	1	0	0	0	1	!y
0	0	1	1	1	1	-x
1	1	0	0	1	1	-y
0	1	1	1	1	1	x+1
1	1	0	1	1	1	y+1
0	0	1	1	1	0	x-1
1	1	0	0	1	0	y-1
0	0	0	0	1	0	x+y
0	1	0	0	1	1	x-y
0	0	0	1	1	1	y-x
0	0	0	0	0	0	x&y
0	1	0	1	0	1	x|y

図 2-6 ALU の真理値表。最初の 6 列に示すビットの値に対応して、右の列の関数を計算する（「!」「&」「|」という記号は、それぞれ「Not 演算」「And 演算」「Or 演算」に対応する）。完全な ALU の真理値表は 64 行からなるが、その中で我々が興味のある行は 18 行だけである

この ALU は、6 個の制御ビットの値によって、特定の関数 $f(x, y)$ が実行されるように設計されている。実際、**図 2-5** で指定された ALU の内部論理（擬似コードの「関数」で示した論理）を適用することで、**図 2-6** で指定された $f(x, y)$ の値が出力されるようになっている。もちろん、それは偶然に起こったのではなく、そうなるように注意深く設計したのである。

たとえば、**図 2-6** の 12 行目を考えてほしい。その行で ALU の行う演算は x-1 である。zx と nx のビットは 0 であるから、入力 x はゼロ化も反転もされない。zy と

ny のビットは 1 であるから、最初に入力 y はゼロになり、その後でビット単位の反転が行われる。$(000...00)_{two}$ に対してビット単位の反転を行えば、$(111...11)_{two}$ になり、2 の補数コードでは-1 を表すことになる。そのため、ALU の入力は最終的に x と -1 になる。また、f は 1 であるから、入力に対して行う操作は算術加算であり、これは ALU に x+(-1) を計算させることを意味する。最後に、no のビットは 0 であるから、出力は反転されず、そのままの形で出力される。結果として、ALU は x-1 を計算することなり、これは我々の目的と一致する。

それでは、**図 2-6** のその他の 17 行おいて、それぞれ右端の列の対応する関数を計算するだろうか？ それを実際に確かめるためには、真理値表の適当な行を選んで、対応する関数に一致するか、いくつか試してみるとよい。真理値表のいくつかの行では、たとえば $f(x, y) = 1$ などは、成り立つことが一目ではわからないものもあるだろう。また、真理値表に記載された関数以外にも、他に有用な関数があることにも注意されたい。

2.3 実装

本節で示す実装のためのガイドラインは部分的なものである。なぜなら、読者自身によって、回路のアーキテクチャを発見してほしいからである。いつものように、回路を実装する方法は数多く存在する。その場合、「実装がシンプルであればあるほどよい」ということを指針としてほしい。

半加算器

図 2-2 を調査すれば、$\mathrm{sum}(a, b)$ と $\mathrm{carry}(a, b)$ という関数は、標準的なブール関数である $\mathrm{Xor}(a, b)$ と $\mathrm{And}(a, b)$ にそれぞれ一致することがわかるだろう。そのため、前章で作成した回路を用いれば、ここで実装する半加算器は簡単に構築できる。

全加算器

全加算器は、半加算器ふたつと単純な回路ひとつから実装することができる。半加算器を用いないで、直接実装することも可能である。

加算器

符号付き数の加算は、2 の補数で表現された 2 本の n ビットバスを対象とした場合、右から左へビット単位の加算を n 回繰り返すことで実現できる。最初のステップ（ステップ 0）は、最下位ビットのペアが加算され、キャリービットが次の桁ビットの加算器へと送られる。この処理は、$n-1$ 回目のステップである最上位ビットまで続く。ここで、各ステップでは 3 つのビットの加算が行われることに注意してほしい。そのため、n 個の全加算器を並べて、キャリービットを上位の桁ビットの全加算器へ送るようにすれば、n ビットの加算器が実装できる。

インクリメンタ

n ビットのインクリメンタは、n ビットの加算器を用いれば簡単に実装することができる。

ALU

我々の ALU は入念に設計されたものである。必要とされる ALU の演算はすべて、単純なブール演算を用いて**論理的**に導くことができる。そのため、ALU の**物理的**な実装も、**図 2-5** の擬似コードで示した単純なブール演算を実装することで実現できる。実装の最初のステップは、zx と nx の制御ビットに従って、16 ビット入力を変換する論理回路を作成するのがよいだろう（すなわち、16 ビット入力を、場合に応じて、ゼロまたは反転させる回路を作成する）。この論理は、入力の x と y、そして出力の out において用いられる。ビット単位の And 演算と加算は本章と前章で、すでに実装済みである。そのため、残る作業は、制御ビット f の値に応じて、And 演算と加算を選ぶ回路を構築することである。最後に、すべての回路を統合して全体として ALU を構成する必要がある（「回路を構築する」とは、「HDL コードを書く」ことを意味する）。

2.4　展望

本章で示した多ビット加算器の実装方法は標準的なものである。ただし、効率については注意を払わなかった。実際、我々の実装はやや効率の悪いものである。その原因は、キャリービットが最下位ビットから最上位ビットまで段階的に伝達するのに長い時間を要するからである。この遅れを軽減するには、「キャリー先読み（Carry look ahead）」と呼ばれる手法が用いられる。どのようなハードウェアプラットフォームであれ、加算はいたるところで行われる操作であるから、そのような低水準における改良は、コンピュータ全体のパフォーマンスを目覚ましく向上させる可能性がある。

コンピュータシステムを設計する場合、ALU がどのような機能を提供すべきかという問題は、根本的には「コストとパフォーマンス」の問題に行き着く。一般的なルールとしては、算術演算と論理演算をハードウェアで実装するにはコストは高くつくが、パフォーマンスは良くなる。このトレードオフの関係を考慮して、ハードウェアである ALU は設計される。本書で設計した ALU は、機能性を限定して、できるかぎりソフトウェア側で他の操作を実装するような設計を採用した。たとえば、我々の ALU は、「乗算」も「除算」も「浮動小数点演算」の機能も提供していない。これらの操作は、OS レベルで実装される（詳細は 12 章で述べる）。このように、どのようなコンピュータであれ、ハードウェアとソフトウェアの機能は、ALU とオペレーティングシステム（それは ALU の上で実行される）がタッグを組んで提供するものである。

ブール演算と ALU 設計の詳細については、「コンピュータアーキテクチャ」に関する書籍などで論じられている。興味のある読者は、そのような書籍を参照してほしい。

2.5 プロジェクト

目標

本章で取り上げた回路をすべて実装する。使うことのできる構成要素は、前章までに構築した回路である。本章で作った回路については、それ以降用いることができる。

助言

本プロジェクトで読者が実装する HDL プログラムは、先のプロジェクトで構築した回路を内部的に用いることだろう。その場合、自分で実装した回路を用いる代わりに、ビルトイン版の回路の使用を推奨する。ビルトイン版回路を用いれば、その回路の動作は正しいことが保証でき、さらにハードウェアシミュレータの実行速度を最適化できる。これを行うのは簡単である。あなたのプロジェクトのディレクトリに、そのプロジェクトで取り組んでいる `.hdl` ファイルだけを含むようにすればよい。

手順については、前章のプロジェクトで示した「手順」と同じである。ただし、プロジェクトのディレクトリは、`projects/02` にある。

3章 順序回路

過去のことしか思い出せないなんて、なさけない記憶力ですよ。
——ルイス・キャロル（1832－1898）
（ルイス・キャロル著『鏡の国のアリス』矢川澄子訳、新潮文庫）

1章と2章で構築した論理演算や算術演算の回路はすべて、**組み合わせ回路**（combinational circuit）と呼ばれる。組み合わせ回路は、入力値の**組み合わせ**だけによって、関数の値が決定する。このどちらかと言えば単純な回路は重要な処理（たとえば、ALUなど）をたくさん行うことができるが、**状態を保つ**ことはできない。コンピュータは値を計算するだけでなく、その値を保存し呼び出すことができなければならない。そのため、時間が経過してもデータを記憶することのできる記憶素子を備える必要がある。この記憶素子は**順序回路**（sequential circuit）から構築することができる。

記憶素子を実装する作業は複雑な技法であり、同期、クロッキング、フィードバックループなどが関係してくる。都合の良いことに、**フリップフロップ**（flip-flop）と呼ばれる下位レベルの順序回路を用いれば、この複雑さをフリップフロップの中に“押し込める”ことができる。本章では、フリップフロップをプリミティブな構成要素として用いる。このフリップフロップによって、コンピュータで使われる記憶装置すべてが実装される。2値素子から始まり、レジスタ、メモリ、カウンタと順を追って構築していく。これらの回路を作り終えれば、コンピュータ全体を構築するために必要な回路はすべて出そろったことになる（コンピュータ全体を構築する作業は5章で行う）。

クロックとフリップフロップの簡単な概要を述べた後で、「背景」の節にて、すべてのメモリ回路について説明を行う。これらのメモリ回路は、クロックとフリップフロップによって構築される。次の節では回路の「仕様」を述べ、その次の節で「実装」について述べる。いつものように、本章で述べる回路はすべて、本書が提供するハードウェアシミュレータを用いて作成し、テストすることができる。これは最終節の「プロジェクト」に従って進めることができる。

3.1 背景

「記憶する」という行為は本質的に時間に依存する行為である。つまり、「**前に**記憶したものを**今**思い返す」という行為が記憶することの本質である。そのため、情報を記憶するための回路を構築するには、時間の経過を表す方法を考案しなければならない。

クロック

ほとんどすべてのコンピュータでは、継続的に変化する信号をマスタクロックが送信することによって時間の経過を表現する。実際のハードウェアにおける実装はオシレーターに基づくのが一般的である。このオシレーターはふたつのフェーズ——0/1、low/high、tick/tockのようなラベル付けがされる——を絶え間なく行き来する。tickの始まりから次のtockの終わりまでに経過した時間を**周期**（cycle）と呼ぶ。このクロックの1周期がタイムユニット（単位時間）としてモデル化される。現在のクロックフェーズ（tickまたはtock）は2値信号によって表すことができる。ハードウェアの回路網を使って、この信号はプラットフォームの隅から隅まで、すべての順序回路に送られる。

フリップフロップ

コンピュータで使われる順序回路の中で、最も基本となる回路は**フリップフロップ**（flip-flop）である。このフリップフロップにはいくつか種類があるが、本書では**D型フリップフロップ**（data flip-flop、DFF）と呼ばれるタイプを用いる。このD型フリップフロップ（以降、DFFと表記する）のインターフェイスは1ビットのデータ入力と1ビットのデータ出力である。さらにDFFにはクロック入力があり、このクロック入力にはマスタクロックからの信号が絶えず送られる。データ入力とクロック入力が合わさることで、DFFは「時間に基づく振る舞い」が可能になる。この時間に基づく振る舞いは、$out(t) = in(t-1)$という式で表される。ここで、inとoutはゲートの入力値と出力値を、tは現在のタイムユニットを表す。言いかえれば、DFFは単にひとつ前のタイムユニットの入力値を出力しているだけである。

これから示すことであるが、コンピュータで状態を保つために用いられるハードウェア装置——2値素子、レジスタ、RAM（ランダムアクセスメモリ、random access memory）など——は、いずれもこの基本となる振る舞いによって形成される。

レジスタ

レジスタとはデータを“格納”したり、“呼び出し”たりすることができる記憶装置である。レジスタは、伝統的なストレージの振る舞いである $out(t) = out(t-1)$ を実現する。一方、DFF はひとつ前の入力値を出力する、つまり $out(t) = in(t-1)$ を実現する。そのため、**図 3-1** の左下のように、DFF の出力を単に入力に送信すれば、レジスタを実装することができるだろう。おそらく、時刻 t における出力は、時刻 $t-1$ における値を出力すると思われる。よって、記憶装置に求められる最低限の機能はこれで達成できた、と思うかもしれない。しかし、それではうまくいかない。

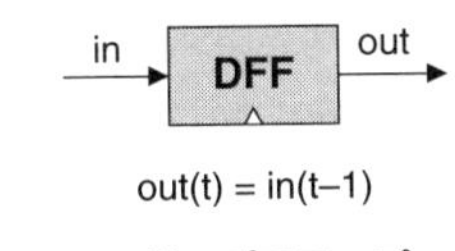

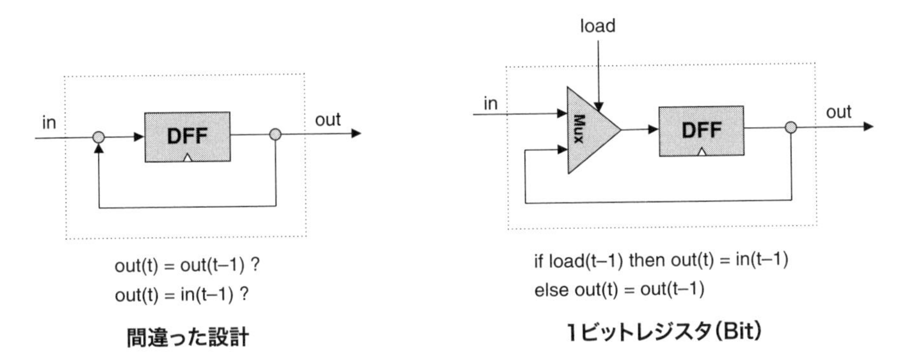

図 3-1　DFF から 1 ビットレジスタへ。図中の DFF の小さい白い三角形はクロック入力を表す。このアイコンは、その回路が「時間に依存している」ということを示すために用いられる。また、そのような回路を内部回路として用いカプセル化された回路についても、時間依存であることを意味する三角形のアイコンが示される

図 3-1 の左下に示した図は正しい設計ではない。まず第一に、新しいデータの値をこの回路に読み込む方法が明らかではない。なぜなら、どのタイミングで `in` ワイヤからのデータを読み込み、どのタイミングで `out` ワイヤからのデータを読み込むのかということを DFF に指示する方法が存在しないからである。回路設計において一般的に言えることは、内部ピンの入力数は 1 にしなければならない。つまり、ひとつのソースだけから入力データが送られるようにする必要がある。

以上の考察から、**図 3-1** の右下の図に示される解法――正しい解法、そして素晴らしい解法――が導かれる。見てのとおり、入力の曖昧さを取り除くには、回路設計にマルチプレクサを導入するのが自然な方法である。さらに、マルチプレクサへの「選択ビット（select bit）」はレジスタ回路への「読み込みビット（load bit）」の役割を担うことができる。もしレジスタに新しい値を保持させたいならば、その新しい値を入力 `in` に入れ、「読み込みビット」である `load` に 1 を設定すればよい。また、もし内部の値をレジスタに保持させたいならば、`load` ビットを 0 にすればよい。

ここまでのところ、1 ビットを記憶する基本的な仕組みは達成できた。続いて、任意の幅のレジスタについて考える必要があるが、これは簡単に作ることができる。というのは、多ビットのレジスタは 1 ビットレジスタを必要な数だけそろえて、それらを配列上に並べて構築することができるからである（**図 3-2**）。そのようなレジスタの設計では、**幅**（width）――保持すべきビットの数――をパラメータとして考えなければならない。このパラメータの値の候補としては、たとえば 16、32、64 などの数字が用いられる。そのような多ビットのレジスタの持つ値は、一般的に**ワード**（word）と呼ばれる。

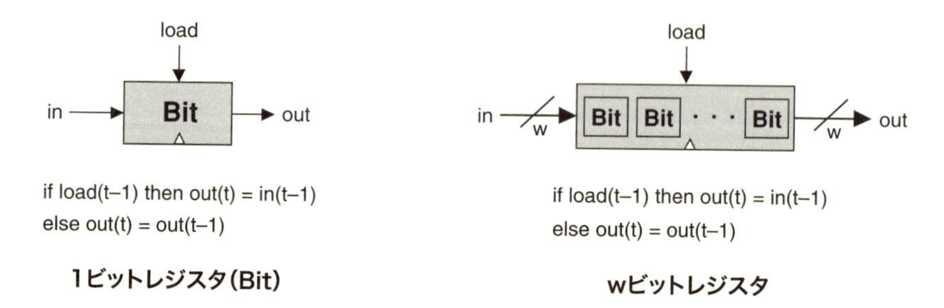

図 3-2　1 ビットレジスタから多ビットレジスタへ。w 個の 1 ビットレジスタを用いて、w ビットレジスタが構築される。両方の回路において、「=」は代入を意味する。代入が 1 ビットと多ビットのどちらに対応しているかという点を除けば、それ以外の操作はすべて同じである

メモリ

ワードを表現できたので、任意の長さのワードを記憶する「メモリ」へ進むことにする。**図 3-3** に示すように、レジスタをたくさん積み重ねることで、**RAM**（Random Access Memory）ユニットを構築することができる。「ランダムアクセスメモリ」という名前の由来は、ランダムに選ばれたワードに対して、そのワードが位置する場所

に制限を受けることなく、書き込み/読み込みができる、ということから来ている。つまり、メモリ中のすべてのワードは――その物理的に存在する場所に関係なく――同じ時間で直接アクセスできなければならない。

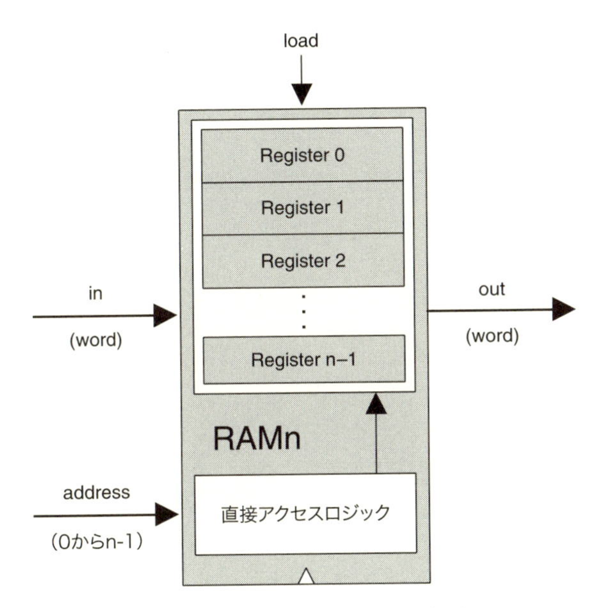

図 3-3 （概念上の）RAM 回路。RAM の幅と長さは変えることができる

そのような要求を満たすためには、最初に、RAM の各ワード（これは n 個のレジスタにより構成される）に対して、他とは重複しないユニークな番号（0 から $n-1$ までの間の整数）を**アドレス**として割り当てる。次に、n 個のレジスタ配列を構築するのに加えて、j という数に対して、アドレスが j 番目のレジスタを個別に選択することができる論理ゲートを構築する。ここで注意してほしいことは、「アドレス」とは物理的な意味でのアドレス（所在地）ではない、ということである。そのため、アドレスによってレジスタの物理的な位置は決定されない。これは後ほど見ていくことだが、RAM 回路は「直接アクセスロジック（direct access logic）」を備える。これにより、論理的な意味でのアドレスが実現される。

以上をまとめると、RAM は次の 3 つの入力を受け取る。それは、データ入力、アドレス入力、ロードビットの 3 つである。アドレス入力によって、現時刻において、RAM のどのレジスタにアクセスするかを指定する。メモリ操作が読み込みの場合

(`load=0`)、選択されたレジスタの値が**直ちに**出力される。メモリ操作が書き込みの場合(`load=1`)、次のサイクルで、選択されたメモリのレジスタに値が送られる。

RAMを設計する場合、基本的なパラメータとして、**幅**(width)と**サイズ**(size)を指定する必要がある。幅は各ワードの幅であり、サイズはRAMに存在するワードの個数である。現代の一般的なコンピュータでは、32もしくは64ビット幅のRAMを用いる。そのサイズは百万を超えるだろう。

カウンタ

カウンタは順序回路であり、タイムユニットが進むごとに、$out(t) = out(t-1) + c$となるように、ある整数の値が加算される。ここで、cには通常1が用いられる。デジタルアーキテクチャにおいて、カウンタは重要な役割を担う。たとえば、一般的なCPUには**プログラムカウンタ**(program counter)が含まれ、このプログラムカウンタの出力は次に実行されるプログラム演算のアドレスとして解釈される。

カウンタ回路は、標準的なレジスタに定数を加算することで実装できる。一般的なカウンタは、さらに追加の機能として、カウンタの値をゼロにする、新しいカウンタ値を読み込む、加算の代わりに減算を行うなどの機能を持つ。

時間

本節でこれまでに取り上げた回路はすべて**順序回路**であった。順序回路とは、簡単に言うと、ひとつ以上のDFF回路が、直接または間接的に組み込まれている回路である。機能面の話をすれば、順序回路の機能——「状態を保つ(メモリなど)」または「状態を操作する(カウンタなど)」といった機能——はDFF回路によってもたらされる。技術面の話をすれば、順序回路内のフィードバックループによって先の機能は実現される(**図3-4**)。一方、組み合わせ回路においては、時間という概念はモデル化されていないため、フィードバックループを導入するには問題がある。なぜなら、出力は入力だけに依存するが、もし入力がその回路自身の出力に依存するとしたら、出力も出力自身に依存することになり、矛盾が生じるからである。これとは対照的に、順序回路においては、出力を同じ回路の入力に送信することに対しては、問題は生じない。なぜなら、DFFは「時間遅延」という性質を内在するからである。つまり、DFFによって、時刻tの出力ではなく、時刻$t-1$の出力がその回路自身に影響を与える、ということである。この性質のおかげで、制御不能の「データレース」と呼ばれる現象——組み合わせ回路でフィードバックループに伴う現象——を防止できる。

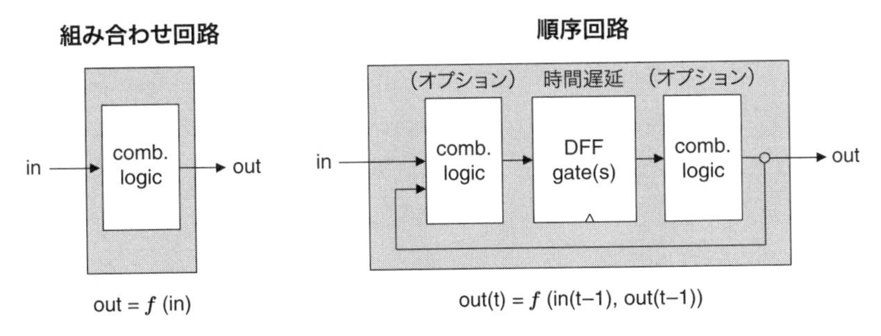

図 3-4 組み合わせ回路と順序回路(「in」「out」はそれぞれひとつ以上の「入力」「出力」を、f は何らかの関数を意味する)。順序回路は、必ず DFF 回路が組み合わせ回路に“挟まれた”構造になる。ここで、組み合わせ回路はオプションであり、それを用いない構造もあり得る

組み合わせ回路については、入力値が変われば、その出力値は時間に関係なく直ちに変わることを思い出してほしい。それとは対照的に、順序回路アーキテクチャ内にDFF が組み込まれると、その出力値が変化するタイミングは、現在のクロック周期から次のクロック周期に移行した時点であり、同じクロック周期においては変化しない。実際のところ、我々が順序回路について求めることは、次のクロック周期の始まりにおいてのみ正しい値を出力することだけである。クロック周期の**間中**は不安定な状態であることを許容している。

この順序回路の出力が“離散化”される性質は、思わぬ結果を、そして重要な結果をもたらす。それは、コンピュータアーキテクチャ全体を同期させることができる、ということである。たとえば、ALU に $x+y$ を計算するように指示したとする。ここで、x は近くにあるレジスタに格納された値であり、y は遠く離れた場所にあるレジスタの値であると仮定する。さまざまな物理的制約(距離、抵抗、干渉、ノイズなど)により、x と y の電気信号が ALU までに到着する時間は異なることになるだろう。しかし、ALU は**組み合わせ回路**であるから、時間という概念はない——どのような信号であれ、その入力に入ってきたとしたら、即座にその加算が求められる。そのため、ALU の出力が正しい「$x+y$」の値に落ち着くには、わずかな時間が必要である。その時間に達するまで ALU は“ゴミ”を出力していることになる。

この問題にどのように対応すればよいだろうか? その答えは単純である。ALU の出力は順序回路(レジスタや RAM など)を常に通過するため、この問題について**考える必要はまったくない**。我々がやらなければならないことは、コンピュータのクロックを作成するとき、そのクロック周期の間隔を適切に決めることだけである。具体的には、アーキテクチャ内で最も距離が長い回路間を移動するのに必要な時間を調べ、

それより少し長い時間をクロック周期の間隔とすればよい。このようにすれば、順序回路が状態を更新するまでには（次のクロック周期の始まりにおいて）、ALU から受け取る値は常に正しいことが保証される。これによって、それぞれに独立したハードウェアのコンポーネントを、調整が図られたシステムとして同期させることができる。これについては5章で詳しく見ていくことにする。

3.2 仕様

本節では、順序回路について次の順番で仕様を示す。

- D 型フリップフロップ（DFF）
- レジスタ（DFF を基礎とする）
- メモリ（レジスタを基礎とする）
- カウンタ回路（これもレジスタを基礎とする）

3.2.1 D 型フリップフロップ

我々が提供する最も基本的な順序回路は **D 型フリップフロップ**（DFF）である。DFF ゲートは、次に示すように、1 ビットの入力と 1 ビットの出力を持つ。

回路名	DFF
入力	in
出力	out
関数	out(t)=in(t-1)
コメント	このゲートは基本要素として使うため、実装する必要はない。

我々のコンピュータアーキテクチャにおいて、この DFF ゲートは NAND ゲートと同様に最も下位レベルに位置するプリミティブなゲートとして登場する。コンピュータに存在するすべての順序回路（レジスタ、メモリ、カウンタなど）は、この DFF ゲートが多数組み合わさることで構成される。順序回路はすべて同じマスタクロックにつながれ、同じリズムで踊るダンサーのように、同期のとれた動きをする。コンピュー

タの**すべての** DFF は、各クロック周期の始まりにおいて、ひとつ前のタイムユニットにおける入力の値が送信され、その入力値によって出力値が決定される。その他の時間においては、DFF は“掛け金を閉めた（latched）”状態である。つまり、入力値が変わっても、それによってすぐに出力値が変わらない、ということである。この作用は、システムを構成する何百万の DFF すべてにおいて成り立ち、毎秒何億回と繰り返される（この回数はコンピュータのクロック周波数に依存する）。

この時間依存部分をハードウェア実装で実現するためには、プラットフォーム上でマスタクロックの信号をすべての DFF ゲートへ一斉に送信することで達成できる。ハードウェアシミュレータは同じ機能をソフトウェア上でエミュレートする。コンピュータのアーキテクチャが興味の対象であるかぎり、シミュレータを用いても最終的な結果は同じである。どのような回路であれ、ある回路に DFF ゲートを組み込まれると、その回路は時間依存の性質を持つことになり、その回路がさらに大きな回路の中に取り込まれれば、その大きな回路も同様に時間依存の性質を持つことになる。これらの回路は定義上、**順序回路**と呼ばれる。

物理的に DFF を実装する作業は複雑であり、そのためには、フィードバックループを用いて、いくつかの基本論理ゲートを連結させることをベースにして作らなければならない（伝統的な設計には、NAND ゲートだけをベースとするものもある）。本書においては、この複雑さは抽象化して取り払うことにした。つまり、DFF をプリミティブなビルディングブロック（構成要素）として扱う。そのため、本書が提供するハードウェアシミュレータにはビルトインの DFF 実装が含まれており、他の回路から用いることができる。

3.2.2 レジスタ

1 ビットのレジスタのことを、「ビット」または「**2 値素子**（binary cell）」と呼ぶ。これは 1 ビットの情報（0 または 1）を格納するために設計されている。回路のインターフェイスは、データビットを運ぶ「入力ピン」と、素子に書き込みを行うための「ロードピン（`load` ピン）」、そして、現在の素子の状態を送信する「出力ピン」である。この回路の API は次のようになる。

回路名	`Bit`
入力	`in, load`
出力	`out`
関数	`If load(t-1) then out(t)=in(t-1)` `else out(t)=out(t-1)`

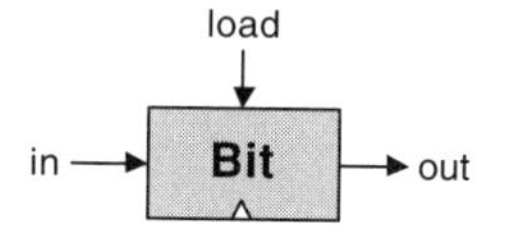

レジスタのAPIも本質的にはこのBit回路と同じである。異なるのは入力と出力のピンの数が多ビット値を扱えるように設計されている点だけである。

回路名	`Register`
入力	`in[16], load`
出力	`out[16]`
関数	`If load(t-1) then out(t)=in(t-1)` `else out(t)=out(t-1)`
コメント	「=」は16ビットの演算である。

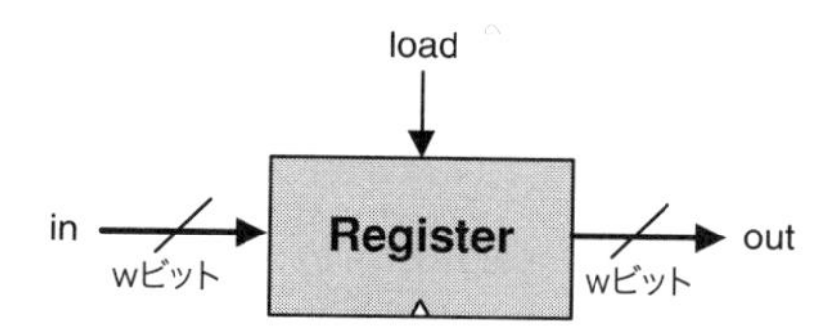

Bit回路とRegister回路の「読み込み/書き込み」の動作はまったく同じであり、その動作は次のようになる。

読み込み（read）

レジスタの値を読み込む。レジスタの値を単純に出力へ送信するだけである。

書き込み（write）

d という新しいデータをレジスタに書き込むためには、in 入力に d を入れ、load 入力を 1 に設定する。次のクロック周期でレジスタには新しい値が送られ、出力も d の値が送信され始める。

3.2.3 メモリ

直接アクセスのできるメモリユニットは RAM とも呼ばれる。これは w ビットのレジスタが n 個だけ配列として並べられたものであり、内部に直接アクセスするための回路を備えている。レジスタの数（n）とレジスタの幅（w）は、それぞれ「サイズ」、「幅」と呼ばれる。本章ではサイズの異なるメモリをいくつか組み立てることにする。それらのメモリ幅はすべて 16 ビットである。サイズは全部で RAM8、RAM64、RAM512、RAM4K、RAM16K の 5 つのサイズを作成する。これらのメモリはすべて完全に同じ API である。そのため、パラメータを用いてまとめて示すことにする。

回路名 RAMn // n と k については以下の別表を参照

入力 in[16], address[k], load

出力 out[16]

関数
```
out(t)=RAM[address(t)](t)
If load(t-1) then
   RAM[address(t-1)](t)=in(t-1)
```

コメント 「=」は 16 ビットの演算である。

HackプラットフォームにRAM必要なRAM回路

回路名	n	k
RAM8	8	3
RAM64	64	6
RAM512	512	9
RAM4K	4096	12
RAM16K	16384	14

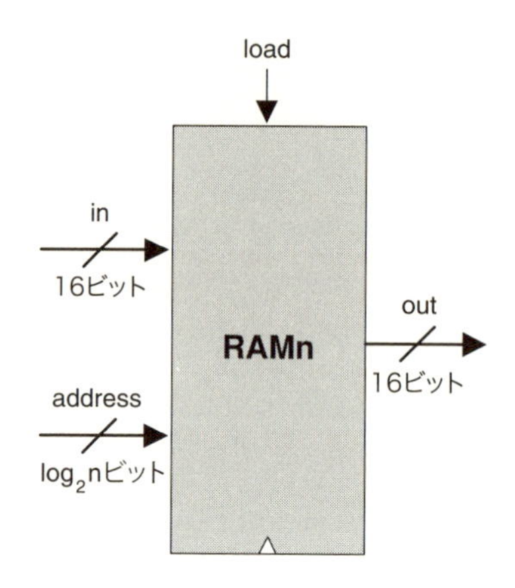

読み込み

m 番目のレジスタの値を読み込むためには、`address` 入力に m を入れる。RAM に内在する「直接アクセスロジック（直接アクセスのための論理回路）」はレジスタ番号 m を選び、RAM の出力ピンにその選択された値が送られる。この操作は組み合わせ操作であり、時間に依存しない操作である。

書き込み

m 番目のレジスタに新しい値 d を書き込むためには、`address` 入力に m を、`in` 入力に d を入れ、`load` 入力を 1 に設定する。これによって、直接アクセスロジックはレジスタ番号 m のレジスタを選び、`load` ビットは書き込みを行うように設定される。次のクロック周期で、選択されたレジスタへ新しい値（d）が送信され、RAM の出力もその値を送信する。

3.2.4 カウンタ

カウンタは、その役割上、これまで説明した記憶装置とは別の存在である。しかし、ここでカウンタを登場させたほうが都合が良いため、カウンタについて簡単な説明を与える。

ここでは、次にフェッチを行い（取り出し）実行すべき命令コードのアドレスがカウンタ回路に格納されている場合を考える。ほとんどの場合、カウンタは各クロック周期でアドレスの値に 1 だけ加算する。その他の場合、たとえば、「n 番目の命令コードへ移動する」といった命令の場合は、カウンタに n を設定することで、それ以降の動作が $n+1$、$n+2$、... といったように継続される。また、プログラムの実行をいつでも再実行できるように、カウンタの値を0にする場合もあり得る（プログラムの命令コードの開始が0だと仮定する）。

以上をまとめると、我々が必要とするものは読み書き可能な回路である。さらに、我々のカウンタ回路のインターフェイスは、レジスタのそれと同じであることがわかる。ただし、カウンタにおいては、`reset`、`inc`とラベル付けされたふたつの制御ビットが追加される。`inc=1`の場合、カウンタはクロック周期毎に現在の値に1を加算し、「`out(t)=out(t-1)+1`」となるように出力を行う。カウンタの値を0にリセットしたい場合は、`reset`ビットを1にする。また、もしdという値をカウンタに設定したければ、dを`in`入力に入れ、`load`ビットを1にする。詳細は次のAPIに示す。また、操作の例を**図3-5**に示す。

```
回路名    PC // 16ビットカウンタ
入力      in[16], inc, load, reset
出力      out[16]
関数      If reset(t-1) then out(t)=0
             else if load(t-1) then out(t)=in(t-1)
             else if inc(t-1) then out(t)=out(t-1)+1
             else out(t)=out(t-1)
コメント  「=」は16ビットの代入演算である。
          「+」は16ビットの算術加算である。
```

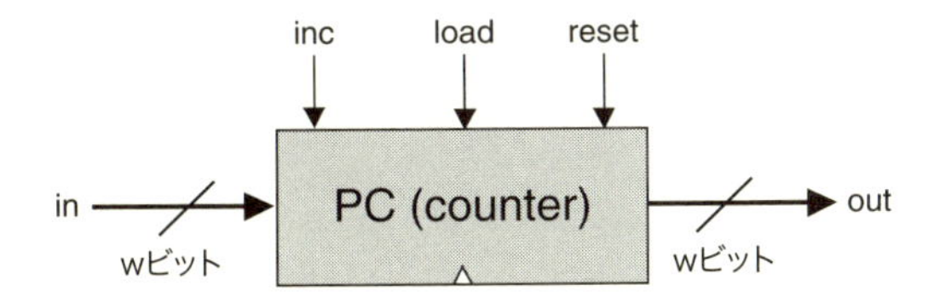

3.3　実装

フリップフロップ

DFFゲートは1章で構築した下位レベルの論理回路から実装することができる。しかし、本書ではDFFはプリミティブなゲートとして扱うため、その内部的な実装については考える必要はない。

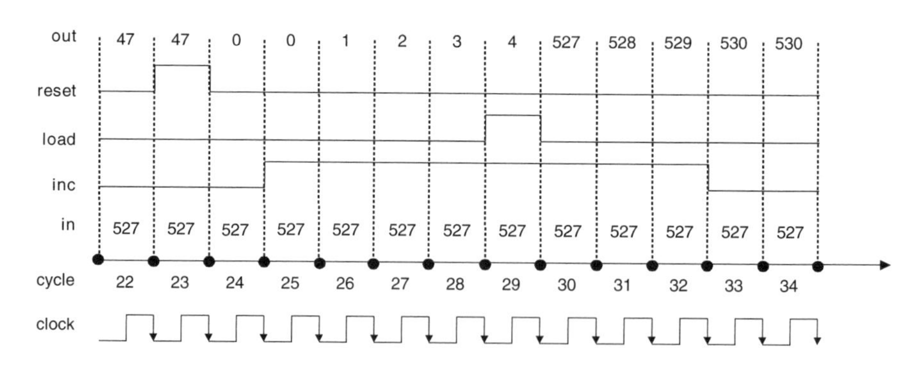

ここでは、時刻22からトラッキングを開始すると仮定する。入力と出力は
それぞれ偶然に527と47であるとする。また、制御ビット（reset、load、inc）も
0から開始することを仮定する——これらの仮定は恣意的なものである。

図 3-5　カウンタのシミュレーション。時刻 23 において、reset 信号が発信され、次の時刻にてカウンタは 0 を送信する。この 0 は、時刻 25 にて inc 信号が発信されるまで続き、それ以降はインクリメント（1 ずつ増加）される。この動作は、時刻 29 で load ビットが設定されるまで続く。カウンタの入力には 527 の値が格納されているため、次の時刻ではその値が出力される。それ以降は、時刻 33 まで（inc が 0 に設定されるまで）出力はインクリメントされる

1ビットレジスタ（ビット）

この回路の実装は**図 3-1** に示すとおりである。

レジスタ

w ビットレジスタを 1 ビットレジスタから構築するのは単純な作業である。やるべきことは、1 ビットレジスタを w 個だけ配列上に並べ、レジスタの `load` 入力をすべての 1 ビットレジスタへの `load` 入力に接続するだけである。

8レジスタメモリ（RAM8）

ここでは**図 3-3** が役に立つだろう。RAM8 回路を実装するためには 8 つのレジスタを配列上に並べ、続いて、直接アクセスロジックのための組み合わせ回路を構築する。この組み合わせ回路は、与えられたアドレスの値に応じて、そのアドレスに存在するレジスタが `in` 入力を読み込むように設計されている。同様に、与えられたアドレスの値に応じて、そのアドレスに存在する値を RAM8 の `out` 出力へ送信する組み合わせ回路も構築する必要がある。

ヒント：この組み合わせ回路は 1 章ですでに実装済みである。

n レジスタメモリ

任意の長さのメモリ（ただし、長さは2の累乗）は、より小さいメモリから再帰的に構築することができる。この再帰的構造をたどっていくと、ついにはレジスタにたどりつく。このアイデアを視覚化すると、**図3-6**のように表すことができる。一番右の図は、64 レジスタ RAM が 8 レジスタ RAM を 8 個並べて作れることを示している。RAM64 メモリから特定のアドレスを選択するためには、6 ビットのアドレスを用いる。この 6 ビットアドレスを、たとえば、$xxxyyy$ と表記したとすると、上位の xxx ビットは RAM8 回路のひとつを選択するために用い、下位の yyy ビットは、その選択した RAM8 内から特定のレジスタを選択するために用いる。このような階層構造に基づいて特定のアドレスにアクセスする論理回路を RAM64 回路は備えなければならない。

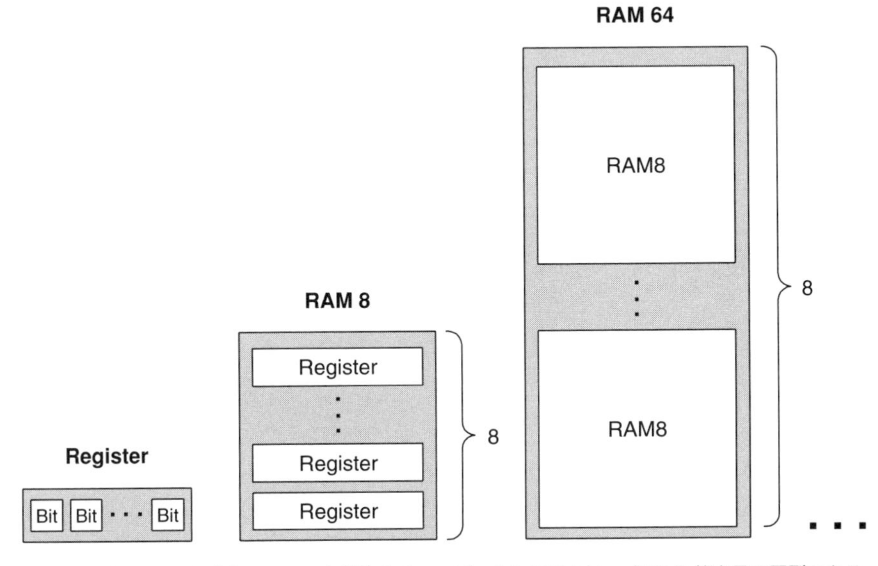

図 3-6 再帰的かつ段階的にメモリを構築する。w ビットレジスタは w 個の 2 値素子の配列であり、8 レジスタ RAM は 8 個の w ビットレジスタの配列であり、64 レジスタ RAM は 8 個の RAM8 回路の配列であり、と続いていく。これをあと 3 回だけ続ければ、16KRAM を構築することができる

カウンタ

w ビットのカウンタはふたつの要素から構成される。ひとつは「w ビットのレジス

タ」であり、もうひとつは「組み合わせ回路」である。この組み合わせ回路は、カウントを行う機能と、3つの制御ビットに応じてカウンタを正しい操作モードに遷移させる機能を持つ。

助言：このロジックのほとんどはすでに2章で構築済みである。

3.4 展望

本章で述べたすべてのメモリシステムはフリップフロップを土台としたものであった――このフリップフロップを“原子”として、つまり、プリミティブな構成要素として取り扱った。ハードウェアの教科書で通常取られるアプローチは、フリップフロップを基本的な組み合わせ回路（NAND ゲートなど）から適切なフィードバックループを用いて作成することである。一般的には、単純な（クロックを用いない）フリップフロップの構築からスタートするだろう。この最初に作るであろう回路は「ラッチ」と呼ばれ、ふたつの安定状態を持つ（これを双安定と言う）。この単純なラッチをふたつつなげることで、クロックに対応したフリップフロップを構築することができる。このフリップフロップは、クロックのエッジの瞬間、つまり、クロックの信号が0から1に変わる瞬間に値がセットされる。この「マスター/スレーブ」の設計により、フリップフロップ全体でクロックに同期した動作を行わせることができる。

これらの回路を構築することはやや複雑な作業である。その作業を行うには、組み合わせ回路におけるフィードバックがもたらす作用の問題や、ふたつのフェーズを持つ2値信号を用いてクロック周期を実装する方法について理解する必要がある。本書では、フリップフロップを“原子”回路として扱うことで、その下位レベルの実装については抽象化されたものとして考えないことにした。フリップフロップの内部構成について興味のある読者は、「論理回路」や「コンピュータアーキテクチャ」の教科書を参考にしてほしい。それらの教科書のほとんどに詳細な説明が記載されているだろう。

最後に、最近のメモリデバイスについてひとつ述べておく。最近のメモリは標準的なフリップフロップから構築されることはほとんどない。その代わりに、ストレージ技術に特有の物理的性質を利用し、入念な最適化が行われるのが一般的である。そのような最適化の技術は数多く存在する。どの最適化技術を採用するかにあたっては、いつものように「コストとパフォーマンス」のバランスの問題である。

これらの下位レベルの回路を除くと、本章で登場する他の回路は一般的なものであり、レジスタやメモリ回路はフリップフロップを基礎として作られる。

3.5 プロジェクト

目標

本章で取り上げた回路をすべて実装する。最初に構成要素として使用できるゲートは、プリミティブな DFF ゲートのみである。この DFF ゲートと前章までに実装した回路は使用することができる。

材料

このプロジェクトに必要なツールは本書で提供するハードウェアシミュレータである。すべての回路は HDL 言語（詳細は付録 A を参照）を用いて実装を行うこと。本章で言及した回路については、ひな形のファイルとして「`.hdl`」という名前のプログラム（テキストファイル）を用意しており、これは実装が部分的に欠けている。さらに「`.tst`」というスクリプトファイルも用意してある。このファイルはシミュレータがどのようにテストを行うかを指示したものである。また、「`.cmp`」という比較用のファイルも用意してある。読者のタスクは、`.hdl` プログラムの欠けた実装部分を完成させることである。

規約

各自の回路設計（修正した`.hdl` ファイル）がハードウェアシミュレータに読み込まれると、`.tst` ファイルに従ってテストが行われ、出力結果が`.cmp` ファイルと比較される。比較結果が一致しない場合は、その旨がシミュレータにより報告される。

助言

D 型フリップフロップ（DFF）回路はプリミティブな要素として扱うので、それを実装する必要はない。シミュレータが HDL プログラム中で DFF ゲートに直面すると、`tools/builtInChips/DFF.hdl` からビルトイン実装を自動的に読み込む。

本プロジェクトのディレクトリ構成

RAM 回路をよりサイズの小さい RAM 回路から構築する場合、サイズの小さい RAM 回路についてはビルトイン版の回路を使用することを推奨する。もしそうしなければ、シミュレータの実行速度は遅くなり、（パソコン上の）メモリ領域が足りなくなるかもしれない。なぜなら、サイズの大きいRAMでは何万もの下位レベルの回路を用いることになり、これらのすべての回路はシミュレータによって（ソフトウェアのオブジェクトとして）メモリに展開されるからである。そのため、`RAM512.hdl`、`RAM4K.hdl`、`RAM16K.hdl`の3つのプログラムは別ディレクトリに分けて置いてある。このようにすれば、RAM4KやRAM16K回路は、ビルトイン版のRAM512回路を内部パーツとして用いることになる（なぜなら、シミュレータが現在のディレクトリでRAM512回路を見つけることができないからである）。

手順

次の手順で進めることを推奨する。

1. 本プロジェクトに必要なハードウェアシミュレータは、本書ソフトウェアパッケージの`tools`ディレクトリに用意されている。
2. 付録Aを読む。特に、A.6節とA.7節を集中して読む。
3. 「ハードウェアシミュレータ・チュートリアル†1」に目を通す。特に、パートIV、Vを集中して読む。
4. `projects/03`ディレクトリで指定されているすべての回路を作成し、シミュレーションを行う。

†1 訳注：「ハードウェアシミュレータ・チュートリアル」は次より取得できる。http://www.nand2tetris.org/tutorials/PDF/Hardware%20Simulator%20Tutorial.pdf

4章 機械語

何事もできるかぎりシンプルにすべきだ。だが、シンプルにしすぎてはいけない。
——アルベルト・アインシュタイン（1879–1955）

コンピュータを**構造的**な視点から説明するには、そのハードウェアのプラットフォームを提示し、それが下位レベルの回路からどのように構築されているかを説明すればよい。また、コンピュータを**抽象的**な視点から説明するには、その機械語の仕様を示し、その機械語によって何ができるかを明らかにすればよい。実際のところ、新しいコンピュータシステムに慣れ親しむためには、機械語で書かれた低水準言語のプログラムを最初にいくつか見るのが手っ取り早い。これは、コンピュータに何か有用なことを実行させる方法を理解するためだけではなく、ハードウェアがなぜそのように設計されているかを理解するためにも役立つ。その点を考慮して、本章では機械語による低水準のプログラミングに焦点を当てる。本章は次章（5章）のために用意された章である。次章では、機械語を実行するために設計された汎用コンピュータを完成させる。このコンピュータは1章から3章までに作成した回路を用いて構築される。

機械語の仕様は、合意に基づく形式に従い、低水準なプログラムを一連の機械語命令としてコード化できるように設計されている。この命令を用いると、さまざまな処理——算術演算や論理演算、メモリからのフェッチ（データの読み込み）やメモリへのデータ保存、レジスタ間のデータ移動、ブーリアン値の条件テスト、など——をプログラマーはプロセッサに実行させることができる。高水準言語は汎用性や機能性に主眼を置いて基本的な設計が行われる。それに対して機械語が目標としていることは、対象とするハードウェア上で直接実行できること、そして、そのハードウェア全体を制御できることである。もちろん、汎用性や簡潔さ、パフォーマンスなどの点においても求められるが、満たさなければならない唯一の基本的要求は、ハードウェア上で直接実行できること、ただそれだけである。

コンピュータ全体において最も重要なインターフェイスは何か？ 最も重要なイン

ターフェイス、それは「機械語」である。機械語においてハードウェアとソフトウェアが交わり、機械語においてプログラマーの抽象的思考（これは記号命令によって表される）がシリコン上で実行される物理的操作に変換される。そのため、機械語はプログラミングツールとして用いられると同時に、ハードウェアにとっても不可欠な要素となる。先ほど、「機械語は対象のハードウェアの利用を目的として設計される」と述べた。実際のところ、コンピュータのハードウェアは対象とする機械語の仕様に従って設計される。つまり、ハードウェアが対象とするところは特定の機械語で書かれた命令コードだけである。それを読み込み、解釈し、実行することができるようにハードウェアは設計される。

本章では初めに「機械語プログラミング」の概略について説明する。次に、Hack機械語の詳細な仕様について、そのバイナリ版とアセンブリ版の両方の仕様を合わせて示す。本章のプロジェクトでは、機械語のプログラムをいくつか書いてもらう。本プロジェクトの目的は、実践を通して低水準言語のプログラミングについて理解し、次章の準備を行うことにある（次章ではコンピュータそれ自体を構築する）。

機械語でプログラムを書いた経験のある人はほとんどいないだろう。しかし、低水準言語のプログラミングを学ぶことは、コンピュータアーキテクチャを完全に理解するためには必須のプロセスである。また、どんなに洗練されたソフトウェアであっても、その根本にあるものは基本的な命令コードの集まりであり、その命令コードは単純でプリミティブな操作命令をハードウェアに実行させているだけである。機械語を書く経験を通して、この根本的な流れを実感することは、むしろ魅力的なことでもあろう。機械語を理解するための最善の方法は“手を動かすこと”である。実際に低水準のコードを書き、それをハードウェア上で直接実行させることが一番である。

4.1 背景

本章は「言語」を中心とした章である。そのため、その根底にあるハードウェアプラットフォームの詳細については、そのほとんどは抽象化された存在として考えることができる（その内部の詳細については無視することができる）。ここでは、ハードウェアの詳細は次章まで先送りにする。実際、一般的な機械語を説明するためには、3つの抽象化についてだけ考えればよい。3つの抽象化、それは**プロセッサ**、**メモリ**、**レジスタ**である。

4.1.1 機械

機械語（machine language）は仕様によって決められた形式に従い、プロセッサとレジスタを用いてメモリを操作するように設計されている。

メモリ

「メモリ」という用語は、大ざっぱには、コンピュータでデータや命令を保存するハードウェアデバイスのことを指して言う。プログラマーの視点からはすべてのメモリは同じ構造である。それは、ある固定幅のセルが連続して並んでおり、各セルは**ワード**や**ロケーション**とも呼ばれ、それぞれがユニークな**アドレス**を持つ。そのため、個々のワード（データもしくは命令のどちらかを表す）はアドレスによって指定される。これから先は、各ワードについて言及する場合、簡潔さを優先して、Memory[address]、RAM[address]、M[address] などといった表現を用いることにする。

プロセッサ

プロセッサは通常、**中央演算装置**（central processing unit）や **CPU** と呼ばれ、仕様で決められた基本的な命令セットを実行することができる。これらの命令セットには、算術演算と論理演算、メモリアクセス演算、制御演算（「ブランチ」とも呼ばれる）などが含まれる。これらの演算のオペランド[†1]は、レジスタや（特定のメモリ位置における）メモリから取り出されるバイナリデータである。同様に、演算の結果（プロセッサの出力）も、レジスタもしくはメモリに格納することができる。

レジスタ

メモリへのアクセスは比較的時間のかかる操作である。また、命令コードのフォーマットは長くならざるを得ない（アドレスの指定だけに32ビットを要するであろう）。そのため、ほとんどのプロセッサはレジスタをいくつか備えており、各レジスタはひとつの値だけを保持できるようになっている。レジスタはプロセッサから極めて近い場所にあるので、レジスタへのアクセスは高速に行うことができる。これにより、プログラマーはメモリアクセスを行うコマンドを減らし、プログラムの実行を高速化することができる。

†1　訳注：オペランド（operand）とは演算の対象となる値のことである。「被演算子」とも言う。たとえば、「1 + 2」という式において、「1」と「2」はオペランド、「+」は演算子（operator）である。

4.1.2 言語

機械語のプログラムは一連の符号化された命令である。たとえば、16ビットコンピュータで用いられる一般的な命令は、1010001100011001のような形式になるだろう。この命令の意味を理解するためには、"ゲームのルール"を知らなければならない。ゲームのルールとは、つまり、基板となるハードウェアプラットフォームの命令セットである。たとえば、その機械語における命令は4ビットの領域が4つ合わさって構成されており、一番左の領域がCPU演算、残りの3つの領域がその演算のオペランドになっているとしよう。そうすると、先に例として挙げた機械語のコードは「R3にR1+R9をセットする」という演算に相当するかもしれない。もちろん、これはハードウェアの仕様と機械語の構文によって決定される。

バイナリコード（2値コード）はいくぶん暗号めいているため、機械語は通常、バイナリコードとニーモニックの両方を用いて記される。**ニーモニック**（mnemonic）は記号や英単語で記され、その名前によって何を行う命令かを把握することができる――我々の場合、ハードウェアの要素と演算をニーモニックで表記する。たとえば、1010という命令コードはニーモニックで表すとADDになり、レジスタはR0、R1、R2という記号で表される、といったことを言語の設計者は決めることができる。このような作法を用いれば、機械語で書かれた命令を「1010001100011001」のように直接指定することもでき、さらに、「ADD R3,R1,R9」のように記号を用いて指定することも可能になる。

この記号による抽象化をさらに推し進めると、記号による表記は**読む**ためだけに用いるのではなく、プログラムを**書く**ためにも用いることができる。つまり、バイナリコードで書く代わりに、記号によるコマンドを用いてプログラムを書くことができる。その場合、テキスト処理のプログラムを用いて、その記号コマンドを領域単位（ニーモニックとオペランド）へ分解し、領域ごとに対応するバイナリ表現へと変換すればよい。そして、その結果を組み合わせれば機械語の命令コードが完成する。この記号による表記は**アセンブリ言語**（assembly language）または、単に**アセンブリ**（assembly）と呼ばれる。また、アセンブリから機械語であるバイナリへと変換するプログラムは**アセンブラ**（assembler）と呼ばれる。

コンピュータが異なれば、CPUの命令セット、レジスタの数や種類、アセンブリの構文ルールなども異なる。そのため、さまざまな機械語が存在し、それぞれに固有の構文を持つことになる。しかし、この多様性にもかかわらず、どのような機械語であれ、同じような一般的なコマンドをサポートしている。続いて、そのような一般的に用いられるアセンブリのコマンドについて説明を行う。

4.1.3 コマンド

算術演算と論理演算

どのようなコンピュータであれ、加算/減算のような基本的な算術演算や、ビットシフトやビット単位の否定のような基本的な論理演算を実行できることが求められる。ここでは、一般的な機械語のシンタックスで書かれた例をいくつか示す。

```
ADD R2,R1,R3      // R2 ← R1+R3 (R1、R2、R3 はレジスタ)
ADD R2,R1,foo     // R2 ← R1+foo (foo はユーザーが定義したラベルであり、
                  // そのラベルが指す位置にあるメモリの値が foo の値である)
AND R1,R1,R2      // R1 ← 「R1 と R2 のビット単位 And」
```

メモリアクセス

メモリアクセスを行うコマンドは次に示すふたつのどちらかの場合に該当する。ひとつ目は、ちょうど先ほど見たように、算術演算や論理演算の場合である。算術演算や論理演算はレジスタに対して操作を行うだけではなく、特定のメモリ位置に対しても操作を行う。ふたつ目は、メモリに対して明示的に**読み込み**（load）や**格納**（store）を行う場合である。どのようなコンピュータであっても、メモリに対して明示的に読み込みや格納を行うコマンドを備えており、それらのコマンドはレジスタとメモリ間でデータを移動するように設計されている。

これらのメモリアクセスを行うコマンドは、いくつかの種類からなる**アドレッシングモード**（addressing mode）を用いていることだろう。アドレッシングモードとは、要求されたメモリのワードに対して、そのアドレスを指定する方法である。コンピュータが異なれば、その作法や表記法も異なる可能性があるが、次に示す3つのアドレッシングモードはほとんどの場合サポートされていることだろう。

直接アドレッシング（direct addressing）

メモリのアドレスを指定する最も一般的な方法は、次に示すように、直接アドレスを指定する、もしくはシンボルを用いて特定のアドレスを参照することによって行う。

```
LOAD R1,67 // R1←Memory[67]
  // また、barの参照する値が67であると仮定すると、
  // 次のコマンドもメモリアドレスの67番目を参照することができる。
LOAD R1,bar // R1←Memory[67]
```

イミディエイトアドレッシング（immediate addressing）

このアドレッシングモードは定数を読み込むため、つまり、命令コード中に現れる値をそのまま読み込むために用いられる。次に示すように、命令中に現れる数字領域をアドレスとして扱う代わりに、その値をそのままレジスタに読み込む。

```
LOADI R1,67 // R1←67
```

間接アドレッシング（indirect addressing）

このアドレッシングモードでは、メモリのアドレスは命令中にハードコーディングされることはない。その代わりに、必要なアドレスを保持しているメモリ位置が命令によって指定される。このアドレッシングモードは**ポインタ**（pointer）を扱うのに用いられる。たとえば、x=foo[j]という高水準コマンドを考えてみよう。ここで、fooは配列であり、xとjはint型の変数である。このコマンドに等しい機械語はどうなるかというと、まず、高水準言語でfooという配列が宣言され初期化された場合、コンパイラはその配列データを格納するためのメモリセグメント（メモリ領域）を割り振る。そして、セグメントの**ベースアドレス**（base address）を参照するfooという記号を作る。

続いて、foo[j]のような配列の要素を参照するコードに出くわした場合のコンパイラの行う変換処理について説明する。ここでは配列のj番目の要素は配列のベースアドレスから物理的にj個離れた場所にあることに注意してほしい（ここでは単純に、配列の要素はそれぞれ1ワードであると仮定する）。そのため、foo[j]に対応するアドレスは、fooのベースアドレスの値にjの値を加算するだけで簡単に計算することができる。

たとえば、C言語のようなプログラミング言語では、x=foo[j]というコマンドはx=*(foo+j)というコマンドと同じ意味である。ここで、「*n」という表記は「Memory[n]の値」ということを意味する。そのようなコマンドが機械語に変換されると、一般的に次のコードを生成する（ただし、アセンブリ言語の構文に依存する）。

```
// x=foo[j] もしくは x=*(foo+j) の変換
ADD R1,foo,j   // R1 ← foo+j
LOAD R2,R1     // R2 ← Memory[R1]
STR R2,x       // x ← R2
```

分岐命令

通常プログラムは頭から順に実行されるが、場合によっては次のコマンドとは別の位置へ分岐する命令が含まれることもある。分岐命令には、**反復**（ループ処理の開始位置に戻る）、**条件分岐**（もし条件が false であれば、「if-then 節」の後にある位置に移動する）、**サブルーチン呼び出し**（あるコードセグメントの最初のコマンドに移動する）がある。これらの命令をプログラミングで実行するためには、機械語はプログラムの指定された位置へ移動する手段を持たなければならない（「条件に応じて分岐する場合」と「無条件に分岐する場合」の両方を実現できなければならない）。アセンブリ言語では、プログラム中の位置を指定するために、シンボルが用いられる場合もある。その場合、ラベルを指定する何かしらのシンタックスが用いられる。一般的な例を**図 4-1** に示す。

高水準

```
// whileループ
while (R1>=0) {
    code segment 1
}
code segment 2
```

低水準

```
// 一般的な変換
beginWhile:
    JNG R1,endWhile // もしR1<0であればendWhileへ移動
    // 「code segment 1」の変換コードはここにくる
    JMP beginWhile  // beginWhileへ移動
endWhile:
    // 「code segment 2」の変換コードはここにくる
```

図 4-1　高水準/低水準における分岐ロジック。goto コマンドのシンタックスはプログラミング言語によって異なるが、根本的な考え方は同じである

「JMP beginWhile」のような**無条件分岐**を行うコマンドは、目的とする位置のアドレスだけを指定する。一方、「JNG R1,endWhile」のような**条件分岐**では、ブール条件も何らかの方法で指定しなければならない。言語によっては、条件部分がコマンド中に明確に含まれる言語もあり、また一方で、ひとつ前に実行したコマンドの結果によって分岐を行う言語もある。

本節では、機械語の概要と機械語が提供する一般的な命令セットについて簡単に説

明した。次節では、Hack機械語——5章で作成するコンピュータにおいて使用する機械語——について正式な形式による仕様を示す。

4.2 Hack機械語の仕様

4.2.1 概要

Hackコンピュータはノイマン型のプラットフォームである。それは16ビットのマシンであり、CPU、メモリモジュール、メモリマップドI/Oデバイスを備える。メモリモジュールには命令用とデータ用のメモリが離れた場所に存在する。メモリマップドI/Oデバイスはスクリーン用とキーボード用のふたつがある。

メモリアドレス空間

Hackプログラマーは、ふたつの異なるアドレス空間があることを知る必要がある。ふたつの異なるアドレス空間とは**命令メモリ**（instruction memory）と**データメモリ**（data memory）である。両方のメモリはともに16ビット幅であり、15ビットのアドレス空間を持つ。つまり、そのふたつのメモリのサイズは32K（32768）ということになる。

CPUは命令メモリに存在するプログラムだけを実行することができる。命令メモリは読み込み専用（リードオンリー）であり、プログラムの読み込みには外部の仕組みを利用する。この命令メモリの読み込みには、たとえば、必要なプログラムがすでに書き込まれたROM回路を用いることによって実現できる。これは、ゲーム機でカセットを入れ替えるのと同じ仕組みである。この仕組みをシミュレートするために、本書のハードウェアシミュレータは、機械語プログラムが含まれるテキストファイルから命令メモリへ読み込む手段を提供している。

レジスタ

Hackプログラマーは、DとAというふたつの16ビットレジスタがあることを知る必要がある。これらのレジスタは「`A=D-1`」や「`D=!A`」など（`!`は16ビット否定演算を意味する）の算術演算や論理演算で用いられる。Dはデータ値だけを保持するが、Aはデータレジスタとアドレスレジスタの二役を担う。つまり、命令の使われる状況に応じて、Aの中身はデータ値と解釈されたり、データメモリ（または命令メモリ）のアドレスとして解釈されたりする。

まず第一に、A レジスタはデータメモリへ直接アクセスするために利用される（これから先は「データメモリ」のことを単に「メモリ」と言う）。Hack の命令は 16 ビット幅であり、アドレスの指定には 15 ビットが必要であるから、命令コードとアドレスをひとつの命令に押し込むことは不可能である。そのため、Hack 言語ではメモリアクセス命令を行う場合、“M”というラベル付けされたメモリ位置を、明確に指定することなく操作しなければならない（たとえば「D=M+1」のように）。このアドレスを解決するためには、――M が参照するメモリのワードは、現在の A レジスタの値をアドレスとするメモリワードの値である――ということを“決まり事”とすることで対処する。たとえば、「D = Memory[516] - 1」のような操作を行いたい場合、まず A レジスタに 516 を設定する命令を実行し、続いて「D=M-1」を行う命令を実行する。

さらに、この働き者の A レジスタは命令メモリにも直接アクセスするために用いることができる。先ほどのメモリアクセスの作法と同じで、Hack のジャンプ命令は特定のアドレスを指定することはしない。その代わりに、――どのようなジャンプ命令であっても、A レジスタの値をアドレスとするメモリワードの位置へ移動する――ということを決まり事とする。そのため、「goto 35」のような操作を行いたい場合、まず A レジスタに 35 を設定する命令を実行し、その次に goto コマンドを（アドレスを指定せずに）実行する。そうすれば、このふたつの命令によって InstructionMemory[35]（InstructionMemory：命令メモリ）に位置する命令を、次のクロックサイクルにおいてコンピュータが取り出すことができる。

例

Hack 言語は理解しやすい言語であるため、最初に例を提示することから始めたいと思う。この言語で唯一自明でないコマンドは@value という記法であろう。ここで、value は数値もしくは数値を表すシンボルのどちらかである。このコマンドは単に特定の値を A レジスタに格納するためのコマンドである。たとえば、sum が 17 という値が格納されたメモリ位置を参照しているとすると、@17 と@sum はともに「A ← 17」を行う。

それでは例を見てみよう。ここでは、1 から 100 までの整数の和を、反復加算を用いて求めたいとする。**図 4-2** は C 言語による解法と、Hack 言語へのコンパイル結果を示している（コンパイルの結果は可能性としていくつも考えられるが、その中のひとつを示す）。

Hack のシンタックスは他の機械語よりも理解しやすいはずだが、低水準のプログ

C言語

```
// 1+...+100の和を求める
   int i = 1;
   int sum = 0;
   while (i <= 100){
       sum += i;
       i++;
   }
```

Hack機械語

```
// 1+...+100の和を求める
        @i       // iはメモリの特定の場所を参照している
        M=1      // i=1
        @sum     // sumはメモリの特定の場所を参照している
        M=0      // sum=0
 (LOOP)
        @i
        D=M      // D=i
        @100
        D=D-A    // D=i-100
        @END
        D;JGT    // もし(i-100)>0ならばENDへ移動
        @i
        D=M      // D=i
        @sum
        M=D+M    // sum=sum+i
        @i
        M=M+1    // i=i+1
        @LOOP
        0;JMP    // LOOPへ移動
 (END)
        @END
        0;JMP    // 無限ループ
```

図4-2 C言語とアセンブリ言語によって表現した同じ処理を行うプログラムを示す。Hackプログラムの終わりにある無限ループは、Hackプログラムを"終了させる"ための標準的な方法である

ラミングに不慣れな読者にとっては、これでもわかりにくいと感じられるかもしれない。特に、メモリ操作を伴う命令は、どのような命令であれ、Hackコマンドを2回実行する必要があることに注意してほしい。ひとつは操作を行いたいアドレスを指定するためのコマンドであり、もうひとつは所望の命令を指定するためのコマンドである。実際、Hack言語はふたつの一般的な命令から構成される。それは、**アドレス命令**(address instruction)と**計算命令**(compute instruction)である。アドレス命令は「A命令」とも呼ばれ、計算命令は「C命令」とも呼ばれる。これらの命令はそれぞれバイナリもしくはシンボルによって表すことができる。続いて、これらの命令について説明を行う。

4.2.2 A命令

A命令はAレジスタに15ビットの値を設定するために用いられる。

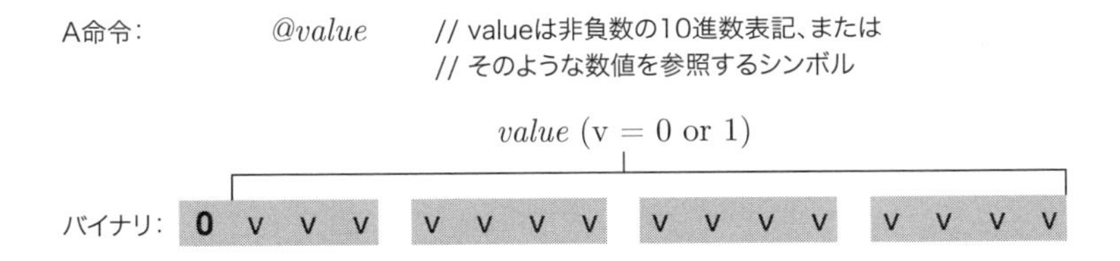

この命令を用いることで、特定の値をAレジスタに格納することができる。たとえば、`@5`という命令は、`0000000000000101`と等しく、5の2進数で表記した値をAレジスタに保存することができる。

A命令は3つの異なる用途で使用することができる。ひとつ目はAレジスタを用いて定数を代入する用途である。プログラムによって定数を代入する方法は、このAレジスタを用いる方法しか存在しない。ふたつ目はメモリ操作を行う用途である。あらかじめAレジスタにメモリのアドレスを設定することで、その後に続くC命令において、Aレジスタで指定したメモリ位置にあるデータを操作することができる。3つ目は移動命令の用途である。あらかじめAレジスタに移動先のメモリアドレスを読み込むことで、その後に続く移動を行うためのC命令（`jump`命令）を用いて、次に実行する命令の位置を移動することができる。これらの使い方の具体例は**図4-2**で示した。

4.2.3 C命令

C命令は、Hackプラットフォームにおいて、プログラミングの中心的な役割を担う。ほとんどすべての仕事は、この命令によって行われる。この命令コードは、次の3つの質問に答えることができるように、その仕様が決められている。

- 何を計算するか？
- 計算した結果をどこに格納するか？
- 次に何をするか？

C命令がこれらの仕様に従えば、A命令と一緒に用いることで、コンピュータで行うすべての命令を実行することができる。

C命令:　　*dest*=*comp*;*jump*　　// destもしくはjumpのどちらかは空であるかもしれない。
// もしdestが空であれば、「=」は省略される。
// もしjumpが空であれば、「;」は省略される。

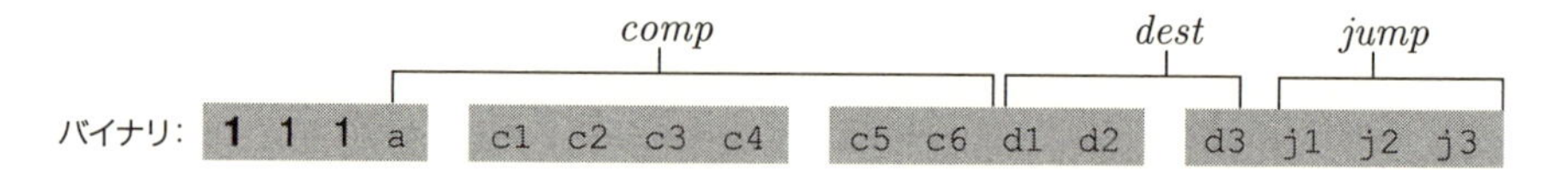

C命令の一番左に位置するビットは1である。その次のふたつのビットは使用しない。残りのビットは3つの領域から構成され、各領域は上に示す記号（*comp*、*dest*、*jump*）に対応する。「*dest* = *comp*; *jump*」という命令は次のことを意味する。*comp*領域がALUに何を計算するかを命令し、その計算された値（ALUの出力）を格納する場所が*dest*領域によって指定される。*jump*領域は移動条件を、つまり、次にどのコマンドを取り出し実行するか、ということを指定する。それでは、この3つの領域について、そのフォーマットとそれが意味する内容をそれぞれ説明する。

comp領域の仕様

HackのALUは、D、A、Mレジスタ（MはMemory[A]を意味する）に対して仕様で決められた関数を計算するように設計されている。計算を行う関数は、命令の*comp*領域にある`a`ビットひとつと`c`ビット6つによって決定される。この計7ビットの配列は128通りの異なる関数を指定することができるが、その中で**図4-3**に列挙した28個の関数をHack言語の仕様とする。

C命令は「`111a cccc ccdd djjj`」という形式であることを思い出してほしい。ここで、仮に`D-1`（現在のDレジスタの値から1を引く）をALUに計算させたいとする。その場合、**図4-3**に従うと、「111**0 0011 10**00 0000」という命令を用いればよいことがわかる（*comp*領域の7ビットは太字で示した）。また、`D|M`の値を計算したいとすれば、「111**1 0101 01**00 0000」、定数である−1を計算するためには「111**0 1110 10**00 0000」、... といった具合である。

dest領域の仕様

C命令の*comp*領域で計算された値は、3ビットの*dest*領域で指定された値に応じて、いくつかの場所に保存される（**図4-4**）。`d`ビットコードの最初と2番目のビットはそれぞれ、計算結果をAレジスタとDレジスタに格納するかどうかを指定する。`d`ビットコードの3番目のビットは計算結果をMに（つまり、Memory[A]に）格納

(a=0のとき) *comp*ニーモニック	c1	c2	c3	c4	c5	c6	(a=1のとき) *comp*ニーモニック
0	1	0	1	0	1	0	
1	1	1	1	1	1	1	
-1	1	1	1	0	1	0	
D	0	0	1	1	0	0	
A	1	1	0	0	0	0	M
!D	0	0	1	1	0	1	
!A	1	1	0	0	0	1	!M
-D	0	0	1	1	1	1	
-A	1	1	0	0	1	1	-M
D+1	0	1	1	1	1	1	
A+1	1	1	0	1	1	1	M+1
D-1	0	0	1	1	1	0	
A-1	1	1	0	0	1	0	M-1
D+A	0	0	0	0	1	0	D+M
D-A	0	1	0	0	1	1	D-M
A-D	0	0	0	1	1	1	M-D
D&A	0	0	0	0	0	0	D&M
D|A	0	1	0	1	0	1	D|M

図 4-3　C 命令の comp 領域。D と A はレジスタの名前。M はアドレスが A であるメモリ位置を参照する。つまり、M は Memory[A] を示す。＋と－の記号は 16 ビットの 2 の補数による加算と減算を表す。!は Not、|は Or、&は And に対応し、それぞれ 16 ビットのビット単位のブール演算子である。ここで示す命令セットは ALU の仕様に類似している点に注意してほしい。ALU の仕様については図 2-6 で示した

するかどうかを指定する。この 3 ビットはすべての組み合わせを取り得る（全部で 8 通り）。

繰り返しになるが、C 命令は「111a cccc ccdd djjj」というフォーマットに従う。それでは、仮に Memory[7] の値を 1 だけインクリメントし、その結果を D レジスタに保存したいとしよう。**図 4-3** と**図 4-4** に従えば、これは次の命令を行えばよいことがわかる。

```
0000 0000 0000 0111     // @7
1111 1101 1101 1000     // MD=M+1
```

d1	d2	d3	ニーモニック	保存先（計算された値を格納する場所）
0	0	0	null	値はどこにも格納されない
0	0	1	M	Memory[A]（メモリ中のアドレスがAの場所）
0	1	0	D	Dレジスタ
0	1	1	MD	Memory[A]とDレジスタ
1	0	0	A	Aレジスタ
1	0	1	AM	AレジスタとMemory[A]
1	1	0	AD	AレジスタとDレジスタ
1	1	1	AMD	AレジスタとMemory[A]とDレジスタ

図 4-4　C 命令の dest 領域

最初の命令は、アドレスが7のメモリレジスタを選択するために用いられる。2番目の命令で M+1 を計算し、その結果を M と D の両方に格納する。

jump 領域の仕様

C 命令の *jump* 領域は「次に何を行うか」ということを指定する。それにはふたつの可能性がある。ひとつはプログラムの次の命令をフェッチし実行することであり（これが標準的な動作である）、もうひとつはプログラムのどこか他の場所に位置する命令をフェッチし実行することである。後者の場合、移動したいアドレスは、あらかじめ A レジスタに設定されていることを想定する。

jump 領域にある3つの j ビットと ALU の出力値（*comp* 領域に応じて計算された値）に従って、移動するかどうかが決定される。j ビットの最初のビットは、ALU の計算結果の値が負の場合に移動することを指定する。2番目のビットは0の場合に、3番目のビットは正の場合に移動することを指定する。これは**図 4-5** に示すように全部で8通りの組み合わせが存在する。

j1 $(out < 0)$	j2 $(out = 0)$	j3 $(out > 0)$	ニーモニック	効果
0	0	0	null	No jump
0	0	1	JGT	If $out > 0$ jump
0	1	0	JEQ	If $out = 0$ jump
0	1	1	JGE	If $out \geq 0$ jump
1	0	0	JLT	If $out < 0$ jump
1	0	1	JNE	If $out \neq 0$ jump
1	1	0	JLE	If $out \leq 0$ jump
1	1	1	JMP	Jump

図4-5 C命令のjump領域。outはALUの出力（comp領域の命令によって計算された結果）。jumpは「Aレジスタで指定されたアドレスから、実命令の実行を継続せよ」という意味として解釈できる

それでは、移動コマンドを用いた例を次に示す。

ロジック

```
If Memory[3]=5 then goto 100
else goto 200
```

実装

```
@3
D=M      // D=Memory[3]
@5
D=D-A    // D=D-5
@100
D;JEQ    // If D=0 goto 100
@200
0;JMP    // Goto 200
```

最後の命令（0;JMP）は無条件で移動するための命令である。C命令のシンタックスは何らかの計算を常に行わなければならないため、ここではALUに0を計算するように命令している（何を選択するかは任意である）。

Aレジスタの衝突

先ほど説明したように、プログラマーはAレジスタを使うにあたって、次に示すどちらかの目的で使用することができる。ひとつは、C命令において**データメモリ**の位置を指定するための用途である（これにはMを伴う）。もうひとつは、C命令において**命令メモリ**の位置を指定するための用途である（これは*jump*を伴う）。そのため、

A レジスタを使用する場合、移動を伴う C 命令（j ビットが 0 でない場合）においてはMを参照すべきではない、と言える（その逆も同様）。

4.2.4 シンボル

アセンブラによるコマンドは、定数もしくは**シンボル**（symbol）を用いてメモリ位置（アドレス）を参照することができる。シンボルは、アセンブリプログラムにおいて次の3つの方法によって用いられる。

定義済みシンボル

RAM アドレスの特別なものについては、どのようなアセンブリプログラムからでも、次に示す定義済みシンボルを用いて参照することができる。

仮想レジスタ

アセンブラによるプログラミングを単純化するために、`R0` から `R15` までのシンボルが RAM アドレスの 0 から 15 をそれぞれ参照するように、あらかじめ定義されている。

定義済みポインタ

`SP`、`LCL`、`ARG`、`THIS` というシンボルは RAM アドレスの 0 から 4 をそれぞれ参照するように定義されている。ここで、これらのメモリ位置に対してふたつのラベル名が与えられていることに注意されたい。たとえば、アドレスの2番目の位置は `R2` もしくは `ARG` というシンボル名で参照することができる。このように命名した理由は「バーチャルマシン」を扱う7章と8章で明らかになる。

入出力ポインタ（I/O ポインタ）

`SCREEN` と `KBD` というシンボルは、RAM アドレスの 16384 (0x4000) と 24576 (0x6000) をそれぞれ参照するように定義されている。これらのアドレスはスクリーンとキーボードのメモリマップにおけるベースアドレスを示す。

ラベルシンボル

これはユーザーが定義するシンボルであり、`goto` コマンドの行き先のラベルとして用いられる。このシンボルは、“`(Xxx)`”という形式のコマンドで宣言される。このコマンドにより Xxx というシンボルが定義される。そのシンボルの値は、そのシンボルが定義された場所の次のコマンドの（命令メモリ中における）アドレスを表す。ラベルは一度だけ定義することができ、アセンブリコードのどの場所からでも使用することができる（そのシンボルが定義される行の前であっても、使用することができる）。

変数シンボル

ユーザーが定義したシンボルの中で、アセンブリプログラムで事前に定義されておらず、かつ "(Xxx)" というコマンドによってどこにも定義されていない場合、それは**変数**（variable）として扱われる。このシンボルはアセンブラによって一意のメモリアドレスが与えられる。このアドレスは 16（0x0010）から始まる。

4.2.5 入出力操作

Hack プラットフォームはスクリーンとキーボードのふたつの周辺機器につなぐことができる。このデバイスは両方ともに**メモリマップ**（memory map）を介してコンピュータのプラットフォームと対話することができる。具体的に言うと、スクリーンに結びついたメモリ領域にバイナリ値を書き込むことで、スクリーン内のピクセルを描画することができる。同様に、キーボードに結びついたメモリ領域の値を読み込むことで、キーボードの状態を把握することができる。物理的な入出力デバイスとメモリマップは更新ループによって同期される。

スクリーン

Hack コンピュータは、横 512 ピクセル、縦 256 ピクセルの白黒のスクリーンを備える。スクリーンの中身は 8K のメモリマップで表すことができ、このメモリマップの RAM アドレスは 16384（0x4000）から始まる。物理スクリーンはスクリーンの左上隅からスタートし、物理スクリーンの各行は 16 ビットのワードが 32 個連続して並んだ形で表される。そのため、上から r 番目の行で、左から c 番目の列に位置するピクセルは、$\mathrm{RAM}[16384 + r \cdot 32 + c/16]$ に位置するワードの $c\%16$ 番目のビットに対応する（ここでの番号は、左から数えたときの番号）。物理スクリーンのピクセルを読み書きするためには、RAM 中のメモリマップに対して対応するビットを読み書きすればよい（$1 =$ 黒、$0 =$ 白）。具体例を示すと、次のようになる。

```
// スクリーンの左上隅に黒のドットを描画する：
@SCREEN   // 左上隅の 16 個のピクセルに対応するメモリワードを
          // A レジスタが指すようにする。
M=1       // 最も左のピクセルを黒く塗りつぶす。
```

キーボード

RAM アドレスが 24576（0x6000）に位置する 1 ワードのメモリマップを介して、物理的なキーボードは Hack コンピュータと接続する。キーが押されるたびに、16 ビットの ASCII コードが RAM[24576] に現れる。キーが何も押されていない場合はコードの 0 がその場所に現れる。通常の ASCII コードに加えて、Hack キーボードは**図 4-6** に示すキーを認識する。

押されたキー	コード	押されたキー	コード
newline	128	end	135
backspace	129	pageup	136
leftarrow	130	pagedown	137
uparrow	131	insert	138
rightarrow	132	delete	139
downarrow	133	esc	140
home	134	f1–f12	141–152

図 4-6 Hack プラットフォームの特別なキーコード

4.2.6 シンタックスとファイルフォーマット

バイナリコードファイル

バイナリコードはテキストファイルである。テキストの各行は ASCII 文字である“0”または“1”のどちらかが 16 個並び、ひとつの機械語命令を構成する。そして、ファイルのすべての行が合わさることで、機械語プログラム全体が構成される。そのような機械語プログラムがコンピュータの命令メモリに読み込まれると、バイナリコードの n 行目は命令メモリのアドレスが n 番目の位置へと配置される（プログラムの行数とメモリアドレスはともに 0 から始まる）。慣例により、機械語プログラムは

“.hack”という拡張子で、たとえば、Prog.hackという名前で、テキストファイルに保存されるものとする。

アセンブリ言語ファイル

慣例により、アセンブリ言語のプログラムは“.asm”という拡張子で、たとえばProg.asmという名前で、テキストファイルに保存される。アセンブリ言語のファイルはテキストファイルであり、テキストの各行は「命令」もしくは「シンボルの宣言」のどちらかを表す。

命令
　A 命令または C 命令

シンボル
　たとえば、(Symbol)というようなコマンドは、プログラムの次のコマンドが存在するメモリ位置をSymbolとして設定する。このコマンドによって機械語は生成されないため、このコマンドは「擬似コマンド」とも呼ばれる。

本節の残りの規約については、アセンブリプログラムだけに関係する。

定数とシンボル

定数は非負数であり、10 進数表記で記さなければならない。ユーザーが定義するシンボル名は、文字、数字、アンダースコア（_）、ドット（.）、ドルマーク（$）、コロン（:）を用いることができる。ただし、数字から始まるシンボル名は用いることができない。

コメント

スラッシュが 2 本連続で続くと（//）、スラッシュからその行の終わりまではコメントとみなされ、無視される。

スペース

スペース文字は無視される。空行も無視される。

大文字規約

アセンブリのニーモニックはすべて大文字で書かなければならない。その他については（ユーザーが定義するラベルと変数名については）、大文字と小文字を区別する。慣例としては、ラベルには大文字を用いて、変数には小文字を用いることとする。

4.3　展望

Hackの機械語は非常に単純な機械語である。他のコンピュータは、Hackコンピュータと比べると、より多くの命令を持つことだろう。さらに、より多くのデータ型、より多くのレジスタ、より多くの命令フォーマット、より多くのアドレッシングモードを持つのがほとんどである。しかし、Hackの機械語が対応していない命令があったとしても、それはどのようなものであれ、ソフトウェアによって実装することが可能である（いくらかパフォーマンスを犠牲にすることになるが）。たとえば、Hackプラットフォームでは乗算と除算をプリミティブな機械語の命令として提供していない。これらの命令は高水準言語において必要とされるのは明らかである。そのため、後ほどオペレーティングシステムの階層で、この命令を実装することにする（12章）。

シンタックスの点において、他のアセンブリ言語が持つ機械的な特性と比べると、Hackはいくぶん異なる構文を持つ。特に、「D=M」や「D=D+M」のように、C言語のような高水準言語で使用するシンタックスが用いられる。通常であれば、「LOAD」や「ADD」のようなより原始的な表記を用いるであろう。しかし、これは表記上の違いにすぎない、ということに注意する必要がある。たとえば、「D=D+M」というコマンドの中で「+」という文字に代数的な役割は一切含まれない。その代わりに、「D+M」という3つの文字がひとつのアセンブリのニーモニックとして解釈され、ひとつのALU命令コードが生成されるように設計されている。

機械語はメモリアドレスの指定方法によって、その機械語の特徴が現れる。その点で言うと、Hackは“1/2アドレスマシン”と呼べそうである。なぜなら、15ビットのアドレスと16ビットの命令の両方のフォーマットをひとつの命令コードに押し込む余裕がないため、メモリ操作を伴う命令は通常2回の命令で行う必要があるからである（A命令でアドレスを指定して、C命令で所望の命令を指定する）。他の機械語では、どのような命令であれ、少なくともひとつのアドレスを直接指定できる機械語がほとんどである。

実際、Hackのアセンブリコードでは、ほとんどの場所でA命令とC命令が交互に現れる。たとえば、`@xxx`に続いて`D=D+M`や、`@yyy`に続いて`0;JMP`などのようなコードをよく目にする。そのようなコードスタイルが面倒であると感じるのであれば、「`D=D+M[xxx]`」や「`goto yyy`」のような使いやすいマクロコマンドを導入すればよい。そうすれば、アセンブリコードは全体で約50%短くすることができる。さらに言えば、このようなマクロを導入することは簡単である。アセンブラがこれらのマクロコマンドをバイナリへ変換する際に、`@xxx`に続けて`D=D+M`や、`@yyy`に続けて`0;JMP`のような変換を先に行えばよいだけである。

アセンブラは本章で何度も登場してきた。アセンブラはシンボルによって書かれたアセンブリプログラムを、バイナリコードで書かれた実行可能なプログラムに変換するプログラムである。さらに、システムとユーザーが定義したシンボルがアセンブリプログラムに現れた場合、アセンブラは（必要に応じて）対応する物理メモリのアドレスへの変換を行う。この変換作業については6章で説明する。6章ではHack言語のためのアセンブラを作成する。

4.4 プロジェクト

目標

機械語による低水準なプログラミングを行い、Hackコンピュータに親しむ。それにより、アセンブラが行う処理についてよく知ることができる。また、変換されたバイナリコードが特定のハードウェア上で実行される仕組みを、視覚的に理解することができるだろう。

材料

本プロジェクトでは本書が提供するツールをふたつ使用する。ひとつは**アセンブラ**であり、もうひとつは**CPUエミュレータ**である。アセンブラはHackのアセンブリ言語をバイナリコードへ変換するように設計されている。CPUエミュレータは、Hackプラットフォームをシミュレートし、その上でバイナリプログラムを実行できるように設計されている。

規約

以下に示すふたつのプログラムを書き、テストする。各自が書いたプログラムをCPUエミュレータで実行すると、結果が出力される。その結果はプロジェクトのディレクトリにあるテストスクリプトによって正誤の確認が行われる。

乗算プログラム(Mult.asm)

このプログラムへの入力は、R0とR1に現在格納されている値とする(R0、R1はRAMの最初と2番目にそれぞれ位置する)。そして、このプログラムはR0*R1の乗算を行い、結果をR2に格納する。ここでは、R0>=0、R1>=0、R0*R1<32768であると想定する。そのため、あなたのプログラムはその条件を確認する必要はなく、その条件が満たされているものと想定してプログラムを書くことができる。このプログラムのためにMult.tstとMult.cmpというスクリプトが与えられている。これらのスクリプトは代表的な数値を用いて、あなたのプログラムのテストを行う。

入出力操作プログラム(Fill.asm)

このプログラムは無限ループを実行し、そのループの中でキーボードの入力を監視する。キーが押されると(どのキーであっても)、プログラムはスクリーンを黒くする、つまり、すべてのピクセルを黒で描画する。キーが何も押されていないと、スクリーンを消去する。スクリーンを黒または白で塗りつぶすための処理は、要件を満たせば、どのような方法で行ってもよい。要件とは、つまり、キーが押されている間中はずっとスクリーン全体が黒であり、キーが何も押されていない間はスクリーンは白である、ということである。このプログラムのためにテストスクリプト(Fill.tst)はあるが、比較用ファイルは用意されていない——シミュレートされるスクリーンを目で見て確認してほしい。

手順

次の手順で進めることを推奨する。

1. 本プロジェクトに必要なCPUエミュレータとアセンブラは本書ソフトウェアパッケージのtoolsディレクトリに用意されている。それを使い始める前に「アセンブラ・チュートリアル」と「CPUエミュレータ・チュートリアル」に目を通すこと[†2]。

2. 手持ちのテキストエディタを使ってアセンブリプログラムを書き、`projects/04/mult/Mult.asm`に保存する。
3. 自分の書いたプログラムを機械語に変換するためには、本書が提供するアセンブラ（バッチモードもしくはインタラクティブモード）を使用する。プログラムのシンタックスについてエラーがなければ、`projects/04/mult`ディレクトリに`Mult.hack`というファイルが生成される。このファイルにはバイナリで表現された機械語命令が含まれる。
4. 本書が提供するCPUエミュレータを用いて、`Mult.hack`コードのテストを行う。そのテストを行うには`Mult.tst`スクリプトを用いる。このテストはインタラクティブモードもしくはバッチモードで行うことができる。もしランタイムエラーが発生した場合は、手順1からやり直す必要がある。
5. 1から3までの手順をふたつ目のプログラム（`Fill.asm`）についても行う。使用するディレクトリは`projects/04/fill`である。

デバッグ時のTips

Hack言語は大文字と小文字を区別する。そのため、よく起こる間違いとしては、`@foo`と`@Foo`などといった変数を同じ変数と考えて使用するケースである。実際、アセンブラはこれらふたつのシンボルを完全に別の変数として扱う。

本書のアセンブラ

本書が提供するソフトウェアパッケージの中には、Hackアセンブラが含まれる。このアセンブラはコマンドモードもしくはGUIモードのどちらかのモードで使用することができる。GUIモードは、**図4-7**に示すように、変換のプロセスを視覚的かつ段階的に見ることができる。

アセンブラが作り出した機械語のプログラムについて、それをテストするにはふたつの方法がある。ひとつ目の方法は、`.hack`プログラムを「CPUエミュレータ」で実行することである。ふたつ目の方法は、同じ機械語のプログラムを「ハードウェア」で直接実行することである。ハードウェアで直接実行するためには、ハードウェアシ

†2 訳注：「アセンブラ・チュートリアル」はhttp://www.nand2tetris.org/tutorials/PDF/Assembler%20Tutorial.pdfより、「CPUエミュレータ・チュートリアル」はhttp://www.nand2tetris.org/tutorials/PDF/Assembler%20Tutorial.pdfより取得できる。

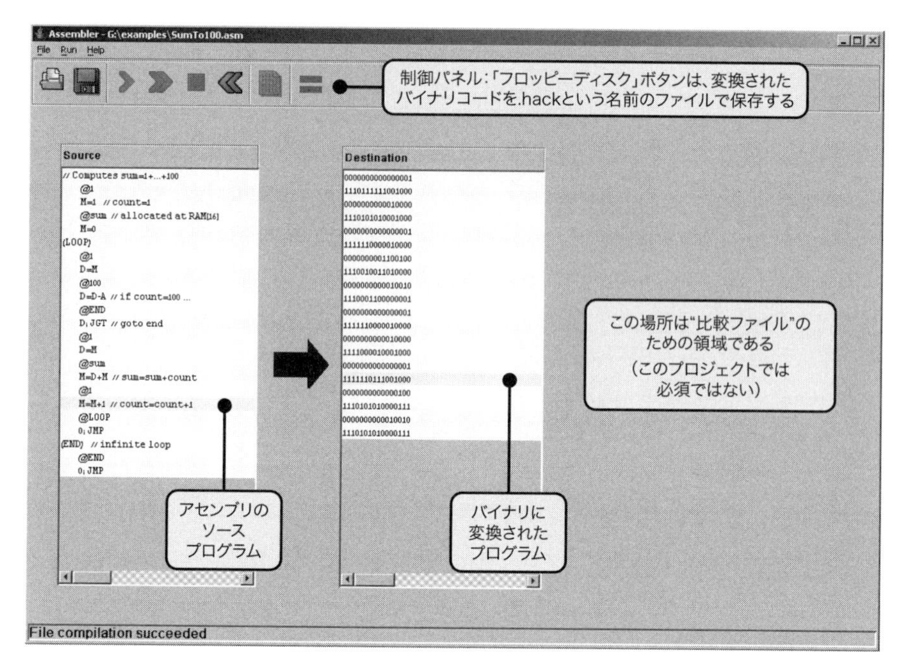

図 4-7 本書が提供する GUI 版アセンブラ

ミュレータを用いて命令メモリに機械語プログラムを読み込むことによって行うことができる。我々は次節でハードウェアを作り終える予定であるから、現段階ではひとつ目の方法のほうが都合がよい。

CPU エミュレータ

このプログラムは Hack コンピュータをシミュレートしたものである。シミュレートされた ROM 上に Hack プログラムを読み込み、シミュレートされたハードウェア上で命令が実行される手順を視覚的に見ることができる（図 4-8）。

CPU エミュレータは、使いやすさを考慮して、バイナリの `.hack` ファイルとアセンブリ言語の `.asm` ファイルの両方を読み込むことができる。後者の場合、エミュレータはアセンブリプログラムをバイナリコードに変換する処理を内部的に行う。これを聞くと、別途アセンブラを用意する必要がないと思うかもしれないが、そうではない。まず第一に、本書が提供するアセンブラを使った場合、その変換プロセスを視覚的に確認することができる。これは教育の上で重要である。また第二に、アセンブラによっ

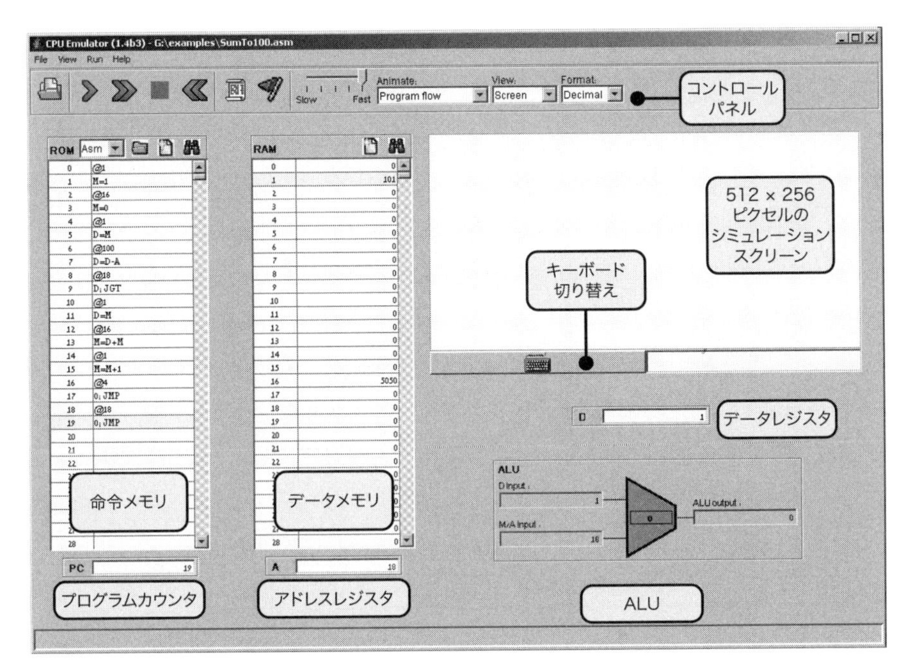

図 4-8　本書が提供する CPU エミュレータ。読み込まれるプログラムはシンボル表記もしくはバイナリコードによって表示される（この図ではシンボル表記で示されている）。このプログラムでは、スクリーンとキーボードは使用しない

て生成されたバイナリファイルは、ハードウェアで直接実行することができる。ハードウェアで直接実行するためには、コンピュータ回路（5 章のプロジェクトで作成予定）をハードウェアシミュレータに読み込み、アセンブラが生成した.hack ファイルをコンピュータの ROM 回路に読み込む必要がある。

5章
コンピュータアーキテクチャ

形態は機能に従う。

――建築家 ルイス・サリヴァン（1856–1924）

形態は、まさしく、機能である。

――建築家 ミース・ファン・デル・ローエ（1886–1969）

本章は“ハードウェアの旅路”における頂（いただき）である。ついに、1〜3章までに作成した回路を使って、汎用コンピュータを作る準備が整った。この汎用コンピュータは、メモリに格納された機械語プログラム（これは4章で説明した）を実行することができる。我々が作ろうとしているコンピュータ――このコンピュータはHackと呼ばれる――は、ふたつの重要な性質を持つ。まずひとつに、Hackはシンプルなマシンであると言える。これまでに構築した回路と本書が提供するハードウェアシミュレータを用いれば、ものの数時間で作ることができる。また、その一方で、Hackは十分にパワフルなマシンであり、デジタルコンピュータの主要な動作原理とハードウェア要素を兼ね備えている。そのため、Hackを作ることで、「現代のコンピュータがどのように動作しているのか」ということについて、ハードウェアとソフトウェアの低レイヤのレベルで理解することができるだろう。

本章ではプログラム内蔵方式について説明し、続く5.1節で、**ノイマン型アーキテクチャ**（von Neumann architecture）――これはコンピュータサイエンスの基本的枠組みであり、現代コンピュータの設計はほとんどすべてこれをベースとしている――について詳細な説明を与える。Hackプラットフォームはノイマン型コンピュータのひとつの例であり、5.2節では正確なハードウェアの仕様について示す。5.3節では、用意された回路からHackプラットフォームを実装する方法について説明する。用意された回路とは、これまでの章で作成した回路であり、特に、2章で作成したALUと3章で作成したレジスタとメモリが中心となる。

Hackコンピュータはできるかぎりシンプルに設計しているが、シンプルになりすぎてはいない。これが意味することは、おもしろいプログラムを実行させるために必要な最小限の構成を持ち、ある程度のパフォーマンスを発揮する、ということである。

このマシンと他の一般的なマシンの比較は5.4節で行っている。一般的なマシンの設計では、**最適化**（optimization）が重要なテーマであるが、本章ではそれについては省略する。本章で述べる回路は、すべて合わさると最後にはHackコンピュータになる。これらの回路を作りテストを行うには、本書のハードウェアシミュレータを使い、5.5節で与える技術的な指示に従って作業を進めることができる。

5.1 背景

5.1.1 プログラム内蔵方式

我々の周りにある機械と比べて、デジタルコンピュータだけが持つ最も際立つ特徴は、その驚くべき多様性にある。コンピュータは制限のあるハードウェアを備えたマシンではあるが、さまざまなアプリケーション、たとえば、インタラクティブなゲーム、ワードプロセッサ、科学計算など、数えきれないほど実用的な仕事を行うことができる。この驚くべき柔軟性は——我々はこの恩恵をあたりまえと思っているが——**プログラム内蔵**（stored program）方式と呼ばれる素晴らしいアイデアによってもたらされた恩恵である。このアイデアは、1930年代に何人かの数学者によって個別に定式化されたもので、いまだに現代のコンピュータサイエンスにおいて、（最大の発明とは言えないかもしれないが）最も深遠な発明のひとつとして考えられている。

科学における多くのブレークスルーと同じように、ここでも基本的なアイデアはとてもシンプルである。コンピュータは、ハードウェアのプラットフォーム上で一連の命令を実行することができる。これらの命令はビルディングブロック（構成要素）のように組み合わせて用いることができ、優れたプログラムを自由に作ることができる。さらに、このプログラムのロジックはハードウェアに埋め込まれたものではない（ハードウェアによる物理的な結線によりロジックを実装したものは1930年より以前に存在した）。その代わりに、プログラムのコードは、まるでデータのように、コンピュータのメモリに格納され操作される。これが“ソフトウェア”として知られているものの正体である。コンピュータの動作は、現在実行しているソフトウェアを通してユーザーの目に触れるため、同じハードウェアであっても別のプログラムを読み込むたびに、まったく異なる動作をする。

5.1.2 ノイマン型アーキテクチャ

プログラム内蔵方式のアイデアによって、多くの抽象的で実用的なコンピュータモデルが生み出された。コンピュータモデルでは、特に、**万能チューリングマシン**（universal Turing machine、1936）と**ノイマン型コンピュータ**（von Neumann machine、1945）が重要である。チューリングマシン――抽象化された人工的なコンピュータであり、見かけによらず単純なコンピュータである――は、主にコンピュータシステムの理論的な側面を分析するために用いられる。それとは対照的に、ノイマン型コンピュータは実用的なアーキテクチャである。今日のコンピュータプラットフォームはほとんどすべて、このノイマン型コンピュータと概念上の枠組みは同じである。

ノイマン型アーキテクチャは**中央演算装置**（central processing unit、CPU）を中心として、メモリデバイスを操作し、入力デバイスからデータを受け取り、出力デバイスへデータを送信する（**図5-1**）。このアーキテクチャの心臓部は、「プログラム内蔵」という方式にある。プログラム内蔵が意味することは、コンピュータのメモリに格納されるデータは、コンピュータが計算したデータだけではなく、コンピュータに何を行うべきかを指示する「命令」も含まれる、ということである。それでは、このアーキテクチャについて詳細を見ていくことにしよう。

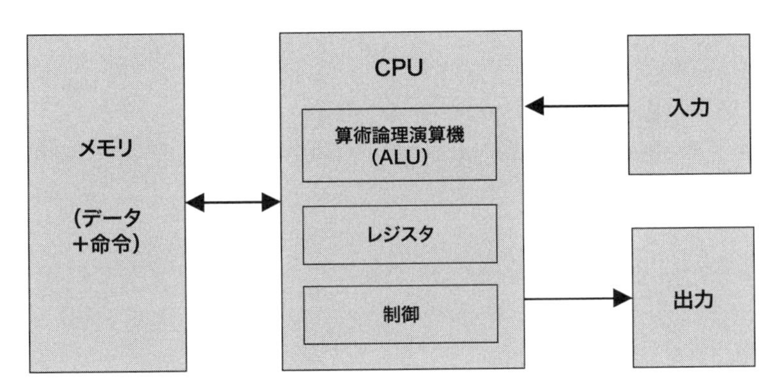

図5-1 概念上のノイマン型アーキテクチャ。コンピュータをこの図で示したレベルで簡略化すれば、ほとんどすべてのコンピュータのアーキテクチャはこのモデルに当てはまる。コンピュータを操作するプログラムはメモリに存在する。これが“内蔵プログラム”方式のアイデアである

5.1.3 メモリ

ノイマン型コンピュータのメモリには2種類の情報が格納される。ひとつはデータ項目であり、もうひとつはプログラミング命令である。このふたつの情報の取り扱い方は通常異なり、コンピュータによっては別のメモリユニットにそれぞれ格納される

場合もある。また、機能については異なるが、両方の情報ともバイナリで表現され、一般的なランダムアクセス構造のメモリに格納されるという点は同じである。ランダムアクセス構造とは、固定幅のセルが連続して配列上に並んだ構造であり、この固定幅のセルは「ワード」や「ロケーション」と呼ばれ、一意のアドレスを持つ。そのための各ワード（データ項目もしくは命令のどちらか）は対応するアドレスによって指定することができる。

データメモリ（data memory）

高水準言語で書かれたプログラムでは、変数、配列、オブジェクトといった「高水準（高級）」なデータ形式を操作することができる。それらのデータ形式は、機械語に変換されるとバイナリデータになり、コンピュータのデータメモリに格納される。各ワードがデータメモリからアドレスによって指定されれば、そのアドレスのデータに対して「読み込み」または「書き込み」のどちらかを行うことができる。読み込みの場合、ワードの値を取得し、書き込みの場合、指定された位置に新しい値を格納する（それによって古い値は消されることになる）。

命令メモリ（instruction memory）

高水準言語で書かれたコマンドが機械語に変換されると、それらはバイナリのワードになり、機械語の命令を表すようになる。これらの命令はコンピュータの命令メモリに格納される。コンピュータが命令を実行するたびに、CPU は命令メモリから命令をフェッチし（読み込み）、その命令をデコード（解読）する。そして、指定された命令を実行し、次に実行すべき命令の場所を計算する。それゆえに、命令メモリの内容を変更すれば、コンピュータによってまったく別の操作を行うことができる。

命令メモリに存在する命令は仕様に従う形式で書かれたものであり、これは機械語と呼ばれる。あるコンピュータでは、命令とオペランドを表すためのコードは 1 ワードで表現される。また他のコンピュータにおいては、2 または 3 つのワードを必要とするものもある。

5.1.4 CPU

CPU はコンピュータアーキテクチャにおいて中心的な存在である。その役割は、現在読み込まれているプログラムの命令を実行することである。これらの命令が CPU に指示することは、さまざまな計算を実行させることや、メモリから値を読み書きすること、また、条件に応じてプログラム中の他の命令場所に移動することなどである。CPU はこのようなタスクを次に挙げる 3 つのハードウェアを用いて実行する。それは、ALU、レジスタ、制御ユニットである。

ALU

ALU は下位レベルの算術演算と論理演算を行うように設計されており、その設計がそのコンピュータを特徴づける。たとえば、一般的な ALU が実行できる処理は、ふたつの数値の加算やワードのビット操作、与えられた数が正かどうかの判定などである。

レジスタ

CPU は単純な計算を"素早く"行うように設計されている。パフォーマンスを向上させるため、計算結果を遠く離れたメモリに出し入れするのではなく、近くの場所に格納するのが望ましい。そのため、CPU にはハイスピードなレジスタが少数ではあるが備えられている。各レジスタは 1 ワードを保持することができる。

制御ユニット

コンピュータの命令はバイナリコードによって表される。一般的には 16、32、64 ビット幅のバイナリコードが用いられる。そのような命令を実行するには、まず、その命令をデコードしなければならない。そして、その命令に埋め込まれた情報は、特定のハードウェア装置（ALU、レジスタ、メモリなど）に信号を送るために利用する必要がある。命令のデコードは**制御ユニット**（control unit）によって行われる。また、この制御ユニットは、次にどの命令をフェッチし実行するかという情報も保持する。

これで、CPU の命令はループ処理のように記述することができる。このループ処理は次のように続く。メモリから命令（ワード）をフェッチする。その命令をデコードする。それを実行する。次の命令をフェッチする……という流れである。命令の実行には次に示すような小さな仕事を伴う。それは、ALU に何らかの計算をさせること、内部レジスタを操作すること、メモリからワードを読み込むこと、そしてメモリにワードを書き込むことである。このようなタスクを実行する過程で、CPU は次にフェッチし実行すべき命令がどこにあるかという情報も得る。

5.1.5 レジスタ

「メモリアドレスが j にあるデータを取得せよ」と CPU が命令すると、次の手続きが発生する。

- CPU から RAM のアドレス入力へ j という値が送られる。
- RAM の「ダイレクトアクセス論理回路」は対象のメモリレジスタ（そのアドレスは j である）を選ぶ。
- RAM[j] のデータを CPU へ送る。

このような一連の手続きを行うため、メモリアクセスには時間を要する。一方、レジスタは一連の手続きを必要としない。レジスタは、メモリと同じようにデータの取得と格納を行う。しかも、メモリ間の往復とメモリ中の探索のために必要な時間はゼロである。

ここでレジスタについて理解すべきことは次の 2 点である。第一に、レジスタは CPU 回路の中に物理的に存在すること。そのため、それにアクセスする作業は一瞬でできる、ということである。第二に、何百万と存在するメモリ中のセルと比較すると、レジスタは数える程度しか存在しない、ということである。そのため、機械語による命令でレジスタを指定するにはわずかなビットがあれば十分であり、結果として機械語の命令フォーマットをより短くすることができる。

CPU が異なればレジスタの数やレジスタの種類も異なる。コンピュータアーキテクチャによっては、各レジスタが複数の目的で使われることもある。

データレジスタ（data register）

このレジスタは簡易的なメモリのような役割で使われる。たとえば、$(a - b) \cdot c$ という値を計算する場合、初めに $(a - b)$ を計算し、その結果を覚えておく必要がある。この結果を一時的にメモリ中のある場所に格納しておくことは可能ではあるが、CPU 内部の近い場所、つまりデータレジスタの中に格納することのほうがより優れた方法である。

アドレスレジスタ（addressing register）

データを読み書きするために、CPU は常にメモリにアクセスする必要がある。メモリアクセスの伴う命令はすべて、メモリのどのワードにアクセスするかということを、つまりは、「アドレス」を指定しなければならない。このアドレスは、現在の命令の中に含まれるかもしれない。または、ひとつ前の命令の実行結果に依存して決定されるかもしれない。後者の場合、アドレスの値は専用のレジスタに格納される（その値が後ほどメモリアドレスとして扱われる）。このレジスタがアドレスレジスタである。

プログラムカウンタレジスタ（program counter register）

プログラムを実行するとき、命令メモリから次にフェッチすべき命令のアドレスについて、その経過を CPU は追う必要がある。このアドレスは、「プログラムカウンタ」または「PC」と呼ばれる特別なレジスタに保持される。PC にはアドレスが格納されており、このアドレスは命令メモリからフェッチを行うアドレスである。そのため、現在の命令を実行する過程で CPU は PC を更新する。この更新作業には次に示すふたつの場合が存在する。

- 現在の命令に「`goto`」命令が含まれなければ、プログラムの次の命令を指すように PC の値はインクリメントされる。
- 現在の命令に「`goto n`」命令が含まれれば、CPU は PC に `n` を書き込む。

5.1.6 入出力

コンピュータの外にある環境とインタラクティブにやりとりするために、コンピュータは I/O デバイス（入出力装置）を用いる。これには、スクリーン、キーボード、プリンタ、スキャナ、ネットワークカード、USB デバイスなどが含まれる。もちろん、この他にもたくさん存在する。たとえば、自動車や兵器システム、医療装置などをコントロールするための専用デバイスなど、挙げればきりがない。ここでは、そのようなさまざまなデバイスに対して詳細な分析は行わない。それにはふたつの理由がある。ひとつ目は、どのようなデバイスであれ、それぞれに独自の機構を持ち、独自の技術知識が必要になるからである。ふたつ目は、すべてのデバイスがコンピュータにとってまったく同じに見えるような仕掛けが存在するからである。この技法に関して最も単純な仕掛けは**メモリマップド I/O**（memory-mapped I/O）である。

メモリマップド I/O の基本的なアイデアは、I/O デバイスのための領域をメモリ上に割り当てることである。そうすることで、I/O デバイスを CPU にとっては通常のメモリ領域のように“見せかける”ことができる。そのためには各I/Oデバイスにとって排他的なメモリ領域を確保し、専用の“メモリマップ”を構成する必要がある。入力装置の場合（キーボード、マウスなど）、デバイスの物理的な状況を常に“反映”するようにメモリマップは作られる。出力装置の場合（スクリーン、スピーカなど）、デバイスの物理的な状況を常に“駆動”するようにメモリマップは作られる。外部のイベントが入力装置に影響を及ぼした場合（たとえば、キーボードのキーを押す、マウスを動かすなど）、対応するメモリマップに値が書き込まれる。これと同様に、出力装置を操作したい場合（たとえば、スクリーンに何かを描画する、音を鳴らすなど）、対応するメモリマップに値を書き込む。ハードウェアの視点から考えると、各I/Oデバイスにメモリと同じインターフェイスを提供すれば、この仕組みを成り立たせることができる。ソフトウェアの視点から考えると、各I/Oデバイスにはインタラクション仕様が定義されている必要があり、それが定義されていればプログラムは正しい場所にアクセスすることができる。ちなみに、コンピュータプラットフォームとI/Oデバイスがたくさん存在することを考えると、「規格」が果たす役割がいかに重要であるか、ということがわかるだろう。

メモリマップドI/Oは実用面で非常に重要である。なぜなら、CPUの設計やプラットフォーム全体の設計はI/Oデバイスとは完全に独立して行うことができるからである。つまり、I/Oデバイスの数や性質、その構成について考えることなく、CPUやプラットフォームを設計できる、ということである。もちろん、将来現れるであろうI/Oデバイスのことも考えなくてすむ。新しいI/Oデバイスをコンピュータに接続した場合、やるべきことは新しいメモリマップを割り当て、そのベースアドレスを覚えておくことだけである（この一度限りの設定は、通常オペレーティングシステムによって行われる）。これをさらに進めれば、どのようなプログラムであっても、I/Oデバイスを操作することができる。なぜなら、やるべきことはメモリ中のビットを操作することだけだからである。

5.2 Hackハードウェアのプラットフォーム仕様

5.2.1 概観

Hackプラットフォームは16ビットのノイマン型コンピュータである。CPUがひとつ、メモリモジュールがふたつ（命令メモリとデータメモリ）、メモリマップドI/Oがふたつ（スクリーンとキーボード）から構成される。このアーキテクチャについては（特に機械語については）、4 章で提示した。ここでは、参照しやすいように、4 章の内容を簡潔にまとめる。

Hack コンピュータは命令メモリに存在するプログラムを実行する。命令メモリは読み込み専用のデバイスであるから、何らかの特別な方法を使ってプログラムをロードする必要がある。たとえば、必要とするプログラムがすでに書き込まれた ROM 回路を用いることで、命令メモリの仕組みを実現することができる。新しいプログラムをロードするためには、新しい ROM 回路に差し替えればよい。この仕組みを模倣するために、Hack プラットフォームのハードウェアシミュレータは次の操作が行えるようになっている。それは、Hack の機械語で書かれたプログラムを含むテキストファイルを命令メモリに読み込むための操作である（これ以降は、データメモリを RAM と呼び、命令メモリを ROM と呼ぶようにする）。

Hack の CPU は、ALU と 3 つのレジスタから構成される（ALU については 2 章で説明を行った）。3 つのレジスタは、「データレジスタ（D）」「アドレスレジスタ（A）」「プログラムカウンタ（PC）」と呼ばれる。D レジスタと A レジスタは 16 ビットの汎用的なレジスタであり、`A=D-1` や `D=D|A` のような算術演算や論理演算において用いられる（4 章で示した Hack 機械語の仕様に従う）。D レジスタはデータを保持するためだけに用いられるが、A レジスタの内容は、使われる命令に応じて次の 3 つの異なる意味として解釈される。それは、データ値、RAM アドレス、ROM アドレスの 3 つである。

Hack 機械語は 2 種類の 16 ビット命令をベースとしている。アドレス命令は「`0vvvvvvvvvvvvvvv`」というフォーマットに従う（v は 0 または 1 を示す）。この命令を実行すれば、コンピュータは 15 ビットの `vvv...v` という値を A レジスタに設定する。一方、計算命令は「`111accccccdddjjj`」というフォーマットに従う。`a` ビットと `c` ビットは ALU に行うべき関数を指示し、`d` ビットは ALU の出力を格納する場所を指定する。`j` ビットは（オプションとして）移動条件を指定する。これらはすべて Hack の機械語仕様に従って行われる。

この後すぐに見ていくことになるが、コンピュータアーキテクチャにおいて、プログラムカウンタ（PC）回路の出力は ROM 回路のアドレス入力に接続されるように配線されている。そのため、ROM 回路からは常に ROM[PC]、つまり、命令メモリ中で PC が“指さす”場所のデータ値が出力される。この値は「現在命令（current instruction）」と呼ばれる。以上のことを踏まえると、各クロックサイクル中におけるコンピュータ全体の操作は次のふたつの操作からなる。

実行

現在命令を構成するビットはコンピュータのさまざまな回路へ送られる。もしそれがアドレス命令（一番左のビットが0）であれば、命令に埋め込まれた15ビットの定数値がAレジスタに設定される。もしそれが計算命令（一番左のビットが1）であれば、a、c、d、jビットは制御ビットとして扱われ、ALUとレジスタに命令を実行させる。

フェッチ

次にどの命令をフェッチするかということは、「現在命令のジャンプビット（jビット）」と「ALUの出力」によって決まる。このふたつの要素からジャンプを実行すべきかどうかが決定される。もしジャンプを行う場合はPCにAレジスタの値を設定する。それ以外はPCの値は1だけインクリメントされる。次のクロック周期において、プログラムカウンタの指す命令がROMの出力から送信される。以上のサイクルが連続して続いていく。

Hackプラットフォームにおいて、メモリアクセスを伴う操作は通常ふたつの命令を必要とする。ひとつはアドレス命令で、Aレジスタに特定のアドレスを設定する。もうひとつはそれに続く計算命令で、このアドレスに対して何らかの操作（RAMへの読み書き命令、または、ROMへの移動命令）を行う。

それではHackハードウェアのプラットフォームについて正式な仕様を示すことにする。それを始める前に、このプラットフォームはこれまでに作成した部品から組み立てることができることを再度強調したい。CPUは2章で作成したALUをベースとする。レジスタとプログラムカウンタは、3章で作成した16ビットレジスタと16ビットカウンタを複製したものである。同様に、ROMとRAM回路は3章で作成したメモリユニットである。最後にスクリーンとキーボードはメモリマップを介してプラットフォームと情報のやりとりを行う。スクリーンとキーボードのための回路はビルトイン版の回路で用意されており、これはRAM回路と同じインターフェイスを持つ。

5.2.2 CPU

HackプラットフォームのCPUは、4章で示したHack機械語の仕様に従って16ビットの命令を実行できるように設計されている。CPUはふたつの分離されたメモリモジュールである命令メモリとデータメモリに接続される。命令メモリからは命令をフェッチし、データメモリへは値の読み書きを行う。詳細については**図5-2**に示す。

回路名 CPU

入力
```
inM[16],  // M 入力値（M は RAM[A] の値）
instruction[16],  // 実行する命令
reset     // 現在のプログラムを再実行するか（reset=1）、
          // そのまま続けるか（reset=0）を指定する信号
```

出力
```
outM[16],       // M 出力値
writeM,         // M に書き込みを行うか？
addressM[15],   // データメモリ中の M のアドレス
pc[15]          // 次の命令のアドレス
```

関数 Hack 機械語の仕様に従って命令が実行される。言語仕様にある D と A は CPU に存在するレジスタを指し、一方、M はアドレスが A の場所にあるメモリの値である（inM がその値を保持している）。

M に値を書き込む必要がある場合は writeM が 1 となる。その場合、書き込まれた値は outM にも送信され、そのアドレスは addressM にも送信される（writeM=0 の場合、outM にはいかなる値も現れる可能性がある）。

reset=1 の場合、CPU は命令メモリのアドレスが 0 の場所に移動する（つまり、次の時間サイクルにて pc=0 に設定される）。reset=0 の場合は、現在命令の実行結果に従って移動先のアドレスが決まる。

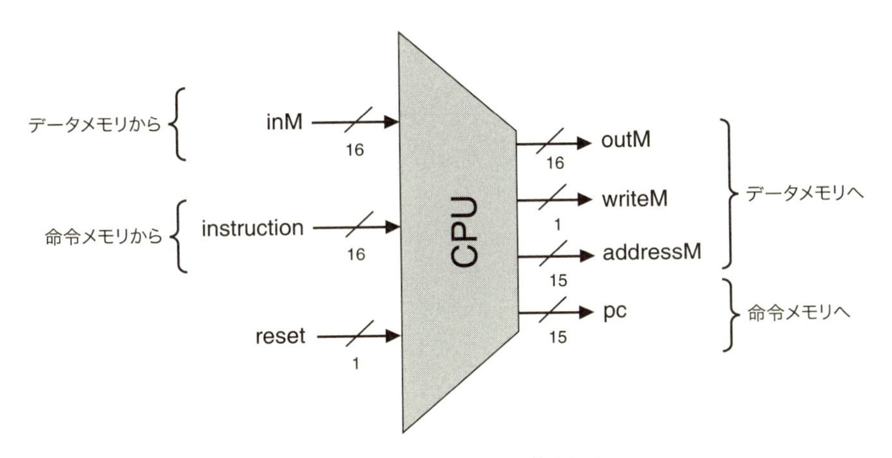

図 5-2 CPU：2 章と 3 章で作成した ALU とレジスタから作られる

5.2.3 命令メモリ

Hack の命令メモリは直接アクセスできる読み込み専用のメモリ装置であり、ROM

と呼ばれる。HackのROMは、**図5-3**に示すように、32Kのアドレスを持ち、各アドレスには16ビットレジスタが配置されている。

回路名	`ROM32K`	`// 16ビット読み込み専用の32Kメモリ`
入力	`address[15]`	`// ROMのアドレス`
出力	`out[16]`	`// ROM[address]の値`
関数	`out=ROM[address]`	`// 16ビット代入`
コメント	ROMには機械語のプログラムがあらかじめ読み込まれている。このROM回路はビルトイン回路として取り扱うことができる。シミュレータは、このROMにプログラムを読み込むための仕掛けを用意しなければならない。	

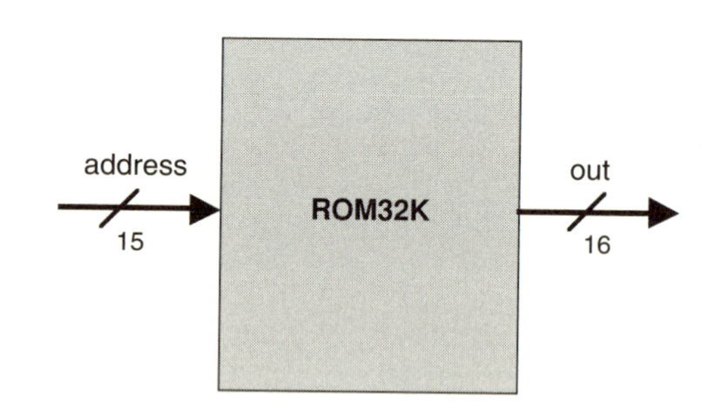

図5-3　命令メモリ

5.2.4　データメモリ

Hackのデータメモリ回路は、3章で作成したような一般的なRAM（**図3-3**参照）と同じインターフェイスを持つ。データメモリのn番目のレジスタの値を読み込むためには、メモリ入力の`address`にnを設定し、メモリ出力の`out`を調べるようにする。これは「組み合わせ操作」であるから、この命令はクロックとは独立して動作する。n番目のレジスタにvという値を書き込むためには、入力の`in`にvを、`address`にnを、メモリの`load`ビットを1に設定する。これは「順序操作」であるから、新しい値であるvがn番目のレジスタに書き込まれるタイミングは次のクロック周期において行われる。

データメモリは汎用的なデータの格納に用いられるのに加えて、メモリマップを用いてI/OデバイスとCPUとの間のインターフェイスとなる。

メモリマップ

ユーザーとインタラクティブなやりとりをするために、Hack プラットフォームはスクリーンとキーボードのふたつの周辺機器と接続することができる。このデバイスは両方共にメモリマップを通じてコンピュータと情報をやりとりする。具体的に言うと、スクリーンの画像は対応するメモリの場所を読み書きすることで、描画とそのピクセルの値を調べることができる。同様に、現在どのキーが押されているかを調べるためには、キーボード用のメモリマップにおいて指定された場所のメモリの値を調べればよい。メモリマップはコンピュータの外部に存在する周辺機器用の論理回路を通して、それが対象とする I/O デバイスに作用する。スクリーンについては、スクリーン用メモリマップのビットが変更されるたびに、物理的なスクリーンの対応するピクセルが描画される。キーボードについては、物理的なキーボードのキーが押されるたびに、対応するキーコードがキーボード用のメモリマップに現れる。

ここでは初めに、ハードウェアのインターフェイス部分と I/O デバイスの間を連結する既製の回路についてその仕様を示す。続いて、これらの回路を組み込んでメモリモジュールを完成させる。

スクリーン

Hack コンピュータは、横 512 × 縦 256 ピクセルの白黒のスクリーンと接続することができる。コンピュータは物理的なスクリーンとメモリマップを介して接続される。このメモリマップは Screen と呼ばれる回路で実装されており、この回路は通常のメモリのように動作する。つまり、メモリのように読み書きが行えるということである。さらに、その回路に書き込まれたビットは物理的なスクリーン上にピクセルとして反映される（1 = 黒、0 = 白）。メモリマップと物理スクリーン座標の正確な対応マップを以下に示す。

```
回路名    Screen          // 物理スクリーンのメモリマップ
入力      in[16],         // 何を書き込むか
          load,           // 書き込み有効ビット
          address[13]     // どこに書き込むか
出力      out[16]         // 与えられたアドレスにおけるスクリーンの値
関数      この回路は、サイズが 8K の 16 ビット RAM とまったく同じ機能を持つ。
          1. out(t)=Screen[address(t)](t)
          2. もし load(t-1) が 1 であれば、
             Screen[address(t-1)](t)=in(t-1)
             (t は現在のタイムユニットである)
コメント  この回路に書き込まれる値は、512 × 256 の白黒スクリーンに反映される(本書の
          シミュレータはこのデバイスをシミュレートする)。物理スクリーンの各行は、32 個
          連続して並んだ 16 ビットのワードによって表現され、スクリーンの左上をスタート
          位置とする。そのため、上から r 番目で左から c 番目のピクセルは(0<=r<=255、
          0<=c<=511)、Screen[r*32+c/16] のワードにおける c%16 番目のビット
          (最下位ビットから数えて)に対応する。
```

キーボード

Hack コンピュータはパソコンで使用する標準的なキーボードと接続することができる。以下に示すように、Keyboard と呼ばれる回路を通して、コンピュータは物理キーボードと接続する。物理キーボードが押されるたびに、その 16 ビットの ASCII コードが Keyboard 回路の出力として現れる。何もキーが押されていない場合は、この回路の出力は 0 である。Keyboard 回路は、通常の ASCII コードに加えて、**図 5-4** に示す特別なキーも認識する。

```
回路名    Keyboard  // 物理キーボードのメモリマップ。
                    // 現在押されているキーコードを出力する。
出力      out[16]   // 現在押されているキーの ASCII コード、
                    // または、図 5-4 に示す特別なコード。
                    // 何も押されていない場合は 0 を出力する。
関数      物理キーボードで現在押されているキーコードを出力する。
コメント  この回路は物理キーボードによって更新される(シミュレータはこの動作をシミュレー
          トする)。
```

キー	キーボードの出力	キー	キーボードの出力
newline	128	end	135
backspace	129	pageup	136
leftarrow	130	pagedown	137
uparrow	131	insert	138
rightarrow	132	delete	139
downarrow	133	esc	140
home	134	f1–f12	141–152

図 5-4　Hack プラットフォームの特別なキー

ここまででデータメモリの内部パーツについて個別に説明した。それではデータメモリ全体のアドレス空間について説明しよう。

メモリ全体

Hack プラットフォームのアドレス空間全体（つまり、その全体のデータメモリ）は Memory と呼ばれる回路によって提供される。このメモリ回路には RAM（通常のデータストレージ）に加えて、スクリーンとキーボードのメモリマップが含まれる。これらのモジュールは、**図 5-5** に示すように 3 つのセクションに分けられた単一のアドレス空間に存在する。

```
回路名    Memory           // メモリアドレス空間全体
入力      in[16],          // 何を書き込むか
          load,            // 書き込み有効ビット
          address[15]      // どこに書き込むか
出力      out[16]          // 与えられたアドレスにおけるメモリの値
関数      1. out(t)=Memory[address(t)](t)
          2. もし load(t-1) が 1 であれば、
             Memory[address(t-1)](t)=in(t-1)
             (t は現在のタイムユニットである)
コメント  24576 (0x6000) より大きいアドレスは無効。16384 (0x4000) から 24575
          (0x5FFF) の範囲のアドレスはスクリーンのメモリマップにアクセスする。24576
          (0x6000) はキーボードのメモリマップにアクセスする。これらのアドレスについ
          ての仕様は Screen と Keyboard 回路の仕様で述べた。
```

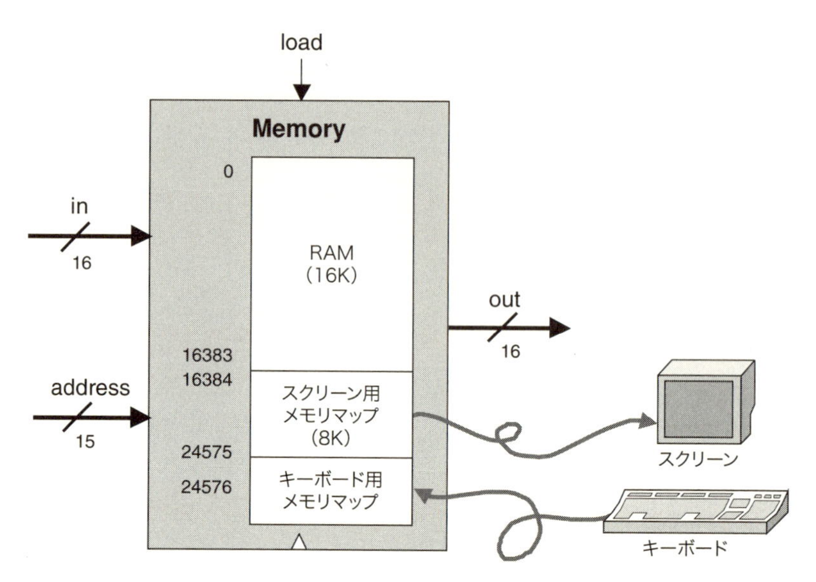

図 5-5 データメモリ

5.2.5 コンピュータ

Hack のハードウェア階層において一番上に位置する回路（Computer 回路）は、完全なコンピュータシステムであり、Hack 機械語で書かれたプログラムを実行するように設計されている。この Computer 回路を抽象化して図示すると、**図 5-6** のようになる。Computer 回路はコンピュータを操作するために必要なハードウェアデバイスをすべて備える。このハードウェアデバイスには、CPU、データメモリ、命令メモリ（ROM）、スクリーン、キーボードが含まれ、これらはすべて内部パーツとして実装される。プログラムを実行するためには、プログラムのコードをあらかじめ ROM に読み込む必要がある。また、スクリーンとキーボードの制御にはメモリマップを通して行う。このメモリマップについては、Screen と Keyboard 回路で示した仕様を満たす。

回路名 Computer // Hack プラットフォームの最上位回路

入力 reset

関数 reset が 0 の場合は、コンピュータの ROM に格納されたプログラムが実行される。reset が 1 の場合はプログラムを再実行する。そのため、プログラムの実行を開始するためには、reset を 1 に設定し、その後で 0 に設定するようにしなければならない。

これ以降、ユーザーはソフトウェアによって "支配される" ことになる。プログラマーはプログラムによってスクリーンに描画できる。また、ユーザーはキーボードを使ってコンピュータと相互にやりとりできる。

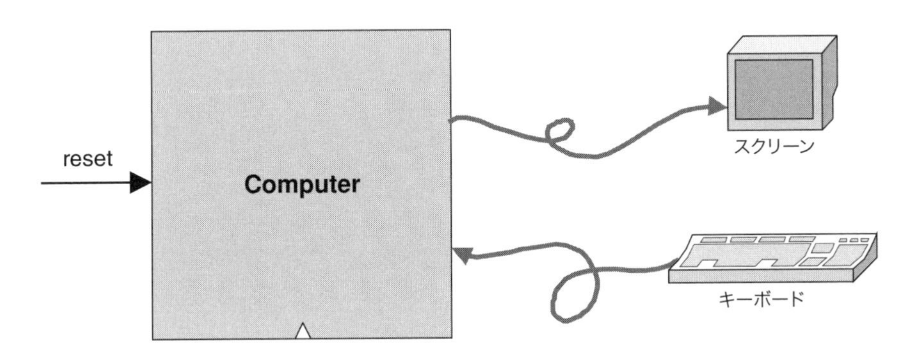

図 5-6 コンピュータ。Hack プラットフォームの最上位回路

5.3 実装

本節では、Hack コンピュータのプラットフォームについて、その構築のためのガイドラインを与える。ここで実装するプラットフォームは、5.2 節の「仕様」で説明したさまざまなサービスを提供する。通常どおり、構築を行うための完全な説明は与えていない。自らが設計について考えてほしい。すべての回路は HDL で作成することができ、本書が提供するハードウェアシミュレータを用いて各自のパソコン上でシミュレートすることができる。いつものように、技術詳細についての説明は最終節の「5.5 プロジェクト」で行う。

Hack プラットフォームのほとんどすべての処理が CPU で行われているため、CPU の構築が最も実装の難しい場所である。コンピュータのその他の構築については明白であろう。

5.3.1 CPU

CPUの実装で目標とすることは、与えられたHack命令を実行でき、次の命令をフェッチすることができる論理ゲートを構築することである。CPUに含まれる要素には、Hack命令を実行することができるALUやレジスター式、命令のフェッチとデコードのために設計された制御回路がある。これらほとんどすべての回路はこれまでの章で構築したものである。そのため、ここで考えるべき問題は、「所望のCPU命令を作るために、それらをどのようにつなぎ合わせるか？」ということになる。それに対するひとつの解法を**図5-7**に図示する。

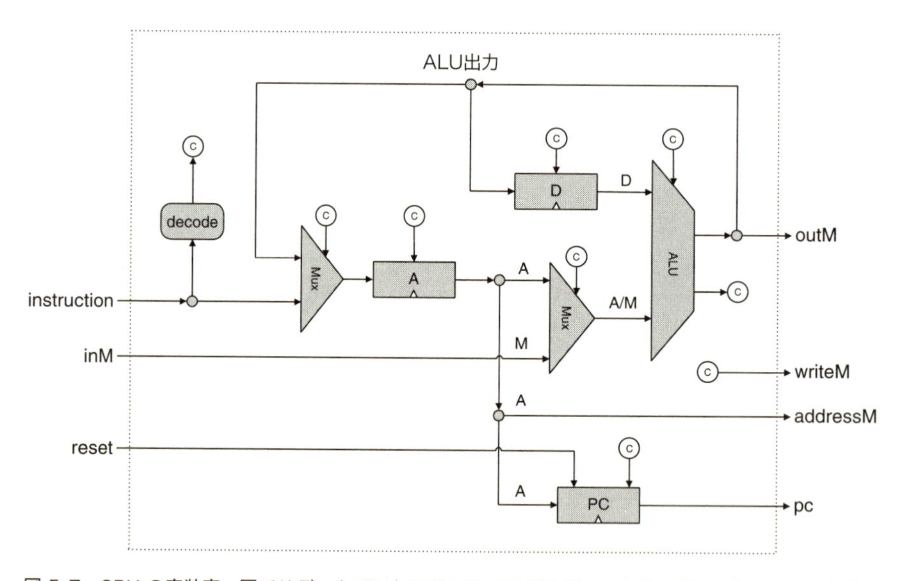

図5-7 CPUの実装案。図ではデータパスとアドレスパスだけが、つまり、データとアドレスを運ぶワイヤだけが示されている。CPUの制御ロジックは、制御ビットの入出力を除いて、図では示されていない。この制御ビットは「円に囲まれたc」の形の記号で示されている。入力の"円形c"記号は単数または複数の制御ビットを意味する。これらのビットは現在の命令から抜き出され、さまざまな回路へと送られ、その回路の振る舞いを制御しようとする。ここでは、これらのビットについて、その本数とワイヤを正確に示していない。そのため、この図は不完全なものである

図5-7で示されていない重要な要素はCPUの制御ロジックである。この制御ロジックは次のタスクを行う。

命令のデコード

命令をその基本領域へ、つまり、ビットの部分集合へ分割する（パースする）。我々はこれらのビットを「制御ビット」と呼ぶことにする。

命令の実行

命令を実行するために、コンピュータのさまざまな回路パーツに「何をすべきか」ということについて指示を与える。これを行うために、制御ビットを目的とする回路へ送信する。

次の命令のフェッチ

次に実行する命令を把握する。これは命令のジャンプビットまたは ALU から発信されるふたつの制御ビットによって決定される。

これより先、「CPU の実装案」という用語は**図 5-7** を指すものとする。

命令のデコード

CPU の命令は 16 ビットのワードであり、A 命令または C 命令のどちらかによって表される。この 16 ビットが何を意味するかを知るためには、「`i xx a cccccc ddd jjj`」という領域へ分けて考えることができる。`i` ビットは命令の種類を表し、0 が「A 命令」、1 が「C 命令」に対応する。C 命令の場合、`a` ビットと `c` ビットは「*comp* 領域」、`d` ビットは「*dest* 領域」、`j` ビットは「*jump* 領域」を表す。A 命令の場合、`i` ビットを除いた 15 ビットは定数値として解釈される。

命令の実行

命令の各領域（`i`、`a`、`c`、`d`、`j` ビット）はアーキテクチャ内のさまざまなパーツへ一斉に送信される。その制御ビットによって各パーツでは決められた処理が行われ、結果として、機械語の仕様によって定義されている A 命令または C 命令のどちらかが実行される。具体的には、`a` ビットによって、ALU が「A レジスタ」か「メモリ入力」のどちらを操作するかが決定される。また、`c` ビットによって、ALU がどの関数を実行するかが決定される。`d` ビットは ALU の結果をレジスタに書き込むかどうかを指定する。

次の命令のフェッチ

現在の命令を実行するとその副次的な結果として、CPU は次の命令のアドレスも決定し、それを pc 出力を通して信号を送信する。このタスクの“操縦者”はプログラムカウンタである。プログラムカウンタは CPU の内部パーツであり、その出力は CPU の pc 出力へ直接送られる。正確に言うと、これは 3 章で作成した PC 回路である（3.2.4 節参照）。

ほとんどの場合で、プログラムの次の命令をフェッチし実行する処理をプログラマーはコンピュータに行わせたいであろう。そのため、プログラムカウンタの標準的な動作は、t を現在のタイムユニットであるとすると、$\mathrm{PC}(t) = \mathrm{PC}(t-1)+1$ とすべきである。「goto n」のような操作を行いたい場合は、機械語仕様に従って最初に A レジスタに n を設定し（A 命令を通して）、それから移動命令を実行するようにする（移動条件は C 命令の j ビットによって決定される）。そのため、我々が解決しなければならない問題は、次に示す論理をハードウェアで実装することである。

$$\text{If jump}(t)\text{ then PC}(t) = \mathrm{A}(t-1)$$
$$\text{else PC}(t) = \mathrm{PC}(t-1)+1$$

都合の良いことに（実際は都合が良くなるように設計を行ってきたのだが）、この移動のための制御ロジックは先の CPU 実装案によって容易に実現できる。PC 回路のインターフェイス（3.2.4 節参照）は load 制御ビットがあり、これは新しい入力値を受け入れるか否かを指定する。そのため、移動を行う制御ロジックを実装するためには、A レジスタの出力を PC（プログラムカウンタ）の入力へつなぐことから始める。残る問題は、PC がこの値の受け入れをどのタイミングで有効にするか、つまり、いつ移動を行う必要があるか、ということである。これには次のふたつの関数が関与する。

- 現在命令の j ビット：このビットによって移動する条件が指定される。
- ALU のステータスビット：条件を満たしたかどうかを示す。

移動を行う場合、PC は A レジスタの出力を読み込まなければならない。それ以外は、PC は 1 だけ加算を行う。

さらにコンピュータにプログラムを再実行させたいとすると、やるべきことはプログラムカウンタを 0 に設定することだけである。そのため、先の CPU 実装案では、

CPU のリセット入力を PC 回路のリセットピンへ直接接続している。

5.3.2 メモリ

Hack プラットフォームの Memory 回路は、その仕様に従って、RAM16K、Screen、Keyboard の 3 つの下位レベルの回路を必要とする。また、Memory 回路は 0 から 24576（0x0000 から 0x6000、**図 5-5**）に渡るアドレス空間を持たなければならない。Memory 回路が連続したアドレス空間を持つように実装するには、3 章で行ったような、小さい RAM ユニットを組み合わせてより大きな RAM を構築するテクニックを使うことができる（3.3 節の**図 3-6** および、それに関連する「n レジスタメモリ」についての議論を参照）。

5.3.3 コンピュータ

CPU と Memory 回路を一度実装しテストが完了すれば、コンピュータ全体の構築は単純である。**図 5-8** にはひとつの実装案を示している。

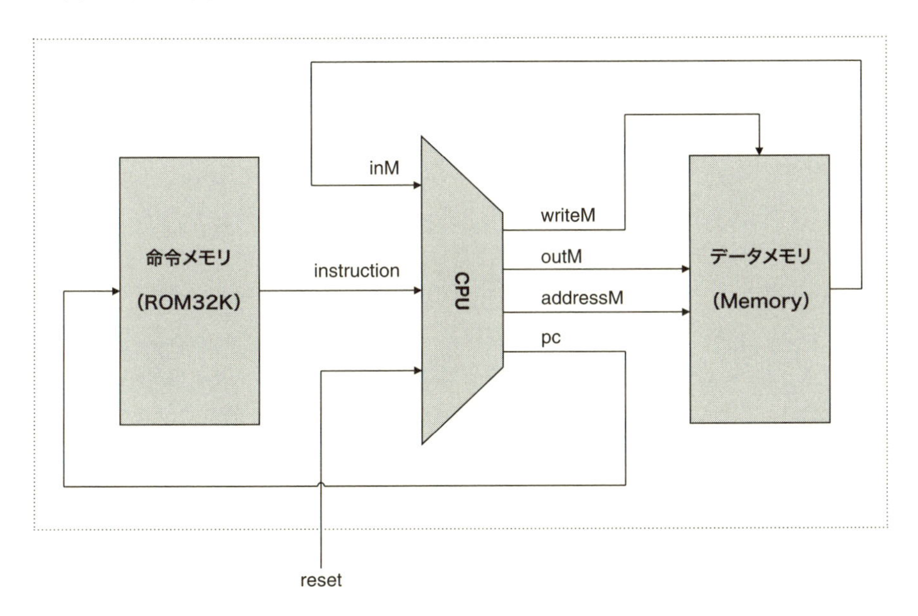

図 5-8 Computer 回路の最上位における実装案

5.4 展望

本書の方針に従い、Hack コンピュータのアーキテクチャは必要最小限にとどめている。一般的なコンピュータであれば、より多くのレジスタを持ち、ALU も性能が良く豊富な命令セットを持つ。しかし、その違いは主に「量」に関する点である。「質」の点から見れば、Hack はほとんどすべてのコンピュータと同じであり、同じ概念上の枠組みであるノイマン型アーキテクチャに従う。

機能的な点から見れば、コンピュータは次のふたつに分類することができる。ひとつは、**汎用コンピュータ**（general-purpose computer）であり、それはプログラムの差し替えが容易に行えるように設計されている。もうひとつは、**専用コンピュータ**（dedicated computer）であり、ゲーム端末やデジタルカメラ、武器システムや工場設備などのように他のシステムに埋め込まれたコンピュータである。この専用コンピュータでは、どのような用途であれ、単一のプログラムが専用の ROM に書き込まれており、それが唯一実行されるプログラムである（たとえば、ゲーム端末の例では、ゲームソフトは外部のカートリッジに存在し、このカートリッジは交換可能な ROM にすぎない）。以上の点を除けば、汎用コンピュータと専用コンピュータはアーキテクチャについて同じ構造――格納プログラム、「フェッチ/デコード/実行」のロジック、CPU、レジスタ、プログラムカウンタなど――に基づいている。

ほとんどの汎用コンピュータは、Hack とは違って、データと命令の両方を格納するために単一のアドレス空間を用いる。そのようなアーキテクチャでは、命令によって指定される命令用アドレスとデータ用アドレスは同じ場所（共有アドレス空間のための単一のアドレス入力）に送信されなければならない。明らかにこれを同時に行うことは不可能である。一般的な解決策は 2 回分のサイクルによる実装をベースとするものである。まず「フェッチサイクル」において、メモリのアドレス入力に命令アドレスが送られる。それによって即座に現在の命令が発信され、その命令が命令レジスタに格納されることになる。それに続く「実行サイクル」では、命令がデコードされ、メモリのアドレス入力にデータアドレスが送られ、選択されたメモリ位置に対して操作を行う（この操作はオプションとして用いることができる）。一方、Hack アーキテクチャはアドレス空間がふたつに分離されている。それによって 1 サイクルでフェッチと実行の両方を行うことができる。その点が Hack コンピュータの特徴である。しかし、ハードウェア設計をそのように単純化することには代償がつく。その代償とは動的にプログラムを変更できないことである。

I/O に関して言うと、Hack のキーボードとスクリーンは簡素なものである。汎用コンピュータは通常、プリンタや外付けハードディスク、ネットワークコネクタなどと接続される。また、一般的なスクリーンはHackのスクリーンよりも性能が良い。たとえば、スクリーンのピクセル数が多く、各ピクセルは複数の輝度レベルを持ち、カラー表示が可能である。このようにHackのスクリーンは性能の点では劣るが、主要となる原理は他のスクリーンと同じである。主要となる原理とは、つまり、各ピクセルはメモリに在中するバイナリ値によって制御されるという原理である。Hackでは1ビットによって各ピクセルの白黒が制御されるが、通常のコンピュータでは複数のビットを用いて輝度レベルやカラー制御を行っている。また、Hackスクリーンのメモリマップは単純であり、ピクセルとメモリ中のビットは直接マッピングされている。それに比べて、現代のほとんどのコンピュータでは、スクリーンを制御するためのグラフィックカードに高水準なグラフィック命令を送信することで描画を行う。このようにして、CPUは円や多角形などを描画するといった退屈な作業から解放される。グラフィックカードは、専用の回路セットを用いてそのような描画作業を行う。

最後に以下の点を強調しておく。それは、コンピュータハードウェアの設計において、ほとんどすべての努力や創造性がパフォーマンスを向上させるために費やされる、ということである。そのため、ハードウェアのアーキテクチャに関する授業や教科書では、メモリキャッシュ、I/Oデバイスへの高速アクセス、パイプライン、並列化、命令のプリフェッチ（先読み込み）、他の最適化技術などを実装する問題を軸に議論が展開されるであろう。本書ではそのような最適化については省略している。

歴史的に見ると、プロセッサのパフォーマンスを向上させるため、主に次のふたつのハードウェア設計の道がたどられてきた。それは**CISC**と**RISC**である。CISCは「Complex Instruction Set Computing（複合命令セットコンピュータ）」の略で、複雑な命令セットを提供しパフォーマンスの向上を達成することを目的としたアプローチである。一方、RISCは「Reduced Instruction Set Computing（縮小命令セットコンピュータ）」の略で、できるかぎり高速なハードウェア実装を行うために、より単純な命令セットが用いられる。

5.5 プロジェクト

目標

最上位がComputer回路となっているHackコンピュータのプラットフォームを構築する。

材料

本プロジェクトに必要なツールは本書で提供するハードウェアシミュレータとテスト用のスクリプトだけである。コンピュータの実装は付録Aで仕様を示したHDL言語で行うこと。

規約

本プロジェクトで構築するコンピュータのプラットフォームはHack機械語で書かれたプログラム（4章で仕様を示した）を実行できなければならない。ここでは3つのプログラムを与えている。そのプログラムをコンピュータに実行させ、正しく実行できる能力をコンピュータが備えていることを示せ。

コンポーネント用のテスト

本プロジェクトでは、MemoryとCPU回路のユニットテストとして、テストファイルと比較ファイルをそれぞれ提供している。Computer回路全体をテストする前に、それらの回路を先にテストするようにしてほしい。

テストプログラム

Computer回路全体の実装について、それをテストするための自然な方法は、Hack機械語で書かれたプログラムのサンプルをいくつか実行させることである。そのようなテストを行うためには、Computer回路をハードウェアシミュレータに読み込み、外部テキストファイルからROM回路へプログラムをロードし、それからプログラムを実行するために必要なクロックサイクルだけ時間を進めればよい。そのような一連の処理は、テストスクリプトとして書くことができる。本章では、そのようなテストを実行するために必要なプログラムファイルとして、次の3つを提供している。

`Add.hack`
: 定数の2と3を加算し、その結果をRAM[0]に書き込む。

`Max.hack`
: RAM[0]とRAM[1]の最大値を求め、結果をRAM[2]に書き込む。

`Rect.hack`
: 幅が16ピクセル、縦がRAM[0]の値の長方形をスクリーンの左上隅から描画する。

これらのプログラムを自分のComputer回路でテストする前に、そのプログラムのためのテストスクリプトを読み、シミュレータに行わせる命令について理解するようにしてほしい。付録Bはリファレンスとして役立てることができるだろう。

手順

コンピュータの構築について、次の手順で進めることを推奨する。

Memory

RAM16K、Screen、Keyboardの3つの回路から構成される。ScreenとKeyboardはビルトインの回路を用意しているため、実装する必要はない。RAM16Kは3章で作成しているが、ビルトイン版はデバッグ用のGUI機能を備えるため、ビルトイン版の使用を推奨する。

CPU

図5-7で与えた実装案に従って、ALUとレジスタ回路を用いて構築することができる（ALUは2章で、レジスタは3章で作成した）。ここでもビルトイン版回路の使用を推奨する。特にARegister（Aレジスタ）とDRegister（Dレジスタ）についてはビルトイン版を使ってほしい。これらの回路は3章で仕様を示したRegisterと同じ機能を持ち、さらにGUI機能も備えている。CPUを実装する過程で、自分だけの別の内部回路を作ることも可能である（必ず必要な方法というわけではない）。これはあなた次第である。本書で述べられていない新しい回路を作りたいと思えば、仕様をドキュメント化し、アーキテクチャに接続する前に入念にテストを行ってほしい。

命令メモリ

ビルトインのROM32K回路を使うこと。

Computer

最上位のComputer回路は、**図5-8**を設計図として、これまでに述べた回路から構築することができる。

ハードウェアシミュレータ

1〜3章までのプロジェクトと同じように、本プロジェクトで使用するすべての回路についても、本書が提供するハードウェアシミュレータを使って実装しテストすることができる。**図5-9**は、実装を行ったComputer回路上で`Rect.hack`プログラムをテストしているときのキャプチャ画像である。

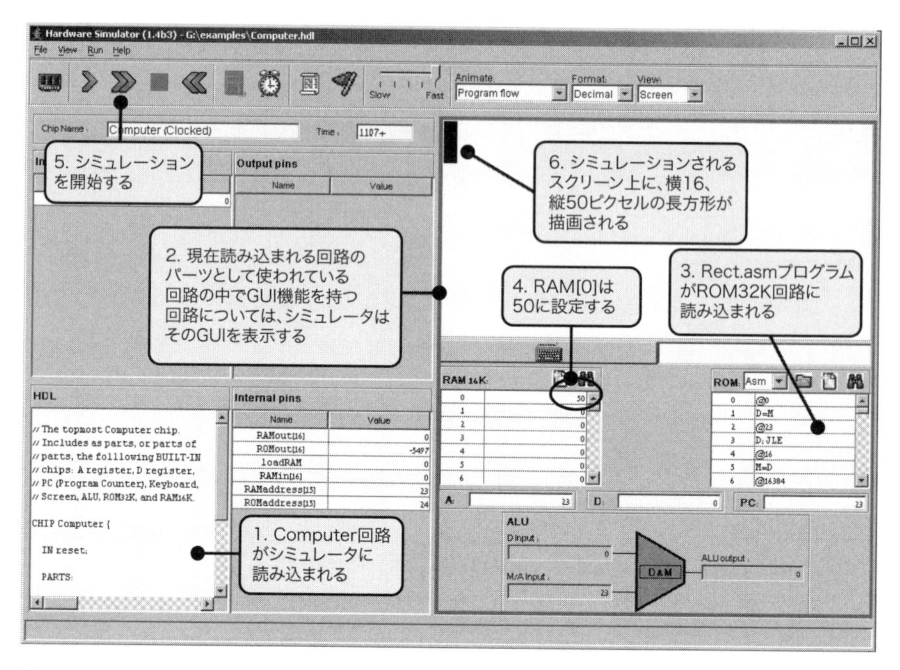

図 5-9　ハードウェアシミュレータで Computer 回路のテストを行う。Rect プログラムは、幅が 16 ピクセル、縦が RAM[0] の値の長方形をスクリーンの左上隅から描画する。ここで、このプログラムは正しいプログラムであることを保証する。そのため、もしプログラムが正常に動かない場合は、コンピュータのプラットフォームに問題（バグ）があることになる（Computer.hdl とその下位レベルのパーツのどちらか、またはその両方に問題がある）

6章
アセンブラ

私たちがバラと呼ぶものは、他のどんな名前で呼んでも、同じように甘く香るわ。
——『ロミオとジュリエット』シェークスピア

本書の前半（1〜5章）では、コンピュータのハードウェアプラットフォームについて説明し、その組み立てを行った。本書の後半（6〜12章）はコンピュータのソフトウェア階層について焦点を当て、コンパイラ、オペレーティングシステム、オブジェクトベースの言語などを開発する。このソフトウェア階層において最初のモジュールであり、最も基礎となるモジュールがある。それは**アセンブラ**である。4章では機械語をアセンブリ言語とバイナリのふたつの方法で表現した。本章で説明する内容は、——アセンブリ言語で書かれたプログラムをバイナリで書かれたプログラムへ変換するために、アセンブラがどのようなことを行っているか——ということである。具体的に言うと、「Hackアセンブラ」の開発方法について説明する。Hackアセンブラはバイナリコードを生成するプログラムであり、そのバイナリコードは5章で作成したハードウェアプラットフォーム上で実行することができる。

シンボル表記のアセンブリコマンドとそれに対応するバイナリコードの間には直接的な関連性がある。そのため、（何らかの高水準言語を用いて）アセンブラを書くことは難しい問題ではない。ひとつやっかいな問題があるとすれば、それはシンボルによりメモリアドレスを参照することから生じる問題である。つまり、アセンブリプログラム中でシンボルを用いてメモリアドレスを参照させることを許可することから生じる問題である。アセンブラはユーザーの定義したシンボルを扱うことができ、これを物理メモリアドレスへと変換できることが望まれる。このようなタスクは通常**シンボルテーブル**を用いて行われる。シンボルテーブルは昔から使われるデータ構造であり、数多くの「変換」を必要とするプロジェクトにおいて重要な役割を果たしている。

いつものように、Hackアセンブラを作ること、それ自体が目的ではない。本当の目的は、アセンブラに関してのの主要となる原理を単純かつ簡潔に示すことである。さらにアセンブラを書くことは、これから先のソフトウェア開発プロジェクト（全部で5つある）における最初のプロジェクトである。ハードウェアのプロジェクトはHDLで実装を行ったが、ソフトウェアのプロジェクトは、それと違って、変換プログラム（アセンブラ、バーチャルマシン、コンパイラ）を作成するためにどのようなプログラミング言語を用いてもよい。各プロジェクトでは、言語に依存しないAPIを提示し、テスト計画の詳細についてテストプログラムとテストスクリプトを合わせて与える。これらのプロジェクトはどれもが独立したモジュールであり、他のプロジェクトとは独立して開発し、テストを行うことができる。

6.1 背景

機械語は一般的に「シンボル」と「バイナリ」のふたつの方法で指定される。バイナリコードは、11000010100000011000000000000111といった表現であり、ハードウェアが理解できる実際の機械用命令である。たとえば、この命令は一番左から8ビット目までが操作コードを示し（ここではLOADに対応するとしよう）、次の8ビットがレジスタを示し（ここではR3とする）、残りの16ビットがアドレスを示すと仮定しよう（ここでは7とする）。そうすると、ハードウェアの論理設計と仕様で決められた機械語に従って、その32ビットのバイナリ配列は「Memory[7]の値をR3レジスタに読み込む」という操作をハードウェアに行わせることになる。現在のコンピュータではそのような基本的な命令を（何百種類とまではいかないかもしれないが）数十種類サポートしている。そのため、機械語はいくらか複雑である。多数の命令コード、メモリアドレッシングモードが含まれ、命令のフォーマットも多数存在する。

この複雑性に対処するためのひとつの方法は、「記号による表記」を用いることである。記号による表記とは、たとえば、11000010100000011000000000000111の代わりに、「LOAD R3,7」という記号による表記を用いることである。記号表記からバイナリコードへの変換は単純であるから、低水準プログラムを記号表記で書き、コンピュータのプログラムによってバイナリコードへの変換を行わせるようにすれば都合が良い。この記号による言語は**アセンブリ言語**と呼ばれ、変換プログラムは**アセンブラ**と呼ばれる。アセンブラは各アセンブリコマンドをその基本要素へと分類し、その各要素に対して対応するバイナリコードへと置き換える。そして、それらをつなぎ合わせて、実際にハードウェアによって実行することができるバイナリ命令を作る。

シンボル

バイナリ命令はバイナリコードによって表現される。当然ながら、メモリアドレスを参照するには実際の数字を用いる。たとえば、物の重さを表すために weight という変数があり、それを用いるプログラムがあるとしよう。この変数はコンピュータのメモリアドレスが7に位置する値を参照しているとする。バイナリコードのレベルでは weight 変数を操作する命令は、7というアドレスを明確に書かなければならない。しかし、アセンブリの世界では、「LOAD R3,7」というコマンドの代わりに「LOAD R3,weight」というコマンドを書くことができる。両方のコマンドにおいて、「R3 に Memory[7] の値を設定する」という同じ命令を実行することには変わりない。この例と同様に、「goto 250」というコマンドの代わりに、アセンブリ言語では「goto LOOP」というようなコマンドを書くことができる。LOOP というシンボルは、アドレスが 250 の位置を参照するようにプログラムのどこかで設定されていることを前提としている。アセンブリプログラムでシンボルを使用するケースは一般的に次のふたつの場合がある。

変数

プログラマーはシンボルによる変数名を使うことができる。変換器が“自動で”その変数にメモリアドレスを割り振る。ここで注意すべき点は、プログラムの変換を通じて各シンボルが同じアドレスに割り当てられるかぎり、実際のメモリアドレスの値は重要ではない、ということである。

ラベル

プログラマーはプログラム中のさまざまな位置をシンボルによって印付けすることができる。たとえば、LOOP というラベルを用いて、あるコード領域の最初の場所を指すように宣言することができる。そうすれば、プログラムの他のコマンドにおいて「goto LOOP」のように書くことができる。

アセンブリ言語にシンボル機能を取り入れるということは、アセンブラを単純なテキスト処理のプログラムから、より洗練されたプログラムへと進化させなければならない、ということを意味する。確かに、「決められた記号」をそれに対応するバイナリへと変換する処理は、そう難しくはない。しかし、ユーザーの定義した変数名やラベルを実際のメモリアドレスへ対応づける処理は難しい問題である。実際、この「シンボル解決」は、ハードウェアのレベルからソフトウェア階層へと登る歩みにおいて、最初に遭遇する試練でもある。

シンボル解決

図6-1について考えてみよう。これは低水準言語（説明は不要であろう）で書かれたプログラムである。プログラムにはユーザーの定義したシンボルが4つ含まれる。それは、ふたつの変数（i と sum）とふたつのラベル（LOOP と END）である。それでは、シンボルを含まないコードへとプログラムを変換するためにはどのようにすればよいだろうか？

シンボルを用いたコード

```
     // 1+...+100の和を求める
00       i=1
01       sum=0
     LOOP:
02       if i=101 goto END
03       sum=sum+i
04       i=i+1
05       goto LOOP
     END:
06       goto END
```

シンボルテーブル

i	1024
sum	1025
LOOP	2
END	6

（変数はMemory[1024]以降に配置されると想定している）

シンボル解決を行ったコード

```
00  M[1024]=1   // (M=memory)
01  M[1025]=0
02  if M[1024]=101 goto 6
03  M[1025]=M[1025]+M[1024]
04  M[1024]=M[1024]+1
05  goto 2
06  goto 6
```

（各シンボルはメモリの1ワードに対応すると想定している）

図6-1　シンボルテーブルを用いたシンボル解決。行数（この例では、00、01、02 といった行数を表す部分）はプログラムには含まれない。行数の番号は、コメントとラベル宣言を除外した実際の命令で表されたプログラムについて、そのすべての行数を単純にカウントしただけである。一旦シンボルテーブルの準備が整えば、シンボル解決を行うことは単純な作業である。ここで示した例は想像上のハードウェアと言語であり、Hack コンピュータと関係がないことを注意しておく

ここでは次に示すふたつのルールに従うことにする。

- 変換されたコードは、コンピュータメモリのアドレスで0を開始位置とした場所へ格納される。
- 変数が格納される場所はアドレスが1024の場所から順に格納される。

これらのルールは恣意的なものであり、ハードウェアプラットフォームに依存して決定される。続いてシンボルテーブルを作成する。シンボルテーブルを作成するには、ソースコード中にxxxという新しいシンボルに遭遇するたびに、(xxx, n)という行をシンボルテーブルに追加していく。ここで、nは対象とするシンボルのメモリアドレスであり、先ほど示したふたつのルールに従って決定される。シンボルテーブルの構築が完了すれば、シンボルテーブルを用いてプログラムをシンボルの含まないコードへと変換する。

先のルールに従うと、iとsumのアドレスは、それぞれ1024、1025に割り当てられる。プログラム中でiとsumを参照するすべてのコードがそれぞれ同じ物理アドレスへと変換されるのであれば、もちろん、そのふたつのアドレスは他のアドレスであっても問題ない。残りのコードについては、06番目の命令（「goto 6」）を除いて説明は不要であろう。この命令は、コンピュータを無限ループの状況に置くことで、プログラムの実行を終了させる。

ここでは注意すべきことが3つある。ひとつ目は、変数割り当てのルールに従えばプログラムのコードは最大で1024個の命令しか格納できない、ということである。現実のプログラム（オペレーティングシステムなど）は明らかにそれよりも多くの命令を必要とするため、変数を格納するためのベースアドレスは通常それよりもかなり大きくする必要がある。ふたつ目は、すべてのソースコマンドが1ワードの命令に対応するというのは単純すぎる、ということである。いくつかのアセンブリのコマンド（たとえば、「if i=101 goto END」など）は、複数の命令へ変換され、それによって複数のメモリ領域を占めるのが一般的であろう。変換器は、各ソースコマンドに対して必要とするワードを記録し、それに従って“命令メモリカウンタ”を更新していくことで、この変化に対応することができる。

最後は、すべての変数のメモリ領域が1ワードによって表現されるということであり、これもまた単純すぎる。通常、プログラミング言語は異なるデータ型を持ち、対象とするコンピュータと各データ型に応じて使用するメモリ領域は異なる。たとえば、C言語のデータ型ではshortが16ビット、doubleが64ビットで表現される。C

言語のプログラムが16ビットマシンで実行される場合、shortはひとつのメモリアドレスを占め、doubleは4つの連続したメモリアドレスを占める。そのため、メモリ領域を割り当てるとき、変換器はそのデータ型と対象とするハードウェアのワード幅を考慮しなければならない。

アセンブラ

アセンブリプログラムをコンピュータが実行できるようにするためには、それをバイナリである機械語に変換しなければならない。この変換作業はアセンブラと呼ばれるプログラムによって行われる。アセンブラはアセンブリコマンドを入力として受け取り、その出力として対応するバイナリ命令を生成する。生成されたコードはコンピュータのメモリに読み込まれ、ハードウェアによって実行される。

アセンブラは本質的にテキスト処理を行うプログラムであり、このプログラムは特定の変換作業を行うように設計されている。アセンブラを書くように依頼されたプログラマーは、アセンブリの構文についての完全なドキュメントを必要とし、また、各アセンブリコマンドとバイナリコードの対応表を必要とする。この規約——通常これは「機械語仕様」と呼ばれる——に従えば、次の処理を行うプログラムを書くことは難しいことではない（以下の順番で行う必要はない）。

1. アセンブリコマンドを構文解析し、基本となる領域へと分割する。
2. 各領域において、対応する機械語のビットを生成する。
3. シンボルによる参照を数字によるメモリアドレスに置き換える（置き換える必要がある場合のみ）。
4. 領域ごとのバイナリコードを組み合わせて、完全な機械語命令を作成する。

上記の3つの処理（1.、2.、4.）の実装は比較的簡単である。残るひとつ——シンボル処理（3.）——はそれらよりも難しい問題であり、アセンブラにおける主要な機能のひとつである。この機能については前節で説明を行った。続くふたつの節ではHackアセンブリ言語の仕様を示し、そのアセンブラについての実装案を提示する。

6.2 Hackアセンブリからバイナリへの変換の仕様

Hackのアセンブリ言語とそれに対応するバイナリ表現の仕様については4章で示した。ここではこの言語仕様について、再度、簡潔かつフォーマルな形で示すことにする。この仕様は、Hackアセンブラが（何らかの方法で）実装しなければならない“決まり事”としてみなすことができる。

6.2.1 構文規約とファイルフォーマット

ファイル名

Hackの機械語によるバイナリプログラムは「.hack」という拡張子を持ち、アセンブリコードによるプログラムは「.asm」という拡張子を持つものとする。たとえば、Prog.asmファイルはProg.hackファイルへと変換される。

バイナリコード（.hack）ファイル

バイナリコードのファイルはテキストによって構成される。テキストの各行は“0”か“1”のASCII文字が16個並び、16ビットの機械語命令をコード化する。すべての行が合わさることで、機械語プログラムが構成される。機械語プログラムがコンピュータの命令メモリへ読み込まれると、命令メモリのアドレスがn番目の場所にはファイルのn番目の行が格納される（プログラムの行数とメモリアドレスは両方ともに0からスタートする）。

アセンブリ言語（.asm）ファイル

アセンブリ言語はテキストによって構成され、テキストの各行は命令またはシンボル宣言のどちらかを表す。

命令

A命令またはC命令（6.2.2節で説明する）

シンボル

この擬似コマンドは、プログラムの次のコマンドが格納されるメモリ位置とシンボルを結びつける。「擬似コマンド」と呼ぶ理由は、機械語のコードを生成しないためである。

本節の残りのルールについては、アセンブリプログラムのみに適用される。

定数とシンボル

定数は非負数であり10進数表記で書かなければならない。ユーザーが定義するシンボル名は、アルファベット、数字、アンダースコア（_）、ドット（.）、ドル記号（$）、コロン（:）を用いることができる。ただし、数字から始まるシンボル名は用いることはできない。

コメント

ふたつのスラッシュ（//）からその行の終わりまではコメントとしてみなされ、無視される。

空白

空白文字は無視される。空行も無視される。

大文字/小文字

アセンブラのニーモニックはすべて大文字で書かなければならない。その他（ユーザーが定義するラベルと変数名）については大文字と小文字を区別する。慣例としては、ラベルには大文字を使い、変数名には小文字を使う。

6.2.2 命令

Hackの機械語にはふたつの種類の命令があり、「アドレス命令（A命令）」と「計算命令（C命令）」と呼ばれる。命令フォーマットは次のようになる。

A命令: *@value* // valueは非負数の10進数表記、または
// そのような数字を参照するシンボル

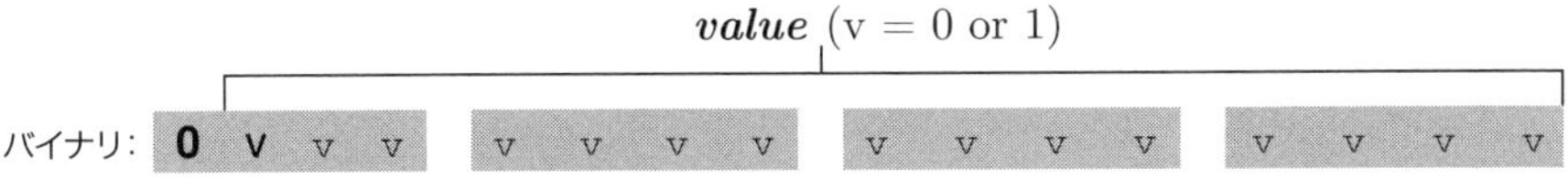

value (v = 0 or 1)

バイナリ: 0 v v v v v v v v v v v v v v v

C命令: *dest* = *comp;jump* // destもしくはjumpのどちらかは空であるかもしれない。
// もしdestが空であれば、「=」は省略される。
// もしjumpが空であれば、「;」は省略される。

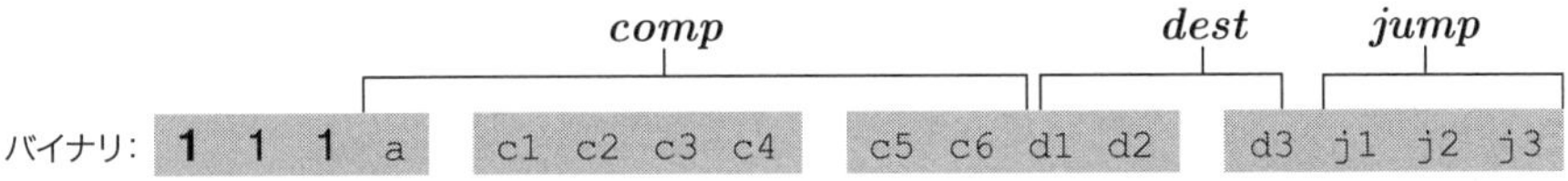

comp *dest* *jump*

バイナリ: 1 1 1 a c1 c2 c3 c4 c5 c6 d1 d2 d3 j1 j2 j3

comp、*dest*、*jump* の3つの領域はそれぞれ次の表に示すバイナリ形式へ変換される。

comp (a=0のとき)	c1	c2	c3	c4	c5	c6	*comp* (a=1のとき)
0	1	0	1	0	1	0	
1	1	1	1	1	1	1	
-1	1	1	1	0	1	0	
D	0	0	1	1	0	0	
A	1	1	0	0	0	0	M
!D	0	0	1	1	0	1	
!A	1	1	0	0	0	1	!M
-D	0	0	1	1	1	1	
-A	1	1	0	0	1	1	-M
D+1	0	1	1	1	1	1	
A+1	1	1	0	1	1	1	M+1
D-1	0	0	1	1	1	0	
A-1	1	1	0	0	1	0	M-1
D+A	0	0	0	0	1	0	D+M
D-A	0	1	0	0	1	1	D-M
A-D	0	0	0	1	1	1	M-D
D&A	0	0	0	0	0	0	D&M
D|A	0	1	0	1	0	1	D|M

dest	d1	d2	d3
null	0	0	0
M	0	0	1
D	0	1	0
MD	0	1	1
A	1	0	0
AM	1	0	1
AD	1	1	0
AMD	1	1	1

jump	j1	j2	j3
null	0	0	0
JGT	0	0	1
JEQ	0	1	0
JGE	0	1	1
JLT	1	0	0
JNE	1	0	1
JLE	1	1	0
JMP	1	1	1

6.2.3 シンボル

Hackのアセンブリコマンドは、定数またはシンボルを用いてメモリ位置（アドレス）を参照することができる。アセンブリのシンボルは次に示す3つの種類がある。

定義済みシンボル

Hackのアセンブリ言語は次に示す定義済みのシンボルを使うことができる。

ラベル	RAMアドレス	(16進数表記)
SP	0	0x0000
LCL	1	0x0001
ARG	2	0x0002
THIS	3	0x0003
THAT	4	0x0004
R0-R15	0-15	0x0000-f
SCREEN	16384	0x4000
KBD	24576	0x6000

RAMアドレスの最初の5つの場所については、それらを指定するためのシンボルはふたつ用意されている。たとえば、R2とARGはRAM[2]を参照するために用いることができる。これらの定義済みシンボルは現時点では意味を成さないが、次章でバーチャルマシンを実装するときに効果的に用いることができる。

ラベルシンボル

(Xxx) という擬似コマンドは Xxx というシンボルを定義する。これは、その擬似コマンドの次のコマンドの位置を参照する。ラベルの定義は一度だけ行うことができ、アセンブリプログラムの他の場所で、(それが定義される前の行であっても) 用いることができる。

変数シンボル

アセンブリプログラム中の Xxx というシンボルで、定義済みシンボルでもなければ、(Xxx) というコマンドでどこかで定義されたシンボルでもないとしたら、それは変数として扱われる。最初に変数に遭遇したとき、その変数のためのメモリが順に割り当てられる。そのメモリのアドレスは 16（0x0010）から始まる。

6.2.4 例

4 章では 1 から 100 までの整数の和を求めるプログラムを提示した。図 6-2 では、再度その例についてアセンブリ版とバイナリ版を示す。

6.3 実装

Hack アセンブラは Prog.asm というファイルを入力として読み込み、出力として Prog.hack という名前のテキストファイルを生成する。Prog.asm には Hack のアセンブリプログラムが含まれ、Prog.hack には変換された Hack の機械語が含まれる。入力ファイルの名前は、コマンドラインの引数としてアセンブラへ渡される。

```
$ Assembler Prog.asm
```

アセンブリの各コマンドとそれに対応するバイナリ命令は 1 対 1 で直接対応する。各コマンドは個別に変換される。特に、C 命令のアセンブリコードにおけるニーモニック領域は 6.2.2 節の表に従い、対応するビットへと変換される。A 命令のアセンブリコードにおけるシンボルは 6.2.3 節で指定した数値アドレスへ変換される。

アセンブラを実装するにあたって、次の 4 つのモジュールをベースとして実装することを推奨する。

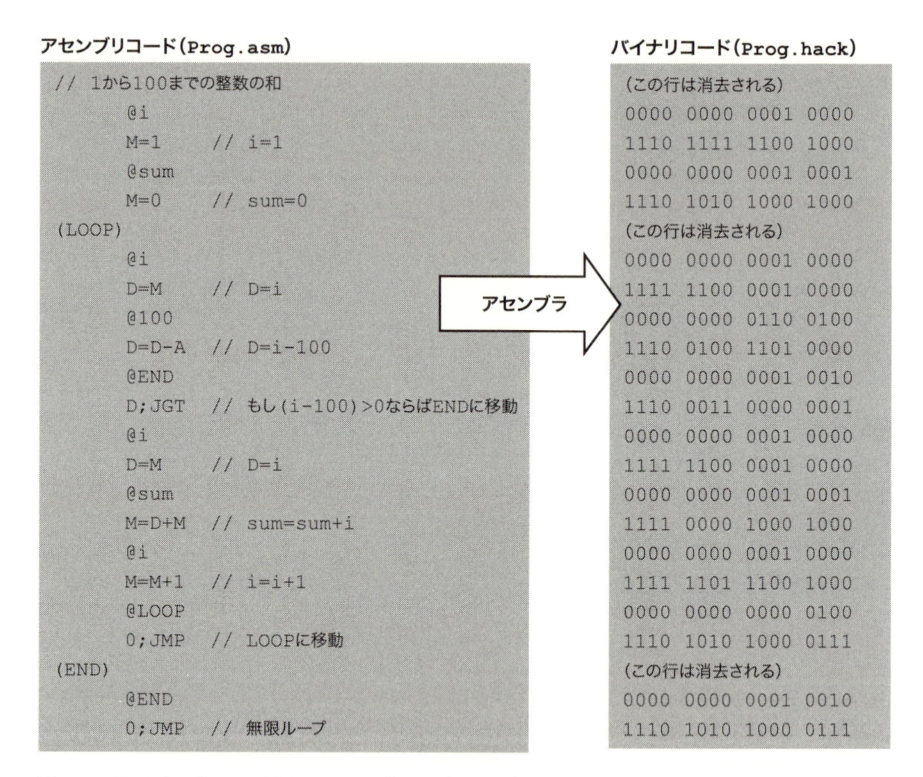

図 6-2 同じプログラムに対するアセンブリとバイナリ表現

Parser モジュール

入力に対して構文解析（パース）を行う。

Code モジュール

アセンブリコードのニーモニックすべてをビットコードへ変換する。

SymbolTable モジュール

シンボルを扱う。

メインプログラム

変換処理のすべてを行う。

> **API 表記についての注意点**
>
> アセンブラの開発は5つのソフトウェア開発における最初のプロジェクトである。この5つのプロジェクトにおいて、我々は変換器の階層（アセンブラ、バーチャルマシン、コンパイラ）を構築する。これらのプロジェクトを開発するために、読者は自分の好きなプログラミング言語を用いることができる。そのため、言語に依存しない形で、API の実装ガイドラインを提示する。
>
> 一般的なプロジェクトの API は複数のモジュールで表現され、各モジュールはひとつまたは複数のルーチンを含む。Java、C++、C#などのオブジェクト指向の言語では、モジュールはクラスに、ルーチンはメソッドに対応する。手続き型言語においてルーチンに対応するのは、関数、サブルーチン、プロシージャなどであり、モジュールは関連データを処理するルーチンの集合に対応する。ある言語においては（たとえば、Modula-2 など）モジュールは明示的に宣言され、他の言語においては（C 言語ファイルなど）暗黙的に表され、またある言語においては（Pascal など）対応するコンストラクタを持たず、ルーチンの概念的な集合だけを持つ。

6.3.1 Parser モジュール

主な機能は各アセンブリコマンドをその基本要素（フィールドとシンボル）に分解することである。具体的には、入力コードへのアクセスをカプセル化し、アセンブリ言語のコマンドを読み、それをパースし、コマンドの要素（フィールドとシンボル）へ簡単にアクセスできるようなルーチンを提供する。さらに空白文字とコメントを削除する。API は**表 6-1** のようになる。

表 6-1 Parser モジュールの API

ルーチン	引数	戻り値	機能
コンストラクタ/初期化	入力ファイル/ストリーム	－	入力ファイル/ストリームを開きパースを行う準備をする
`hasMoreCommands`	－	ブール値	入力にまだコマンドが存在するか？

表6-1 Parserモジュールの API（続き）

ルーチン	引数	戻り値	機能
advance	–	–	入力から次のコマンドを読み、それを現在のコマンドにする。このルーチンはhasMoreCommands()がtrueの場合のみ呼ぶようにする。最初は現コマンドは空である
commandType	–	A_COMMAND、C_COMMAND、L_COMMAND	現コマンドの種類を返す。 ● A_COMMANDは@Xxxを意味し、Xxxはシンボルか10進数の数値である ● C_COMMANDはdest=comp;jumpを意味する ● L_COMMANDは擬似コマンドであり、(Xxx)を意味する。Xxxはシンボルである
symbol	–	文字列	現コマンド@Xxxまたは(Xxx)のXxxを返す。Xxxはシンボルまたは10進数の数値である。このルーチンはcommandType()がA_COMMANDまたはL_COMMANDのときだけ呼ぶようにする
dest	–	文字列	現C命令のdestニーモニックを返す（候補として8つの可能性がある）。このルーチンはcommandType()がC_COMMANDのときだけ呼ぶようにする
comp	–	文字列	現C命令のcompニーモニックを返す（候補として28個の可能性がある）。このルーチンはcommandType()がC_COMMANDのときだけ呼ぶようにする
jump	–	文字列	現C命令のjumpニーモニックを返す（候補として8つの可能性がある）。このルーチンはcommandType()がC_COMMANDのときだけ呼ぶようにする

6.3.2 Codeモジュール

Hackのアセンブリ言語のニーモニックをバイナリコードへ変換する（表6-2）。

表 6-2 Code モジュールの API

ルーチン	引数	戻り値	機能
dest	ニーモニック（文字列）	3 ビット	dest ニーモニックのバイナリコードを返す
comp	ニーモニック（文字列）	7 ビット	comp ニーモニックのバイナリコードを返す
jump	ニーモニック（文字列）	3 ビット	jump ニーモニックのバイナリコードを返す

6.3.3 シンボルを含まないプログラムのためのアセンブラ

アセンブラを作るにあたって、次の 2 段階の手順で作ることを推奨する。最初の段階として、シンボルを用いないアセンブリプログラムを対象に、それを変換するためのアセンブラを書く。これは先ほど説明した Parser と Code モジュールを用いて行うことができる。そして次の段階で、シンボルを扱えるように先のアセンブラを拡張する。シンボルの対応については次節で説明する。

最初の「シンボルフリーなアセンブラ」の段階では、Prog.asm にはシンボルが含まれていないことを条件とする。これはつまり、次のふたつの条件を満たすということである。

- すべての@Xxx というタイプのアドレスコマンドにおいて、Xxx は 10 進数の数値であり、シンボルでない。
- 入力ファイルには (Xxx) のようなラベル宣言のコマンドが含まれない。

「シンボルフリーなアセンブラ」は次のように実装することができる。まず Prog.hack という名前の出力ファイルを開き、続いて、与えられた Prog.asm ファイルの各行（アセンブリの命令）をひとつずつ処理していく。C 命令に対しては、各命令フィールドをバイナリコードへと変換し、それらを連結させて 16 ビットの命令を構成する。そして、この 16 ビット命令を Prog.hack ファイルへ書き込む。@Xxx というタイプの A 命令に対しては、Parse モジュールから返された 10 進数の数値をバイナリ表現へ変換し、その 16 ビットのワードを Prog.hack ファイルへ書き込む。

6.3.4 SymbolTable モジュール

Hack 命令はシンボルを含むため、変換処理のどこかで、シンボルは実際のアドレスへと解決されなければならない。この処理にはシンボルテーブルを用いる。シンボルテーブルはシンボルとその内容（Hackの場合、RAMまたはROMのアドレス）の対応表が保持される。ほとんどのプログラミング言語で、そのようなデータ構造は標準ライブラリとして用意されているため、ゼロから実装する必要はないだろう。ここでは**表6-3**に示すAPIを実装することを推奨する。

表6-3 SymbolTableモジュールのAPI

ルーチン	引数	戻り値	機能
コンストラクタ/初期化	−	−	空のシンボルテーブルを作成する
addEntry	symbol（文字列）、address（整数）	−	テーブルに（symbol,adress）のペアを追加する
contains	symbol（文字列）	ブール値	シンボルテーブルは与えられたsymbolを含むか？
getAddress	symbol（文字列）	整数	symbolに結びつけられたアドレスを返す

6.3.5 シンボルを含むプログラムのためのアセンブラ

アセンブリプログラムはシンボルを定義する前であっても、シンボルによるラベルを用いることができる（gotoコマンドの移動先のように）。これによってアセンブリプログラムを書くことは簡単になるが、アセンブラ自体を開発することは難しくなる。この問題に対する一般的な解決方法は「2パスのアセンブラ」、つまり、コードの最初から最後まで読む作業を2回繰り返すアセンブラを用いることである。最初のパスにおいて、アセンブラはシンボルテーブルだけを作成する（コードは生成しない）。2回目のパスでは、プログラム中で出くわすすべてのラベルはすでにシンボルテーブルでメモリ位置と対応づけられている。そのため、アセンブラは各シンボルを対応するアドレスに置き換え、最終的なバイナリコードを生成することができる。

Hack言語のシンボルには3種類あることを思い出してほしい。定義済みシンボル、ラベルシンボル、変数シンボルの3つである。シンボルテーブルはこれらすべてのシンボルを含む必要がある。それには次のようにする。

初期化

すべての定義済みシンボルとそれに対応するRAMアドレス（6.2.3節を参照）を

含むようにシンボルテーブルを初期化する。

1回目のパス

アセンブリプログラム全体を1行ごとに見ていき、コードを生成せずに、シンボルテーブルだけを作成する。プログラムを1行ごとに読んでいく過程で、現在の命令が読み込まれるROMアドレスの番号を保持する。このアドレス番号は0から始まり、C命令またはA命令に出くわすたびに1だけ加算していく。`(Xxx)`のような擬似コマンドに出くわした場合は、`Xxx`をプログラムの次のコマンドが格納されるROMアドレスに対応づけてシンボルテーブルに追加する。このパスによって、プログラムのすべてのラベルはそのROMアドレスへと対応づけすることができる。変数については2回目のパスで扱う。

2回目のパス

再度プログラム全体を見ていき、1行ごとにパース処理を行う。A命令のシンボルに出くわしたとき、つまり、`@Xxx`という命令において`Xxx`が数値でなくシンボルであるとき、シンボルテーブルで`Xxx`という名前のシンボルを探す。もしそのシンボルが見つかれば、そのシンボルを対応する数値に置き換え、コマンドの変換は完了となる。もしテーブルでそのシンボルが見つからなければ、それは新しい変数を表していることになる。これに対処するために、`(Xxx,` *n*`)`というペアデータをシンボルテーブルに追加する。ここで、*n*は次に使うことができるRAMアドレスの番号である。これにてコマンドの変換作業は完了となる。割り当てるRAMアドレスは連続する番号であり、16から始まる（定義済みシンボルが割り当てられたアドレスの直後)。

これでアセンブラの実装は終わりである。

6.4 展望

多くのアセンブラと同様に、Hackアセンブラも比較的単純なプログラムであり、主に行うことはテキスト処理である。当然ながら、機械語の種類が多くなればなるほど、機械語のためのアセンブラは複雑になる。また、Hackにはない、より洗練されたシンボル対応を行うアセンブラも存在する。たとえば、特定のデータアドレスを明示的に指定することができるアセンブラなどが挙げられる。そのようなアセンブラであれば、たとえば、「`table+5`」というコマンドを用いて、`table`によって参照されるアドレス位置から5番目の場所を参照することができる。さらに、多くのアセンブラは

マクロコマンドに対応している。マクロコマンドとは、一連の機械語命令に名前を付けただけの単純なものである。たとえば、`D=M[Xxx]` のようなマクロコマンドで我々のアセンブラを拡張することができる。このマクロコマンドは、`@Xxx` に続いて `D=M` という、ふたつの命令へと変換される。そのようなマクロコマンドはよく行う操作を単純化させることができる（そのための実装も簡単である）。

アセンブラが独立して用いられることは、実際のところめったにない。そもそも、アセンブリプログラムは、人ではなく、むしろコンパイラによって書かれることが多い。そして、コンパイラにおいても、バイナリである機械語を直接生成したほうが都合が良いため、シンボルを含んだコマンドをわざわざ生成するようなことはしない。また一方で、多くの高水準言語のコンパイラは高水準プログラムのコード中にアセンブリ言語によるコードを埋め込むことを許可している。このような機能はC言語コンパイラではあたりまえであり、これによって最適化のためにハードウェアを直接制御する機会が与えられることになる。

6.5 プロジェクト

目標

Hack アセンブリ言語で書かれたプログラムを、Hack ハードウェアのプラットフォームが理解できるバイナリコードへと変換を行うアセンブラを開発せよ。このアセンブラの変換仕様は6.2節で説明した。

材料

本プロジェクトに必要な唯一のツールはアセンブラを実装するためのプログラミング言語である。また、本書が提供するアセンブラとCPUエミュレータも有用なツールとして使うことができるだろう。これらのツールを用いれば、実際に自分でアセンブラを開発する前に、正常に動作するアセンブラでいろいろ実験することができる。さらに本書のアセンブラはGUIによって行ごとに変換処理を見ることができ、また、各自が実装するアセンブラについてそれが生成した出力と比較するための機能も有する。これらの機能については「アセンブラ・チュートリアル」を参照してほしい[†1]。

†1 訳注：「アセンブラ・チュートリアル」は次より取得できる。http://www.nand2tetris.org/tutorials/PDF/Assembler%20Tutorial.pdf

規約

Prog.asm を Hack アセンブリ言語のバグのないプログラムとする。各自の実装したアセンブラは、このようなプログラムを読み込んだら、正しい Hack バイナリコードに変換し、Prog.hack というファイルに保存しなければならない。

作成プラン

アセンブラの作成は 2 段階で行うことを推奨する。初めに「シンボルフリーなアセンブラ」を、つまり、シンボルの含まれないプログラムを変換するだけのアセンブラを作る。そして、そのアセンブラがシンボルが扱えるように拡張する。本書が用意しているテスト用のアセンブリプログラムも、このふたつのバージョンを用意している(「シンボルなし」と「シンボルあり」)。適宜役立てほしい。

テストプログラム

「Add」というテストプログラムを除いて、残りのプログラムはふたつずつ用意してある。ひとつは ProgL.asm というような名前のシンボルを用いないアセンブリプログラムであり、もうひとつは Prog.asm というシンボルを用いるプログラムである。

Add

定数である 2 と 3 を加算し、その結果を R0 に格納する。

Max

R0 と R1 の最大値を R2 に格納する。

Rect

スクリーンの左上から長方形を描画する。長方形の幅は 16 ピクセル、高さは R0 ピクセルである。

Pong

シングルプレイヤーのピンポンゲーム。ボールはスクリーンの“壁”で跳ね返る。プレイヤーは左右の矢印キーでパドルを動かし、パドルにボールを当てる。ボールがヒットするたびにプレイヤーには毎回得点が 1 ポイント追加され、パドルが小さくなってゲームが難しくなる。パドルにボールを当てることができなければゲームオーバー。ゲームを終了するためには、Esc キーを押す。

Pong プログラムは Jack プログラミング言語 (9 章) で書かれており、Jack コンパイラ（10、11章）によって変換されたアセンブリプログラムである。元となるJackプログラムは300行ほどのコードであるが、実行可能なPongアプリケーションは20,000行にも及ぶバイナリコードである。そのコードのほとんどがJackオペレーティングシステム（12章）のためのものである。このインタラクティブなプログラムをCPUエミュレータで実行してみると、その動作が遅いことに気づくであろう。これはプログラムのグラフィック動作を目で確認できるようにするためで、わざと遅くしている。本書の最後のプロジェクトでは、このゲームを高速に動作するように実装する予定である。

手順

先ほど説明した2ステップの手順で、（自分の好きな言語を用いて）アセンブラを書き、テストする。本書が提供するアセンブラを用いて、自分のアセンブラが出力する結果を比較することができる。このテストを行う手順は次に示す。本書のアセンブラの詳細については「アセンブラ・チュートリアル」を参照してほしい。

本書のアセンブラ

本書が提供するアセンブラは正しいバイナリコードを生成するのはもちろんのことだが、**図6-3**に示すように他のアセンブラをテストすることができる。ここではHackアセンブリ言語で書かれた`Prog.asm`という名前のファイルがあるとしよう。このファイルを本書のアセンブラで変換すると、`Prog.hack`というバイナリファイルを生成する。次に、他のアセンブラ（あなたが書いたアセンブラなど）を用いて同じプログラムから別のファイル、たとえば`Prog1.hack`に変換する。もし後者のアセンブラが正しいのであれば、`Prog.hack = Prog1.hack`ということになる。そのため、新たに書いたアセンブラをテストするためのひとつの方法は、`Prog.asm`を本書のアセンブラに読み込み、`Prog1.hack`を比較ファイルとして読み込み、そして変換を行って、ふたつのバイナリファイルを比較することである（**図6-3**）。もし比較結果が異なれば、`Prog1.hack`を生成したアセンブラにはバグが含まれるということである。そうでなければ、バグのない可能性が高まる。

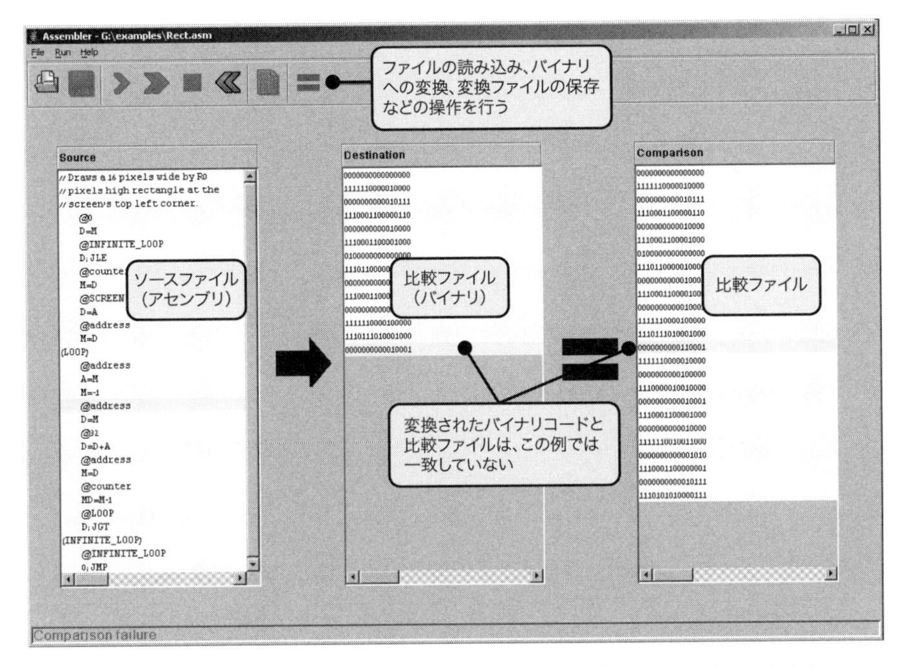

図 6-3　本書が提供するアセンブラを用いて、他のアセンブラが生成したコードをテストする

7章
バーチャルマシン#1：スタック操作

プログラマーは世界の創造主である。プログラムによって、
世界はいかようにも複雑に作ることができる。
——ジョセフ・ワイゼンバウム（1923–2008）
（『Computer Power and Human Reason』W H Freeman & Co）

本章は**コンパイラ**（compiler）の構築へ向けた初めの一歩である。このコンパイラは、オブジェクトベースの一般的な高水準言語をコンパイルする。コンパイラを作るという作業は相当に困難であるため、我々はその作業を2段階に分けて取り組むことにする。このふたつの段階にはそれぞれ2章分のページが割かれ、合計で4章に渡って説明を行う。高水準プログラムは初めに中間コードに変換され（10〜11章）、その中間コードは機械語へと変換される（7〜8章）。この2段階による変換処理のモデルは1970年代までさかのぼる古くからあるアイデアに基づいている。1990年代後半には、JavaやC#などのモダンな言語においてもそのアイデアが取り入れられ、再び脚光を浴びることとなった。

中間コードは実際のプラットフォーム上で実行される代わりに、**バーチャルマシン**（virtual machine、VM）[†1]上で実行されるように設計されている。これが基本となるアイデアである。バーチャルマシンは抽象化されたコンピュータであり、実際には存在しない。しかし、他のコンピュータ上で再現することができる。このアイデアの優れている点はたくさんあるが、そのうちのひとつは「コードの移植性」についてである。バーチャルマシンを複数のプラットフォームを対象に実装することは比較的容易であろうから、元となるソースコードを修正することなく、バーチャルマシン用のソフトウェアを他のプロセッサとOS上でも実行させることができる。また、バーチャルマシンの実装はさまざまな方法で実現することができる。さまざまな方法とは、たとえば、ソフトウェアであるインタプリタによる方法や、専用に設計されたハードウェ

†1　訳注：バーチャルマシンは「仮想マシン」「仮想機械」とも呼ばれる。本書では「バーチャルマシン」、または略記による「VM」という用語を用いる。

アによる方法、または、VMプログラムを対象プラットフォームの機械語に変換する方法によって実現することができる。

本章では一般的なバーチャルマシンのアーキテクチャを示す。ここで示すバーチャルマシンは、Javaバーチャルマシン（JVM）の枠組みを手本としたものである。いつものように、我々は2段階で説明を行う。初めにバーチャルマシンについて仕様を示し、続いてそれをHackプラットフォーム上で実装する。実装を行うものの中には、**VM変換器**（VM translator）と呼ばれるプログラムが含まれる。このプログラムはVMコードをHackのアセンブリコードへと変換する。このVM変換器とは別のアプローチとして、本書が提供するVMエミュレータを用いることができる。このプログラムはJavaで実装されたバーチャルマシンであり、手持ちのパソコン上でバーチャルマシンをエミュレートすることができる。

一般的なバーチャルマシンは「言語」を持つ。VMプログラムは、この言語を用いて書くことができる。ここで示すVM言語には4種類のコマンドが含まれる。それは「算術」「メモリアクセス」「プログラムフロー」「サブルーチン呼び出し」という4つのコマンドである。この言語についての議論と実装はふたつの章に分けて行う（本章と次章で行う）。本章では基本となるVM変換器を作る。このベーシックな変換器は、バーチャルマシンの「算術」と「メモリアクセス」のためのコマンドを機械語へと変換する。次章で、「プログラムフロー」と「サブルーチン呼び出し」の機能を備えるように、そのベーシックな変換器を拡張する予定である。結果として完全なバーチャルマシンができあがり、これは10〜11章で作るコンパイラのバックエンドとして動くことになる。

バーチャルマシンはコンピュータサイエンスにおいて重要な位置を占めている。コンピュータで別のコンピュータをシミュレートするというアイデアの原型は1930年代のアラン・チューリングまでさかのぼる。バーチャルマシンはこれまでに多くの実用的な使い方が提案されてきた。たとえば、コードの上位互換性を満たすために、新しいプラットフォーム上で前世代のコンピュータをエミュレートするといった用途である。また最近では、Javaプラットフォームと.NETフレームワークというふたつの主要な実行環境において、バーチャルマシンのモデルが中心的な役割を担っている。これらの実行環境（Javaプラットフォームと.NETフレームワーク）は割と複雑であるから、その内部構成を理解するためには、まず単純なVMを作ることから始めるのがよいであろう。

本章で述べるもうひとつの重要なトピックは**スタック処理**（stack processing）についてである。**スタック**（stack）は多くのコンピュータシステムやアルゴリズムで用いられる基本的なデータ構造のひとつである。本章で提示するVMはスタックをベースとしたものである。

7.1 背景

7.1.1 バーチャルマシンの理論的枠組み

高水準言語で書かれたプログラムを特定のコンピュータ上で実行するためには、プログラムをそのコンピュータの機械語に変換しなければならない。この変換作業は——これは「コンパイル」という名前で知られている——いくぶん複雑な工程となる。コンパイラを実装するには、どのような「高水準言語」と「機械語」を対象とするのであれ、そのふたつの組み合わせに依存したプログラムを書かなければならない。そのため、対象とするコンピュータと言語の組み合わせに応じて、別のコンパイラが必要になる。この「高水準言語」と「機械語」による依存性の分離は、コンパイルという作業全体をふたつのステージに分けることで行うことができる。最初のステージにおいて、高水準言語がパースされ、そのコマンドが中間コード（“高水準”でも“低水準”でもないコード）へと変換される。そして、次のステージにおいて、その中間コードが対象とするハードウェアの機械語へと変換される。

このふたつのステージへと分離することによってもたらされる恩恵は、ソフトウェア開発の観点から見ると、とても魅力的である。なぜなら、最初のステージは高水準言語の仕様だけに依存し、2番目のステージは対象とする機械語の仕様だけに依存するからである。もちろん、そのふたつのステージ間のインターフェイス——中間コードの仕様に関する正確な定義——は慎重に設計しなければならない。実際、このインターフェイスは、抽象化されたマシンにおける言語が、その長所を生かせるかどうかという点において、極めて重要になる。さらに、高水準言語が中間コードへと分解（変換）されるようにバーチャルマシンの命令を定式化することができる。以上の考察から、以前はコンパイラをひとつの巨大なプログラムとして扱ったが、現時点ではふたつの別のプログラムへと分離できることがわかった。ひとつ目のプログラムは、依然としてコンパイラと呼ばれるが、高水準コードからVM命令の中間コードへの変換を行う。ふたつ目のプログラムは、このVMコードから対象プラットフォームにおける機械語への変換を行う。

このふたつのステージから構成されるコンパイル方式は、多くのコンパイラの開発で用いられてきた。そして、開発者たちはスタンドアロンなバーチャルマシン言語を定義するまでに至った。中でも注目すべきはPascalコンパイラにより生成される**pコード**である（1970年頃に実装された）。また、Javaコンパイラも2段階の構成であり、**バイトコード**（bytecode）言語によるコマンドが生成され、それがJava仮想マシン（Java virtual machine、JVM）上で実行される。また、近年では.NETフレームワークにも同じアプローチが採用された。特に、.NETフレームワークで必要とされるものは、**中間言語**（intermediate language、IL）で書かれたコードを生成するコンパイラである。その中間言語がCLR（Common Language Runtime）と呼ばれるバーチャルマシン上で実行される。いずれも名称は異なるが、同じアイデアに基づいている。

実際、バーチャルマシン用の言語を明示的に用いることには実用面で利点がある。ひとつ目の利点は、別のプラットフォームを対象としたコンパイラが必要な場合、バーチャルマシンの実装——これはコンパイラの**バックエンド**（backend）と呼ばれることがある——を置き換えるだけですむ、ということである。そして、VMコードを別のプラットフォームへ移植する場合、まったく手を加える必要がない。ただし、これによって、コードの効率性やハードウェアのコスト、プログラミングに費やす時間など、いくつかの実装におけるトレードオフを許容する必要がある。ふたつ目の利点は、複数の言語のコンパイラによって、同じVMのバックエンドを利用することができるという点である。これによって、コードの共有や複数言語での相互利用が可能になる。たとえば、ある高水準言語は科学計算を得意とし、また、別の高水準言語はユーザーインターフェイスを扱うことが得意であるとする。もし両方の言語が共通のVMレイヤへとコンパイルされるのであれば、一方の言語で書かれたルーチンをもう一方から（決められたシンタックスを用いて）呼び出すことが簡単に行える。

また、このバーチャルマシンによるアプローチの他の利点として、「モジュール性（modularity）」を挙げることができる。VMの実装を改善してパフォーマンスを向上させることができれば、それより上のレイヤにあるコンパイラは、すべてその恩恵を受けることができる。同様に、VM実装を備えるすべてのコンピュータやデジタル機器は（新しいものも含めて）、これまでVMのために開発されてきた豊富なソフトウェアを用いることができる（図7-1）。

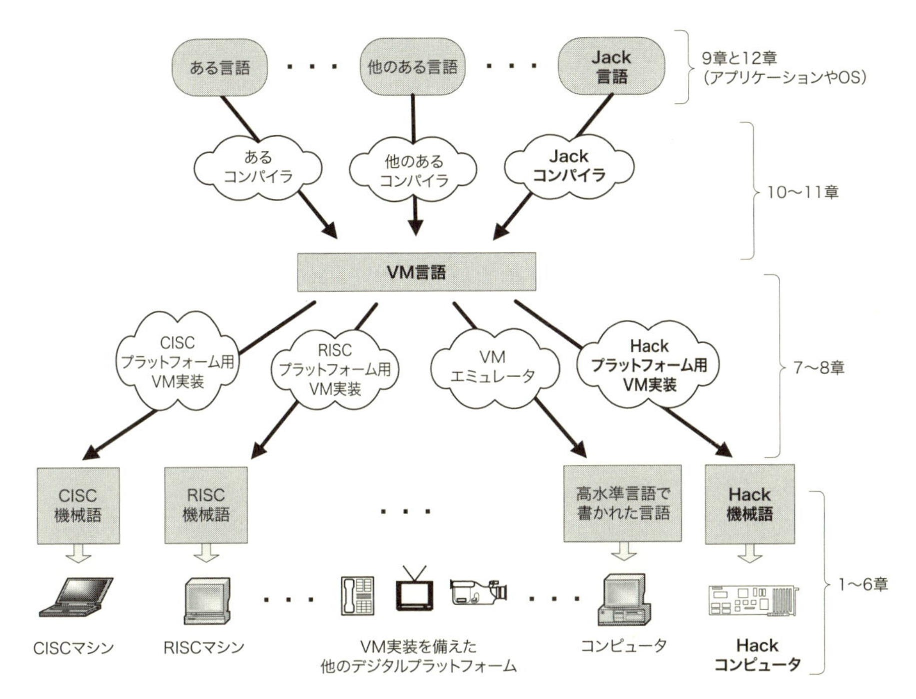

図 7-1　バーチャルマシンの理論的枠組み。一旦、高水準言語が VM コードへ変換されれば、適切な「VM 実装（VM implementation）」を備えたプラットフォームであれば、VM コードを実行することができる。VM 実装は、❶ VM コードを対象とするプラットフォーム用の機械語へ変換するか、または、❷エミュレータ上で VM コードを実行させせることができる（❷のほうが実装は簡単ではあるが、処理速度は遅くなる）。本章と次章で作る Hack プラットフォーム用の VM 実装は、VM コードを Hack 機械語へ変換するように設計されている（これは❶に該当する）。また、本書が提供する Java ベースの VM エミュレータも使うことができる（これは❷に該当する）

7.1.2　スタックマシン

多くのプログラミング言語と同様に、VM 言語を構成する要素は、算術操作、メモリ操作、プログラムフロー、サブルーチン呼び出し、などである。VM 言語を実装するにあたって、参考にできるソフトウェアのパラダイムはいくつか存在する。どのパラダイムを採用するかに関して、「オペランドと VM 命令の結果をどこに格納するか？」という質問が手がかりになるであろう。おそらく、最も“キレイ”な実装案は、**スタック**（stack）と呼ばれるデータ構造にデータを格納する方法であろう。

スタックマシン（stack machine）という計算モデルにおいて、算術命令はスタックの一番上からオペランドを取り出し、その結果をスタックの一番上に置く。スタックからデータを取り出す操作は**ポップ**（pop）、置く操作は**プッシュ**（push）と呼ばれる。また、他の命令は、スタックの一番上にあるデータを目的とするメモリ位置へ送信する（その逆も行う）。後ほど明らかになることだが、どのような算術命令や論理命令であっても、この単純なスタックによるモデルを用いて、その命令のための評価器を実装することができる。さらに、どのようなプログラミング言語で書かれてあったとしても、同等のスタックマシンによるプログラムに変換することができる。そのようなスタックマシンのモデルはJava仮想マシンで用いられている。次節にて、そのようなVMの理論と実装について解説を行う。

基本となるスタック命令

スタックは抽象データ型（abstract data type）であり、いくつかの操作命令をサポートする。その中で最も重要な命令はpushとpopである。push命令はスタックの一番上にデータを追加し、この命令の前にpushされたデータの上に新しいデータを積む。pop命令はスタックの一番上のデータを取り出す。これにより、ポップされたデータの下にあるデータが一番上の場所を占めることになる。そのため、スタックは「後入れ先出し（Last In, First Out、LIFO）」と呼ばれる（**図7-2**）。

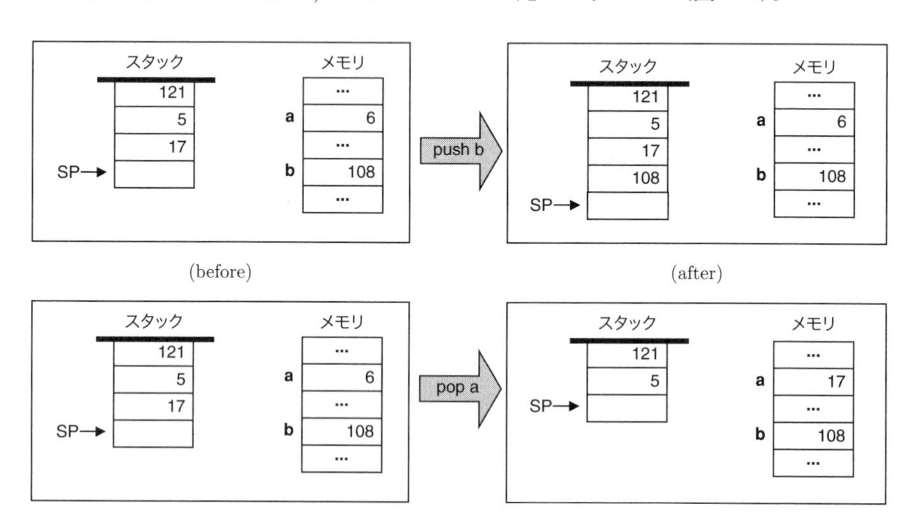

図7-2　スタック処理の例。ふたつの基本的な命令であるpush命令とpop命令を示す。慣例に従い、スタックはさかさまに描かれ、下方向へ伸びるような形となる。スタックの一番上の次の場所は特別なポインタによって参照される。この特別なポインタは「SP」または「スタックポインタ」と呼ばれる。ラベルのaとbは任意のメモリアドレスを参照する

スタックへのアクセスは、これまで見てきたメモリアクセスとはいくつかの点において異なる。ひとつ目の相違点は、スタックでアクセス可能な場所は一番上の場所に限られるという点である。ふたつ目は、スタックのデータを読み出すための命令は“損失を伴う”という点である。つまり、一番上のデータを取り出す唯一の方法は、スタックからそのデータを取り除かなければならない。これと比べて、通常のメモリからデータを読み込む操作には、メモリの状態に影響を与えるような副作用は存在しない。3つ目の相違点は、スタックへのデータ書き込みは、スタックの一番上にデータを追加することによって行われ、その下のデータには影響を与えないという点である。これと比較すると、通常のメモリにおけるデータ書き込みの操作は“損失を伴う”命令である。なぜなら、メモリにデータを書き込むには、メモリの前の値に対して上書きをすることになるからである。

スタックのデータ構造はさまざまな方法で実装することができる。最も単純なアプローチは、配列とスタックポインタを用いる方法である。スタックポインタは配列の要素に対して最後の要素の次の場所を指す。ここで、配列を `stack`、スタックポインタを `sp` という名前で表すとしよう。そうすれば、「`push x`」というコマンドは、配列の `sp` で指される場所に `x` を格納し、`sp` を 1 だけインクリメントすることで実装することができる（コードで表すと、`stack[sp]=x; sp=sp+1`、または、`stack[sp++]`）。`pop` 命令は、最初に `sp` を 1 だけ減らし、それから配列の最後（末尾）に格納された値を返す（`sp=sp-1; return stack[sp]`、または、`return stack[--sp]`）。

コンピュータサイエンスという分野においては、「シンプルさと優美さを兼ね備えたものは表現力も豊かである」というのが常である。単純なスタックモデルはコンピュータシステムやアルゴリズムのいたるところで用いられるデータ構造である。我々が作ろうとしているバーチャルマシンのアーキテクチャにおいても、スタックを用いる。我々はスタックを主にふたつの目的で用いる。ひとつは、VM におけるすべての算術命令と論理命令を扱うため。もうひとつは、サブルーチン呼び出しとメモリ配置を行うために用いる（これは次章のテーマである）。

スタック算術

スタックベースによる算術計算は簡単に行うことができる。オペランドはスタックからポップされ、所望の命令がそのオペランドに対して実行される。そして、結果がスタックへ戻される。たとえば、加算（add）がどのように行われるかを次に示そう。

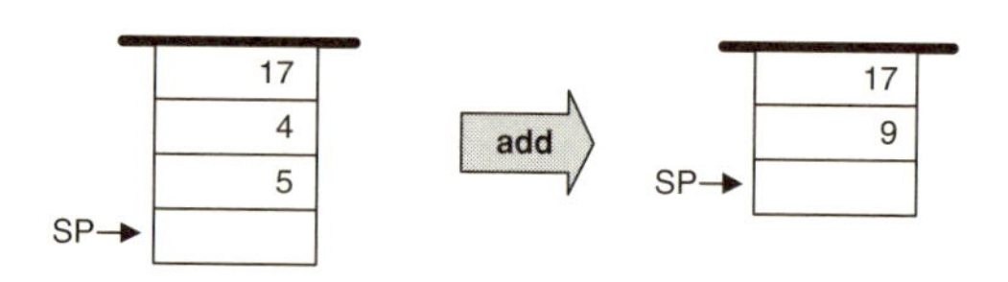

スタック版の他の演算についても（減算、乗算など）これとまったく同じである。たとえば、何らかの高水準言語で書かれた「d=(2-x)*(y+5)」という式について考えてみよう。この式をスタックベースの環境で実行すると**図7-3**のようになる。

```
// d=(2-x)*(y+5)
push 2
push x
sub
push y
push 5
add
mult
pop d
```

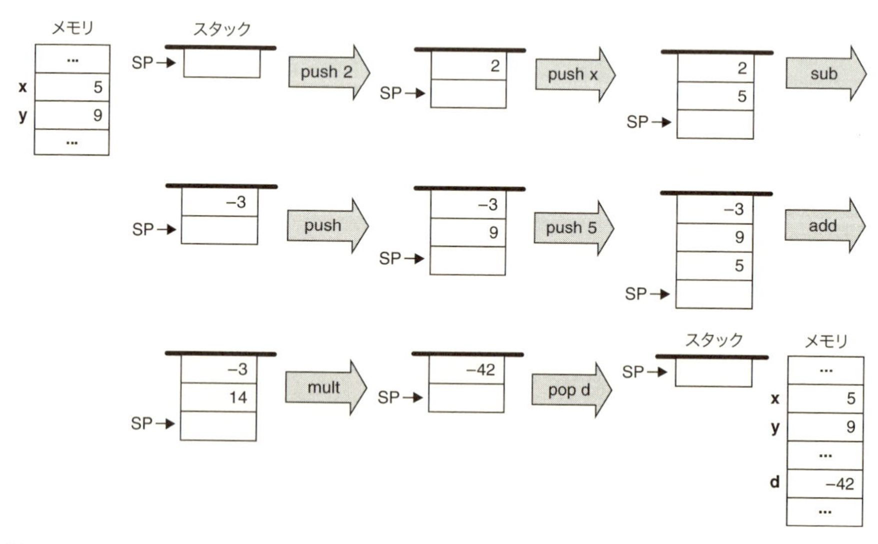

図7-3　スタックベースによる算術式の評価。この例では、「d=(2 − x)*(y + 5)」という式を評価する。ここでメモリの状態は x=5、y=9 であると仮定する

スタックベースによるブール式の評価についてもまったく同じである。たとえば、高水準言語で書かれた「if (x<7) or (y=8) then...」という式を考えてみよう。この式をスタックベースの環境で実行すると**図 7-4** のようになる。

```
// if (x<7) or (y=8)
push x
push 7
lt
push y
push 8
eq
or
```

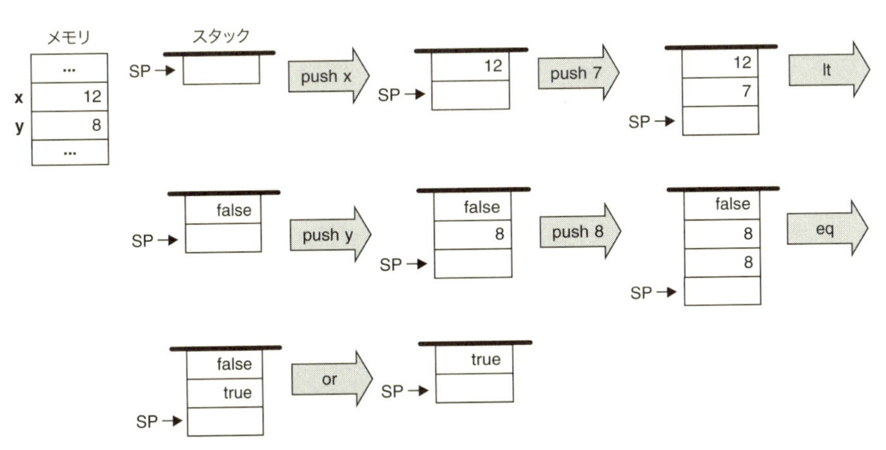

図 7-4　スタックベースによる論理式の評価。この例では、「(x<7) or (y=8)」というブール式を評価する。ここでメモリの状態は x=12、y=8 であると仮定する

ここで示したふたつの例は、一般的な場合における算術式とブール式である。さらにそれは、どのような算術式やブール式であっても、また、それがどれだけ複雑であったとしても、スタック上での単純な一連の命令へと系統的に変換し、評価することができることを示している。したがって、高水準な算術式とブール式を一連のスタックコマンドへ変換するコンパイラを作ることができる（これは 10〜11 章で行う）。本章では続いて、コマンドの仕様を定義し（7.2 節）、Hack プラットフォームにおける実装について解説する（7.3 節）。

7.2 VM仕様（第1部）

7.2.1 概要

我々が実装するバーチャルマシンはスタックベース（stack-based）である。すべての命令はスタック上で行われる。またそれは関数ベース（function-based）でもある。VMプログラムは「関数（function）」と呼ばれるプログラムユニットごとにまとめられており、それはVM言語で書かれている。各関数はスタンドアロンのコードとして、他とは分離して扱われる。VM言語は16ビットのデータ型を持ち、そのデータは整数、ブール値、ポインタとして使われる。また、VM言語は次に示す4種類のコマンドから成る。

算術コマンド
: スタック上で算術演算と論理演算を行う。

メモリアクセスコマンド
: スタックとバーチャルメモリ領域の間でデータの転送を行う。

プログラムフローコマンド
: 条件付き分岐処理または無条件の分岐処理を行う。

関数呼び出しコマンド
: 関数呼び出しとそれらからのリターンを行う。

バーチャルマシンを作ることは複雑な仕事である。そのため、我々はその仕事をふたつの段階に分けて取り組むことにする。本章では「算術」と「メモリアクセス」のためのコマンドについて、その仕様を示し、それだけを実装したベーシックなVM変換器を作る。次章では「プログラムフロー」と「関数呼び出し」のためのコマンドについて、その仕様を示し、先のベーシックな変換器を完全版の実装へと拡張する。

プログラムとコマンド構成

VMプログラムは、`.vm`という拡張子のファイルがひとつ以上集まって構成される。各ファイルには関数がひとつ以上含まれる。コンパイルを行う視点からは、これらの構成はオブジェクト指向言語における「プログラム」「クラス」「メソッド」にそれぞれ対応する。つまり、VMプログラムを構成する`.vm`ファイルの集まりは「プログラム」に、各`.vm`ファイルは「クラス」に、`.vm`ファイル内の関数は「メソッド」に対応する。

.vm ファイルの中には、VM コマンドが行ごとに分かれて現れる。VM コマンドは次のフォーマットのいずれかに該当する。

- *command*（例：`add`）
- *command arg*（例：`goto LOOP`）
- *command arg1 arg2*（例：`push local 3`）

引数（argument）は *command* パートからは分離され、その間には空白文字がひとつ以上入る。「//」より以降の文字はコメントとして解釈され、その内容は無視される。空行も含むことができる。その場合、空行は無視される。

7.2.2　算術と論理コマンド

このVM 言語はスタック指向の算術コマンドと論理コマンドを 9 つ備えている。そのうちの 7 つのコマンドは 2 変数関数（binary function）である。これは、スタックからふたつのデータを取り出し（pop）、そのデータに対して 2 変数関数を実行し、その結果をスタックに戻す。残りのふたつは 1 変数関数（unary function）である。これは、スタックからひとつデータを取り出し、そのデータに対して 1 変数関数を実行し、その結果をスタックに戻す。どのコマンドにおいても、そのオペランドをコマンドの結果で置き換え、スタックの他のデータには何も影響を与えない。**図 7-5** に詳細を示す。

図 7-5 の `eq`、`gt`、`lt` という 3 つのコマンドは戻り値としてブール値を返す。VM は `true` を −1（0xFFFF、バイナリ表記では 1111111111111111）、`false` を 0（0x0000、バイナリ表記では 0000000000000000）で表す。

コマンド	戻り値(オペランドをpopした後)	コメント
add	$x + y$	整数の加算(2の補数)
sub	$x - y$	整数の減算(2の補数)
neg	$-y$	符号反転(2の補数)
eq	$x = y$であればtrue、それ以外はfalse	等しい(equality)
gt	$x > y$であればtrue、それ以外はfalse	～より大きい(greater than)
lt	$x < y$であればtrue、それ以外はfalse	～より小さい(less than)
and	x And y	ビット単位
or	x Or y	ビット単位
not	Not y	ビット単位

スタック
…
x
y
SP →

図7-5　算術と論理に関するスタックコマンド

7.2.3　メモリアクセスコマンド

本章ではこれまでのところ、メモリアクセスのためのコマンドは「pop」と「push x」という擬似コマンドを用いて示してきた。ここでxというシンボルはグローバルメモリのどこかを参照している。ここではメモリのセグメントについて正式に示す。VMは図7-6に示す8つの仮想的なメモリセグメントを操作する。

メモリアクセスコマンド

すべてのメモリセグメントへのアクセスは次のふたつのコマンドによって行われる。

push *segment index*

　segment[*index*] をスタックの上にプッシュする。

pop *segment index*

　スタックの一番上のデータをポップし、それを *segment*[*index*] に格納する。

ここで *segment* は8つのセグメントのうちのひとつであり、*index* は0以上の整数である。たとえば、「push argument 2」に続いて「pop local 1」というコマンドを実行すれば、関数の3つ目の引数の値をその関数の2番目のlocal変数に格納する（セグメントのindexは0から始まる）。

VMファイル、VM関数、各関数の仮想メモリセグメントの関係性について**図7-7**に示す。

セグメント	目的	コメント
argument	関数の引数を格納する	関数に入るとVM実装によって動的に割り当てられる
local	関数のローカル変数を格納する	関数に入るとVM実装によって動的に割り当てられ、0に初期化される
static	スタティック変数を格納する。スタティック変数は、同じ.vmファイルのすべての関数で共有される	各.vmファイルに対して、VM実装により動的に割り当てられる。.vmファイルのすべての関数で共有される
constant	0から32767までの範囲のすべての定数値を持つ擬似セグメント	VM実装によってエミュレートされる。プログラムのすべての関数から見える
this that	汎用セグメント。異なるヒープ領域に対応するように作られている。プログラミングのさまざまなニーズで用いられる	ヒープ上の選択された領域を操作するために、どのような関数でもこれらのセグメントを使うことができる
pointer	thisとthatセグメントのベースアドレスを持つ2つの要素からなるセグメント	VMの関数で、pointerの0番目（または1番目）をあるアドレスに設定することができる。これにより、this（またはthat）セグメントをそアドレスの開始するヒープ領域に設定する
temp	固定された8つの要素からなるセグメント。一時的な変数を格納するために用いられる	目的に応じてVM関数によって使われる。プログラムのすべての関数で共有される

図7-6　すべてのVM関数から見えるメモリセグメント。現時点では、その使用法やセグメントの配置について理解する必要はない。詳細については以降の章で明らかになる

図で示した8つのメモリセグメントはVMのpushとpopコマンドによって明示的に操作される。これに加えて、VMはスタックとヒープと呼ばれるデータ構造を暗黙のうちに扱う。これらのデータ構造は直接操作されることはないが、VMコマンドを実行した結果として、その背後で、それらのデータ構造の状態が変更される。

スタック

先ほど例として挙げた「push argument 2」と「pop local 1」という一連のコマンドについて考えてみよう。そのようなVM命令において使用するメモリはスタックである。メモリのデータ値を、あるセグメントから別のセグメントへと単純に移動することはできない。そのためには、スタックを経由する必要がある。スタックがVMアーキテクチャにおける中心的な存在であるにもかかわらず、VM言語ではス

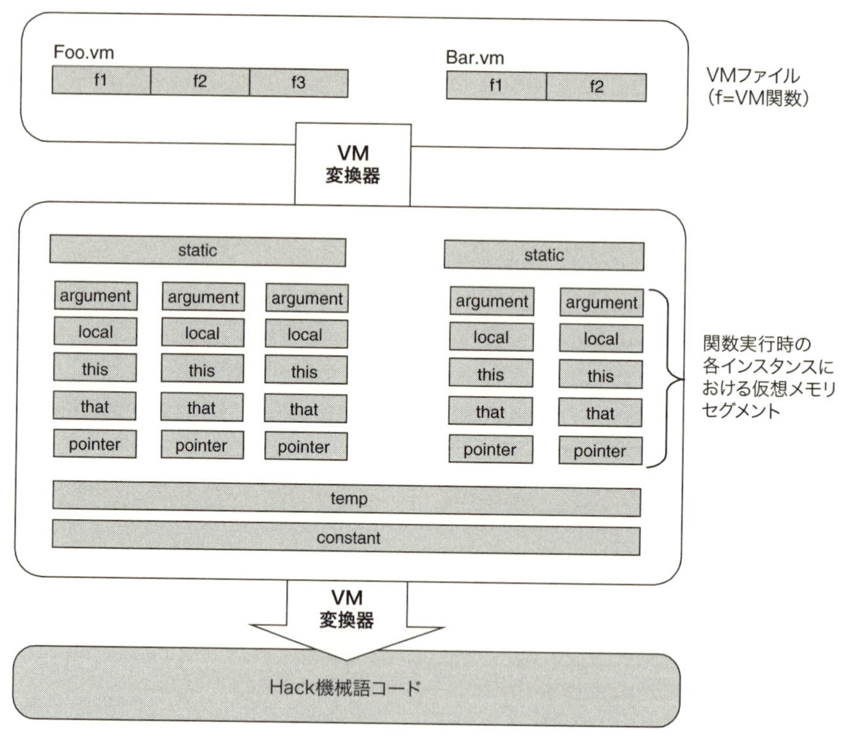

図7-7　仮想メモリセグメントはVM実装によって保持される。使用法、目的、セグメントの配置については以降の章で明らかになる

タックが明確な形で現れない――この点には注意してほしい。

ヒープ

VMの背後に存在している、もうひとつのメモリ要素はヒープ（heap）である。ヒープは、「オブジェクト」と「配列」を格納するためのRAMの専用領域である。この「オブジェクト」と「配列」はVMコマンドによって操作することができる。

7.2.4　プログラムフローと関数呼び出しコマンド

我々が作るVMはさらに6つのコマンドを備える。詳細については次章で説明するが、ここでは簡潔にそのコマンドを示す。

プログラムフローコマンド

```
label symbol       // ラベル宣言
goto symbol        // 無条件分岐
if-goto symbol     // 条件付き分岐
```

関数呼び出しコマンド

```
function functionName nLocals // 関数宣言。関数のローカル変数の数を指定する。
call functionName nArgs       // 関数呼び出し。関数の引数の数を指定する。
return                        // 関数の呼び出し元へ制御を戻す。
```

このコマンドのリストでは、*functionName* はシンボル名、*nLocals* と *nArgs* は 0 以上の整数である。

7.2.5 Jack-VM-Hack プラットフォームにおけるプログラム要素

VM の仕様について、前編はこれで終わりである（後編は次章）。ここでは、高水準言語がコンパイルされる過程をトップダウンで見ていくことにする。**図 7-8** の最上位には Jack プログラム（Jack は Java に似たシンプルな言語であり、仕様は 9 章で示す）があり、そのプログラムはふたつのクラスから構成されていることがわかる。Jack クラスにはひとつ以上のメソッドが含まれる。*n* 個のクラスファイルを含むディレクトリが Jack コンパイラへ与えられると、Jack コンパイラは *n* 個の VM ファイルを（同じディレクトリに）生成する。`Yyy` というクラスの中の `xxx` という Jack のメソッドは、対応する VM ファイルの中の `Yyy.xxx` と呼ばれる VM 関数へと変換される。

続いて、図で示されるように、VM ファイルが存在するディレクトリに対して VM 変換器が適用され、ひとつのアセンブリプログラムが生成される。このアセンブリプログラムは主にふたつのことを行う。ひとつは、VM 関数とファイル、そして明示的には示されないスタックについて、その仮想メモリセグメントをエミュレートすることである。もうひとつは、対象とするプラットフォーム上で、その VM コマンドと同じ効果のある命令を実行することである。これは、機械語による命令を用いて、エミュ

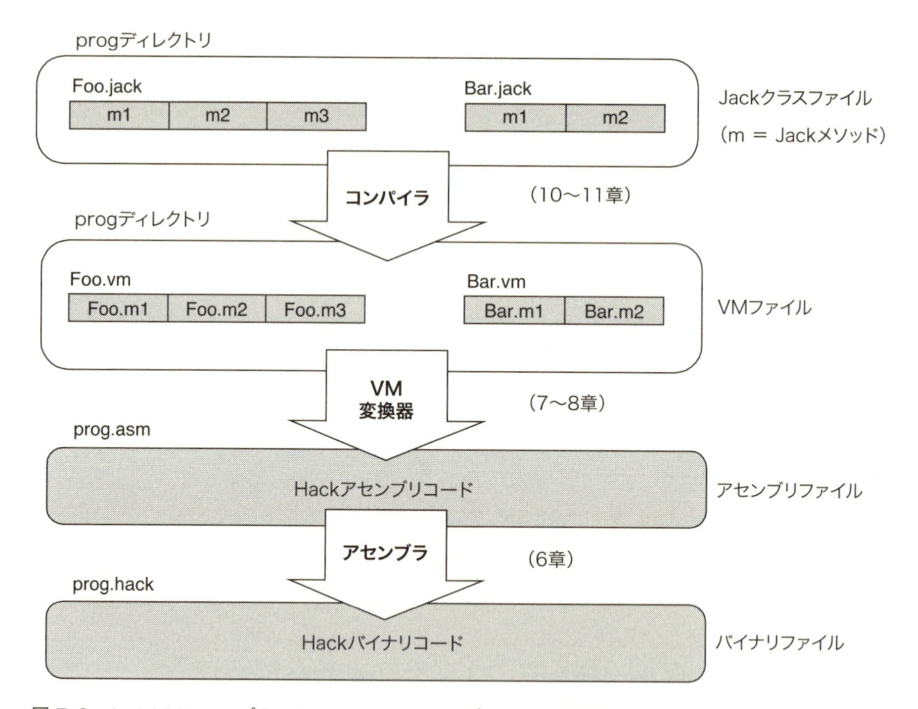

図 7-8 Jack-VM-Hack プラットフォームにおけるプログラム要素

レートされたVMのデータ構造を操作することで行われる——機械語の命令はVMコマンドから変換される。すべてがうまく動けば、つまり、コンパイラとVM変換器とアセンブラが正しく実装されていれば、Jackプログラムによって指定された命令が、対象のプラットフォーム上で動作する。

7.2.6 VMプログラムの例

本節を読む前に

本節では、高水準言語で頻繁に遭遇する3つの操作——算術操作、配列操作、オブジェクト操作——を実現するために、VMによる抽象化がどのように用いられるか、ということについて説明する。これらの操作は通常、高水準言語によって記述され、コンパイラによって同等のVMのコードセグメントへと変換される。コンパイルのプロセスは後の章で詳しく述べるが、ここではその前置きとして、3つのコードセグメントについて簡単に説明する。ここで示す例はVMの実装とは関係がないことを注意しておく。そのため、本節（7.2.6節）を読み飛ばしても、本章（本プロジェクト）の流れを見失うことはない。

もしこのまま読み進めようと思えば、そうしてほしい。VMのプログラムは人の手によって（プログラマーによって）書かれることはめったにない。それよりもコンパイラによって書かれることになる。ここでは3つの例を示す。それぞれの例では、高水準言語とそれと同等のVMコードを対応させて示す。高水準言語の例ではC言語スタイルの構文を用いる。

算術操作

図7-9の上段に示す乗算（multiplication）を計算するアルゴリズムについて考えることにする。我々は（正確には、コンパイラは）どのようにしてこのアルゴリズムをVM言語として表現することができるだろうか？ まずは、forやwhileといった高水準の構文はVMの「goto」を使って書き換えなければならない。同様に、高水準言語における算術命令や論理命令もスタック指向のコマンドを用いて表現しなければならない。結果として生じるコードは**図7-9**のようになる（function、label、goto、if-goto、returnというVMコマンドの正確な構文については8章で説明するが、その意味は直感的にわかるだろう）。

それでは**図7-9**の下部に書かれている仮想セグメントに焦点を当てる。VM関数の実行を開始するとき、次の3つのことを前提としていることがわかる。

- スタックは空である。
- 関数への引数はargumentセグメントに配置される。
- ローカル変数は0に初期化して使うことを前提として、localセグメントに配置される。

続いて、乗算を計算するアルゴリズムのVMにおける表現について見ていく。VMコマンドでは、シンボルによる引数やシンボルによる変数名は使用しない、ということを思い出そう——そのようなアクセスは「*segment index*」（「local 0」や「constant 1」など）のようなセグメント名と番号（インデックス）によるアクセスに限定される。しかし、前者から後者への変換は単純である。やるべきことは、xとyを「argument 0」と「argument 1」に、sumとjを「local 0」と「local 1」

高水準コード（C言語スタイル）

```
int mult(int x, int y) {
  int sum;
  sum = 0;
  for(int j = y; j != 0; j--)
      sum += x;  // 繰り返しの加算
  return sum;
}
```

最初の近似

```
function mult
  args x, y
  vars sum, j
  sum = 0
  j = y
LOOP:
  if j = 0 goto END
  sum = sum + x
  j = j - 1
  goto LOOP
END:
  return sum
```

擬似VMコード

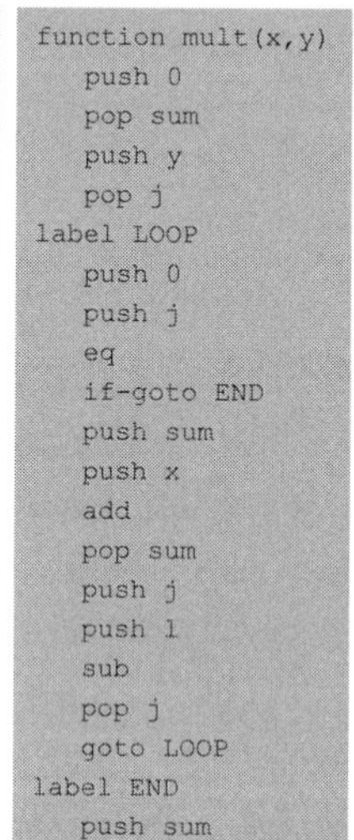

```
function mult(x,y)
   push 0
   pop sum
   push y
   pop j
label LOOP
   push 0
   push j
   eq
   if-goto END
   push sum
   push x
   add
   pop sum
   push j
   push 1
   sub
   pop j
   goto LOOP
label END
   push sum
   return
```

最終的なVMコード

```
function mult 2        // 2つのローカル変数
   push constant 0
   pop local 0         // sum=0
   push argument 1
   pop local 1         // j=y
label LOOP
   push constant 0
   push local 1
   Eq
   if-goto END         // if j=0 goto END
   push local 0
   push argument 0
   Add
   pop local 0         // sum=sum+x
   push local 1
   push constant 1
   Sub
   pop local  1        // j=j-1
   goto LOOP
label END
   push local 0
   return              // return sum
```

mult(7,3)が
実行された直後

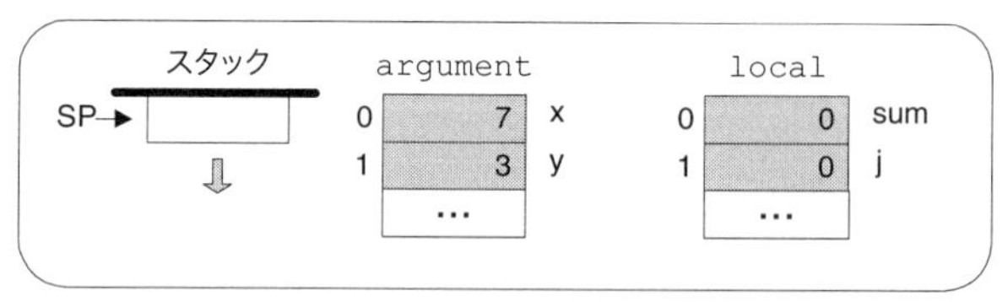

mult(7,3)から
リターンされた直後

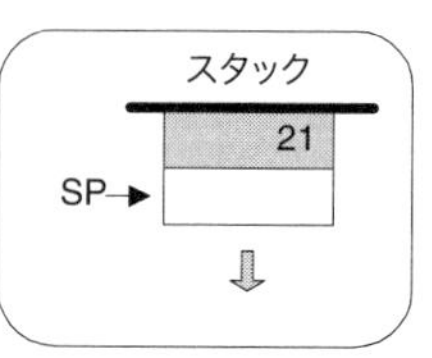

(x、y、sum、jというシンボルはVMプログラムの要素ではない。
ここでは説明用にそれらのシンボル表記を用いている)

図 7-9　VM プログラミングの例

に対応させ、擬似コードでシンボル表記部分を対応する「*segment index*」の表記に置き換えるだけである。

以上をまとめると、次のようになる。VM 関数が実行されると、専用のプライベートな世界に囲まれ、初期化されたargumentとlocalセグメント、そして、空のスタックが構成される。これでVMの準備は完了し、コマンドが実行されるのを待つ。すべてのVM関数のために、この仮想世界を準備する役目にあるのはVM実装であり、これは次章で見ていくテーマである。

配列操作

配列とはインデックス化されたオブジェクトの集合である。たとえば、高水準言語のプログラムでbarという名前で10個の整数を要素に持つ配列を作ったとしよう。そして、この配列はRAMアドレスが4315番に対応すると仮定する。ここで、高水準言語のプログラムで「bar[2] = 19」というコマンドを実行したとすると、このコマンドをVMのレベルで実現するにはどのようにしたらよいだろうか？

C言語ではそのような命令は「*(bar+2)=19」と書くこともでき、このコマンドは「RAMのアドレスが(bar+2)の位置に19を設定せよ」という意味である。**図7-10**で示すように、こちらの表記による命令のほうがVM言語には向いている。

もちろん、「bar[2] = 19」という高水準のコマンドがどのように**図7-10**で示されたVMコードへと変換されたかということについては、まだ未知である。この変換については11.1.1節で詳説し、コンパイラによるコード生成の特徴について論じる。

オブジェクト操作

高水準のプログラムにおいて、オブジェクトとはデータ（フィールドやプロパティとしてまとめられる）とそれに関するコード（メソッドとしてまとめられる）の要素として見ることができる。一方、物理的な視点からは、各オブジェクトのデータは、オブジェクトのフィールド値を表した数値のリストとして、RAM上にシリアライズされる。そのため、下位レベルにおけるオブジェクトの操作は配列の操作と非常に似ている。

たとえば、スクリーン上で複数のボールが移動（アニメーション）するプログラムについて考えてみよう。各Ballオブジェクトのフィールドにはx、y、radius、colorがあるとする。プログラムがそのようなBallをひとつ生成し、これをbと呼ぶ場合を考えてみよう。さて、このオブジェクトは、コンピュータ内部ではどのように表されるだろうか？

すべてのオブジェクト（インスタンス）はRAM上に格納される。特に、プログラムが新しいオブジェクトを生成するたびに、コンパイラはオブジェクトのサイズをワー

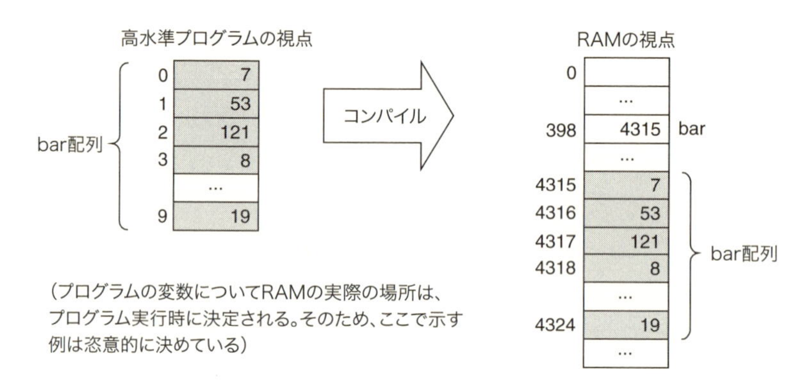

VMコード

```
// bar配列は高水準プログラムにおいて最初に宣言されたローカル変数であると仮定する
// 次のVMコードは「bar[2]=19」という命令を実行する
//  （すなわち、「*(bar+2)=19」という命令を実行する）
 push local 0        // barのベースアドレスを取得する
 push constant 2
 add
 pop  pointer 1      // thatのベースを(bar+2)に設定する
 push constant 19
 pop  that 0         // *(bar+2)=19
 ...
```

図 7-10　pointer と that セグメントを用いた VM ベースの配列操作。

ド単位で計算し、RAM 上でそのサイズを格納するのに十分な場所をオペレーティングシステムは探す（この操作の詳細については 11 章で示す）。現時点では、b オブジェクトは、**図 7-11** に示すように、RAM アドレスが 3012 から 3015 番目の場所に格納されると想定しよう。

ここで、たとえば `resize` という高水準プログラムのメソッドがあり、引数として `Ball` オブジェクトと整数の `r` を取るとする。そして、このメソッドの内部では、ボールの radius を r に設定するとしよう。このロジックを VM 上で表すと**図 7-11** のようになる。

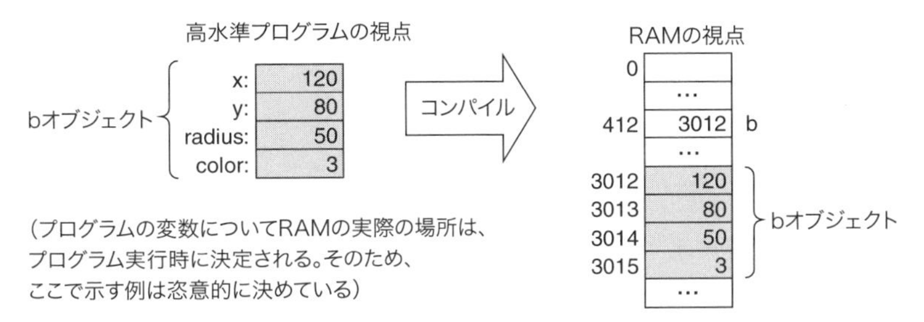

VMコード

```
// bオブジェクトと整数のrは関数の最初の2つの引数として渡されると想定する
// 次のコードは「b.radius = r」を行うコードである
 push argument 0   // bのベースアドレスを取得する
 pop pointer 0     // thisセグメントがbを指すようにする
 push argument 1   // rの値を取得する
 pop this 2        // bの3番目のフィールドをrに設定する
 ...
```

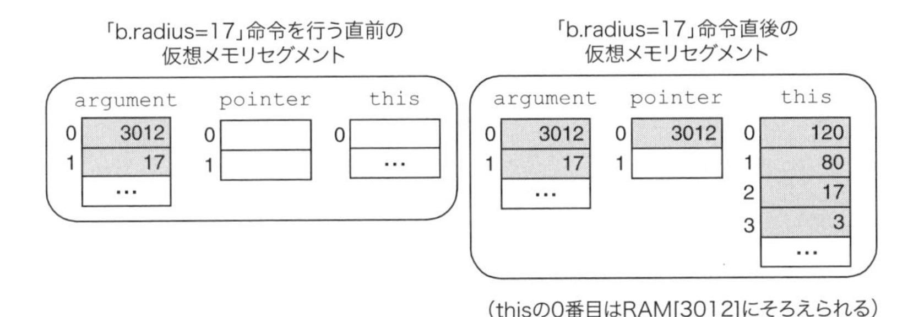

図 7-11　pointer と this セグメントを用いた VM ベースのオブジェクト操作

pointer の 0 番目を argument の 0 番目の値に設定することで、仮想セグメントである this のベースアドレスをオブジェクトのベースアドレスと一致させることができ、効率的に作業を進めることができる。これ以降、VM コマンドはオブジェクトのいかなるフィールドであれ、this という仮想メモリセグメントとベースアドレスからの相対インデックスを用いて、アクセスすることができる。

しかし、コンパイラは「b.radius = 17」をどのように**図 7-11** で示すような VM コードに変換しているのだろうか？ そして、radius フィールドが、実際の表現上では、そのオブジェクトの3番目の要素であることをどのようにして把握するのだろうか？ この問題については11.1.1節で詳説し、コンパイラによるコード生成の特徴について論じる。

7.3 実装

これまで述べきたバーチャルマシンは抽象化されたものであった。それを実際に使いたいと思うのであれば、現実のプラットフォーム上で実装しなければならない。そのようなVM実装を構築する作業は、概念的にふたつのタスクから構成される。ひとつ目のタスクは、対象のプラットフォーム上でVMの世界をエミュレートすることである。特に、VM仕様で述べた各データ構造——つまり、スタックと仮想メモリセグメント——は、何らかの方法で、対象とするプラットフォーム上で表現しなければならない。ふたつ目のタスクは、各VMコマンドを一連の命令に変換することである。その一連の命令によって、元となるVMコマンドで意図した処理内容が対象のプラットフォーム上で実現される。

本節では、Hackプラットフォーム上でVM仕様（7.2節）をどのように実装するか、ということについて説明する。我々は、「VM要素からHackハードウェアへのマッピング」と「VM命令からと機械語へのマッピング」——これらを“標準マッピング”と呼ぶことにする——を定義することから始める。続いて、このマッピングを実現するソフトウェアの設計についてガイドラインを与える。以下では、このソフトウェアを指して、「VM実装（VM implementation）」または「VM変換器（VM translator）」という言葉を用いる。

7.3.1 Hackプラットフォームの標準VMマッピング（第1部）

これまでに定義された機械語の仕様を再読すれば、機械語の仕様にはVMの実装についてまったく何も触れられていないことに気づくだろう。バーチャルマシンは本質的に、プラットフォームから独立した関係である。当然ながら、ある特定のVMのためだけにプラットフォームを設計することは望まれない。それよりも、すべてのVM（現在まだ存在しないVMも含む）が実行できるマシンを設計したいと思うであろう。

プログラマーは対象のプラットフォームにおけるVMを実装するにあたって、要件を満たすのであれば、どのような方法で実装してもよい。VMの設計者はこのことを了承している。しかし、プログラマーが自由に実装を行うのではなく、通常は実装のためのガイドライン──「対象とするプラットフォームにおけるVMのマッピング方法」についてのガイドライン──を与えることが推奨される。このガイドラインは**標準マッピング**（standard mapping）と呼ばれる。標準マッピングを与える理由はふたつある。ひとつ目の理由は、VMベースのプログラムがこのVMを使用しないコンパイラ（つまり、バイナリコードを直接生成するコンパイラ）によって生成されるプログラムと相互にやりとりする方法についての仕様が、そのガイドラインに含まれるからである。ふたつ目の理由は、VMを実装する開発者に標準テスト（その標準マッピングに一致するかを検証するためのテスト）を行わせることができるからである。このようにすれば、別の人によってテストやソフトウェアを書くことができる──これが常に推奨されることである。以上のことを踏まえ、本節の残りのページでは、Hackコンピュータにおける VM の標準マッピングを指定する。

VMからHackへの変換

VMのプログラムはひとつ以上からなる`.vm`ファイルの集合であることを思い出そう。そして、`.vm`ファイルにはひとつ以上のVM関数が含まれ、VM関数は一連のVMコマンドから構成される。VM変換器は`.vm`ファイルの集合を入力として受け取り、出力としてHackアセンブリ言語で書かれた`.asm`ファイルをひとつだけ生成する（**図7-7**参照）。各VMコマンドはHackアセンブリコードに変換される。`.vm`ファイルに含まれる関数の順番はどのような順番であっても問題にならない。

RAMの使用法

Hackコンピュータのデータメモリは32K個の16ビットワードから構成される。最初の16K個のデータメモリは汎用的なRAMとして用いられる。その後の16K個はI/Oデバイスのメモリマップを含む。VM実装は、このメモリ空間を次に示す使用用途で実装すること。

RAMアドレス	使用法
0–15	16個の仮想レジスタ、使い方はすぐ後に示す
16–255	（VMプログラムのすべてのVM関数における）スタティック変数
256–2047	スタック
2048–16383	ヒープ（オブジェクトと配列を格納する）
16384–24575	メモリマップドI/O
24576–32767	使用しないメモリ空間

Hack機械語の仕様によると、アセンブリプログラム内では、RAMアドレスの0から15番目はR0からR15のシンボルを用いて参照することができる。さらに、RAMアドレスの0から4番目（つまり、R0からR4）はシンボルのSP、LCL、ARG、THIS、THATを用いて参照できることが仕様書に書かれてある。実際、この仕様は、VM実装の可読性を高める目的を見通してアセンブリ言語に導入したものである。これらのVM環境におけるレジスタは次に示す使われ方を想定する。

レジスタ	名前	使用法
RAM[0]	SP	スタックポインタ：スタックの最上位の次を指す。
RAM[1]	LCL	現在のVM関数におけるlocalセグメントのベースアドレスを指す。
RAM[2]	ARG	現在のVM関数におけるargumentセグメントのベースアドレスを指す。
RAM[3]	THIS	現在の（ヒープ内における）thisセグメントのベースアドレスを指す。
RAM[4]	THAT	現在の（ヒープ内における）thatセグメントのベースアドレスを指す。
RAM[5–12]		tempセグメントの値を保持する。
RAM[13–15]		汎用的なレジスタとしてVM実装で用いることができる。

メモリセグメントマッピング

local、argument、this、that

これらのセグメントはRAM上に直接マッピング（対応づけ）されている。そのRAM上の場所を保持するために、専用のレジスタ（それぞれLCL、ARG、THIS、THATに対応）に物理ベースアドレスが保持される。そのため、これらのセグメントにおいてi番目の要素へのアクセスは、RAM内の$(base+i)$番目のアドレスへアクセスするアセンブリコードへ変換されるべきである。ここで$base$は各セグメント用のレジスタに格納された値である。

pointer、temp

このふたつのセグメントはRAM上の決められた領域に直接マッピングされている。pointerセグメントはRAMの3〜4番目の場所（THISとTHAH）にマッピングされ、tempセグメントは5〜12番目の場所（R5、R6、...、R12）にマッピングされる。そのため、「pointer *i*」によるアクセスはRAM内の$3+i$番目のアドレスへ、「temp *i*」は$5+i$番目のアドレスへとアクセスするアセンブリコードへ変換されるべきである。

constant

このセグメントは対象のアーキテクチャ上で物理領域を占有しないため、完全に仮想的な存在である。VM実装は「constant *i*」というアクセスを単に定数値のiとして扱うだけである。

static

Hack機械語の仕様によると、アセンブリプログラム内で新しいシンボルに最初に出くわした場合、アセンブラはそのシンボルに新しいRAMアドレスを割り当てる。このRAMアドレスは16番目から始まるアドレスである。VMファイルをf、スタティック変数の値をjとすると、アセンブリ言語のシンボルはf.jとして表現することができる。たとえば、Xxx.vmには「push static 3」というコマンドが含まれているとしよう。このコマンドは「@Xxx.3」と「D=M」というHackのアセンブリコマンドへ変換することができる。さらに、Dの値をスタックにプッシュするアセンブリコードがその後に続く。このstaticセグメントの実装方法はいくらかトリッキーではあるが、要件は満たしている。

アセンブリ言語のシンボル

ここでは再度、VM実装によって使用されるアセンブリ言語のシンボルをすべて示す。このVM実装は標準マッピングに対応する。

シンボル	使用法
SP、LCL、ARG、THIS、THAT	SPはスタックの最上位の場所を指す。残りのシンボルについては、仮想セグメントであるlocal、argument、this、thatのベースアドレスを指す
R13-R15	この定義済みシンボルはどのような目的でも使うことができる
Xxx.jシンボル	Xxx.vmというVMファイルに存在するスタティック変数jは、アセンブリのシンボルにおいてXxx.jに変換される。その後に続くアセンブリ処理では、そのシンボル変数は、Hackアセンブラによって RAM領域に割り当てられる
フロー制御シンボル	function、call、labelというVMコマンドの実装は、特別なラベルンボルの生成を伴う。詳細は8章で論じる

7.3.2 VM実装の設計案

VM変換器は、次に示すように、引数としてパラメータをひとつだけ取るようにすべきである。

```
$ VMtranslator source
```

ここで *source* は Xxx.vm という名前のファイル、もしくは、ひとつ以上の .vm ファイルを含んだディレクトリのパスである。変換の結果、アセンブリ言語で書かれたファイルがひとつ、同じディレクトリに生成される。入力を Xxx とすれば、そのファイル名は Xxx.asm となる。変換されたコードはVMの標準マッピングに従う必要がある。

7.3.3 プログラムの構造

メインのプログラムと Parser と CodeWriter というふたつのモジュールを用いて VM変換器を実装することを推奨する。

Parserモジュール

ひとつの .vm ファイルに対してパースを行うとともに、入力コードへのアクセスをカプセル化する。つまり、このモジュールはVMコマンドを読み、それをパースし、その要素に対してアクセスする便利なメソッドを提供する。さらに、空白文字とコメントを取り除く（**表7-1**）。

表 7-1 Parser モジュールの API

ルーチン	引数	戻り値	機能
コンストラクタ	入力ファイル/ストリーム	—	入力ファイル/ストリームを開き、パースを行う準備をする
hasMoreCommands	—	ブール値	入力において、さらにコマンドが存在するか?
advance	—	—	入力から次のコマンドを読み、それを現コマンドとする。hasMoreCommands() が true の場合のみ、本ルーチンを呼ぶようにする。最初は現コマンドは空である
commandType	—	C_ARITHMETIC、C_PUSH、C_POP、C_LABEL、C_GOTO、C_IF、C_FUNCTION、C_RETURN、C_CALL	現 VM コマンドの種類を返す。算術コマンドはすべて C_ARITHMETIC が返される
arg1	—	文字列	現コマンドの最初の引数が返される。C_ARITHMETIC の場合、コマンド自体（add、sub など）が返される。現コマンドが C_RETURN の場合、本ルーチンは呼ばないようにする
arg2	—	int	現コマンドの 2 番目の引数が返される。現コマンドが C_PUSH、C_POP、C_FUNCTION、C_CALL の場合のみ本ルーチンを呼ぶようにする

CodeWriterモジュール

VMコマンドをHackアセンブリコードに変換する（**表7-2**）。

表7-2 CodeWriterモジュールのAPI

ルーチン	引数	戻り値	機能
コンストラクタ	入力ファイル/ストリーム	—	出力ファイル/ストリームを開き、書き込む準備を行う
setFileName	fileName（文字列）	—	CodeWriterモジュールに新しいVMファイルの変換が開始したことを知らせる
writeArithmetic	command（文字列）	—	与えられた算術コマンドをアセンブリコードに変換し、それを書き込む
writePushPop	command（C_PUSHまたはC_POP）、segment（文字列）、index（整数）	—	C_PUSHまたはC_POPコマンドをアセンブリコードに変換し、それを書き込む
close	—	—	出力ファイルを閉じる

8章で、このモジュールにさらにルーチンが追加される。

メインプログラム

メインプログラムではParserモジュールとCodeWriterモジュールを用いる。ParserモジュールでVMの入力ファイルのパースを行い、CodeWriterモジュールでアセンブリコードを出力ファイルへ書き込む準備を行う。そして、入力ファイルのVMコマンドを1行ずつ読み進めながら、アセンブリコードへと変換する。

プログラムの引数がファイルではなくディレクトリの場合、メインプログラムはそのディレクトリに含まれるすべての.vmプログラムを処理しなければならない。その場合、入力ファイルごとに別のParserを使い、出力ファイルを扱うためにCodeWriterモジュールをひとつだけ用いる。

7.4 展望

本章は、高水準言語のコンパイラを開発する初めの一歩であった。我々が目指すコンパイラは2段階からなるモデルである。**フロントエンド**（frontend）においては、高水準言語が中間言語へと変換される。その中間言語はバーチャルマシン上で実行される言語である（10章と11章で扱う）。**バックエンド**（backend）においては、中間コードが対象とするハードウェアプラットフォームの機械語へと変換される（本章と次章で扱う）（**図7-1**と**図7-9**を参照）。

中間コードをバーチャルマシンの明示的な言語として定式化するというアイデアは1970年代後半にまでさかのぼる。その当時、バーチャルマシンは、いくつかの人気のあるPascalコンパイラによって使われていた。それらのコンパイラは「pコード」という中間コードを生成し、バーチャルマシンを実装したコンピュータであればどのようなコンピュータ上でもその中間コードを実行することができた。1990年代中頃、インターネットが普及するに従い、クロスプラットフォームにおける互換性はやっかいな問題となった。その問題に対処するために、サン・マイクロシステムズ（後にオラクルにより合併される）は、インターネットにつながるすべてのコンピュータとすべてのデジタルデバイスで実行することができる、新しい言語の開発プロジェクトを進めた。そのプロジェクトから生まれた言語――Java――は、Java仮想マシン（JVM）と呼ばれる中間コードを実行するモデルに基づくものであった。

JVMは**バイトコード**（bytecode）と呼ばれる中間言語を実行するスタック型のバーチャルマシンである。バイトコードで書かれたファイルは、インターネットを通して配布することができる。中でも注目すべきはWebページに埋め込まれたアプレットとして使用されるケースである。もちろん、これらのプログラムを実行するためには、クライアント側で適切なJVM実装が備わっている必要がある。これらのプログラムは**Java Runtime Environment**（JRE）とも呼ばれ、さまざまなプロセッサとOSの組み合わせが多数用意されている。その中にはゲーム端末や携帯電話も含まれる。

2000年代初めに、マイクロソフトも、.NETフレームワークでこの競争に参入した。.NETの中心となる存在は、CLR（Common Language Runtime）と呼ばれるバーチャルマシンである。マイクロソフトのビジョンによれば、多くのプログラミング言語（C++、C#、Visual Basic、J#（Javaに似た言語））がCLR上で実行される中間言語へとコンパイルすることができる。これにより、異なる言語で書かれたコードが共通のランタイム環境下でソフトウェアライブラリを共有することができるようになる。

バーチャルマシンによるモデルが、そのポテンシャルを発揮するには、共通のソフトウェアライブラリが必要である。実際、Java仮想マシンにはJavaクラスライブラリ、.NETフレームワークには基本クラスライブラリが備わっている。これらのソフトウェアライブラリは小さなオペレーティングシステムとみなすことができる。メモリ管理やGUI操作、文字列処理や数学関数などのサービスをVM上で提供する。そのようなライブラリについては12章で説明し、実装を行う。

7.5 プロジェクト

本節では、本章で示したVM変換器の作り方について述べる。次章では、このベーシックな変換器に機能を追加し、完全版のVM実装へと至る。ここでは実装を始める前に、ふたつ述べておくことがある。ひとつは、7.2.6節は本プロジェクトとは無関係であるということ。もうひとつは、Hackアセンブリプログラムについて再度確認をしてほしい、ということである。VM実装はHackアセンブリコードを生成するため、Hackアセンブリプログラムについて再度確認することを推奨する（4.2節）。そのためには**図4-2**を確認し、4章のプロジェクトで書いたプログラムを見直すとよいだろう。

目標

VM変換器の第1段階を実装する（第2段階は8章のプロジェクトで実装する）。ここでは、「スタック算術」と「メモリアクセス」のVM言語によるコマンドに焦点を当てる。

材料

ここではふたつのツールが必要になる。ひとつは、VM変換器を実装するためのプログラミング言語である（自分の好きなプログラミング言語を用いてよい）。もうひとつは、本書が提供するCPUエミュレータである。各自が自分で実装したVM変換器はアセンブリプログラムを生成するため、CPUエミュレータを使用すれば、そのアセンブリプログラムを実行することができる——これにより間接的にテストを行うことができる。また、別のツールとして、本書が提供するVMエミュレータも利用することができるであろう。このVMエミュレータは正しく動作するため、VM変換器を実装する前に、いろいろ実験することができる。このツールについての詳細は、「VMエミュレータ・チュートリアル」を参照してほしい[†2]。

---

†2 訳注：「VMエミュレータ・チュートリアル」は次より取得できる。http://www.nand2tetris.org/tutorials/PDF/VM%20Emulator%20Tutorial.pdf

規約

VMからHackへ変換する変換器を書くこと。この変換器は7.2節の「VM仕様（第1部)」と7.3.1節の「Hackプラットフォームの標準VMマッピング（第1部)」を満たさなければならない。本プロジェクトではテスト用にVMプログラムが与えられている。あなたが実装したVM変換器を用いて、このVMプログラムをHackアセンブリ言語で書かれたプログラムへ変換せよ。あなたの変換器が生成するアセンブリプログラムを本書のCPUエミュレータで実行するときは、テストスクリプトと比較ファイルを用いてテストを行うこと。

7.5.1 実装についての提案

変換器を実装するにあたり、次に示す2段階のステージを経て行うことを推奨する。そのようにすれば、ユニットテストを用いて段階的に進めることができる。

ステージ#1：スタック算術コマンド

最初のバージョンとして、VM言語の9つのスタック算術と論理コマンド、そして「`push constant` *x*」コマンド――このコマンドは先の9つのコマンドをテストする際に役立つ――を実装する。「`push constant` *x*」コマンドは、汎用的な`push`コマンドにおける特別なケース（最初の引数が`constant`、ふたつ目の引数が10進数の定数である）に該当する。

ステージ#2：メモリアクセスコマンド

次のバージョンでは、VM言語の`push`と`pop`コマンドを実装し、8つのメモリセグメントを扱う。本ステージは次に示す順番で進めることを推奨する。

1. `constant`セグメントはすでに対応済みである。
2. `local`、`argument`、`this`、`that`セグメントに対応する。
3. 続いて、`pointer`と`temp`セグメントに対応する。特に、`this`と`that`セグメントのベースの修正ができるようにする。
4. 最後に、`static`セグメントに対応する。

7.5.2 テストプログラム

ここでは5つのVMプログラムをリストする。それぞれ、先に説明した実装ステージのためのユニットテストとして用いることができる。

ステージ#1：スタック算術

`SimpleAdd`
　ふたつの定数を加算し、プッシュする。

`StackTest`
　一連の算術命令と論理命令をスタック上で行う。

ステージ#2：メモリアクセス

`BasicTest`
　仮想メモリセグメントを用いて、`pop`命令と`push`命令を実行する。

`PointerTest`
　`pointer`、`this`、`that`セグメントを用いて、`pop`命令と`push`命令を実行する。

`StaticTest`
　`static`セグメントを用いて、`pop`命令と`push`命令を実行する。

たとえば、`Xxx`というプログラムに対しては、`Xxx.vm`、`XxxVME.tst`、`Xxx.tst`、`Xxx.cmp`という4つのファイルが与えられている。`Xxx.vm`ファイルはVMのプログラムコードである。`XxxVME.tst`というスクリプトは、本書のVMエミュレータ上でプログラムを実行することができ、プログラムの意図した動作を前もって見ることができる。あなたが実装したVM変換器を用いてプログラムの変換が完了すれば、与えられた`Xxx.tst`と`Xxx.cmp`スクリプトを用いてテストすることができる。その場合、CPUエミュレータを用いて、変換後のアセンブリコードをテストせよ。

7.5.3 助言

初期化

変換後のVMプログラムはどのようなプログラムであれ、それが実行を開始するためには、“前置き”としてスタートアップのためのコードを含まなければならない。このスタートアップコードによって、ホストとなるプラットフォーム上でそのVM実装による処理を開始させることができる。さらにVMコードを正常に動作させるためには、選択された場所にある仮想セグメントのベースアドレスをVM実装はホスト上のRAMに格納しなければならない。両方の問題——スタートアップコードとセグメントの初期化——は次のプロジェクトで実装する。実際、本プロジェクトで与えられたテストプログラムを実行するためには、これらの初期化を所定の場所で行わなければならない。しかし、現時点では、そのことについてはまったく考えなくてよい。なぜなら、ここで与えたテストスクリプトでは、そのような初期化のための処理を、テストスクリプト中に書いているからである（これは本プロジェクト専用の設定である）。

テスト/デバッグ

5つのテストプログラムは、それぞれ次の順序に従う。

1. `XxxVME.tst` テストスクリプトを用いて、本書のVMエミュレータ上で `Xxx.vm` プログラムを実行し、期待されるプログラムの挙動について把握する。
2. あなたが実装した変換器を用いて `.vm` ファイルを変換する。結果として、`.asm` ファイルがひとつ生成される。`.asm` ファイルはHackアセンブリ言語で書かれたテキストファイルである。
3. 変換された `.asm` プログラムを検証する。もしシンタックスエラーがあれば、デバッグを行い、問題を修正する。
4. 与えられた `.tst` と `.cmp` ファイルを用いて、あなたの変換器が生成した `.asm` プログラムをCPUエミュレータ上で実行する。ランタイムエラーがあれば、デバッグを行い、問題を修正する。

本書が提供するテストプログラムは、VM実装の各ステージにおける特定機能をテストするように設計されている。そのため、変換器をテストする順番は、本章で示した順番で行うようにしてほしい。後のステージの機能を先に実装すれば、テストプログラムはうまく動かない可能性がある。

7.5.4 ツール

VMエミュレータ

本書が提供するソフトウェアにはJavaベースのVM実装が含まれる。このエミュレータは、VMプログラムを機械語に変換することなしに、直接実行することができる。これにより、自分で変換器を実装する前に、このVMエミュレータを用いて実験を行うことができる。**図7-12**はVMエミュレータ実行時の画像を示す。

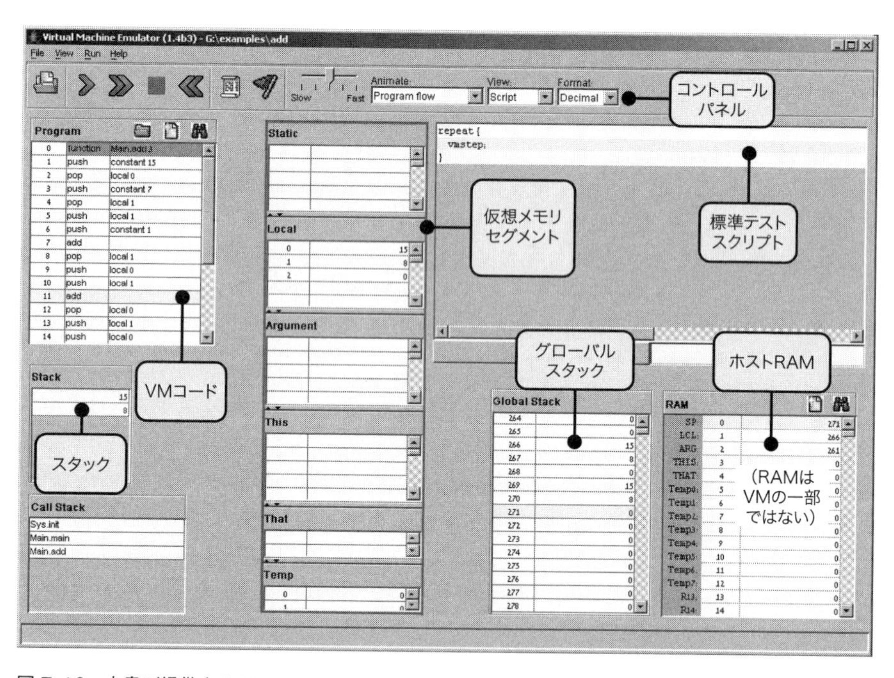

図7-12　本書が提供するVM

8章 バーチャルマシン#2：プログラム制御

すべてがコントロールできているということは、
スピードが十分に出ていないということだ。
——レーシングドライバー マリオ・アンドレッティ（1940－）

7章ではバーチャルマシン（VM）を導入し、最終的にHackプラットフォーム上で動くベーシックなVM実装を開発した。本章では、前章から引き続きVM実装の開発を行う。特に、手続き型言語やオブジェクト指向言語のネスト化されたサブルーチン（プロシージャ、関数、メソッド）呼び出しを扱う。ページが進むにつれ、前章で構築した基本となるVM実装が拡張され、完全版のVM変換器へと至る。この変換器は10章と11章で作ることになるコンパイラのバックエンドとして動く。9章ではオブジェクトベースの高水準言語について説明を行う。

コンピュータサイエンスにおいて“処理コンテスト”のようなものがあるとしたら、**スタック処理**（stack processing）は優秀部門でノミネートされるだろう。前章では、算術演算とブール演算が基本的なスタック操作によって計算できることを示した。本章では、この驚くべき単純なデータ構造が、驚くべき複雑な仕事をこなせることを示す。複雑な仕事とは、ネスト化されたサブルーチン呼び出しや引数の受け渡し、再帰処理やメモリ割り当てなどである。ほとんどのプログラマーは、これらの機能をコンパイラが何らかの方法で実現しているとは知りつつ、あたりまえのことだと思っている。我々は今、このブラックボックスを開く場所に来た。このプログラミングにおける基本的なメカニズムは、スタックベースのバーチャルマシンによって、実際どのように実装されているのか？——本章はこの問題について考える。

8.1 背景

高水準言語は“高水準な言語”を用いてプログラムを書くことができる。たとえば、$x = -b + \sqrt{b^2 - 4 \cdot a \cdot c}$という数式は`x=-b+sqrt(power(b,2)-4*a*c)`で表現することができる。このコードは実際の数式とほとんど同じ表現である。高水準言語はこの表現力をサポートするために、次に示す3つの事項を了承している。

1. sqrt や power といった高水準な命令（ルーチン）を必要に応じて自由に定義することができる。
2. それらのルーチンを、+ や * などの命令と同じように、いつでも自由に呼び出すことができる。
3. サブルーチンを呼び出せば、それが実行され、その実行が終わればサブルーチンからリターンされ、次のコマンドへ制御が移る。

フロー制御のコマンドはこれをさらに推し進めて、たとえば、「if ~(a=0) {x=(-b+sqrt(power(b,2)-4*a*c))/ (2*a)} else {x=-c/b}」のようなコードを書くことができる。

そのような表現を自由に用いることができるおかげで、我々はアルゴリズムのレベルで——機械語のレベルよりもはるかに抽象化されたレベルで——コードを書くことができる。この高水準化を進めれば進めるほど、誰かが低レイヤにおける埋め合わせをしなければならない。特に、低レイヤでは、「サブルーチンの呼び出し側（caller）」と「呼び出された側のサブルーチン（called subroutine）」の相互のやりとりを慎重に扱わなければならない（サブルーチンとは、sqrt や power など、システムまたはユーザーによって実装された命令である）。プログラムの実行時にサブルーチンが呼び出されると、低レイヤにおいては次に挙げる処理がその裏で行われる。

- サブルーチンの呼び出し側から呼び出された側のサブルーチンへ引数を渡す。
- 呼び出された側のサブルーチンを実行する前に、サブルーチンの呼び出し側の状態を保存する。
- 呼び出された側のサブルーチンにおいて、ローカル変数のためのメモリ空間を確保する。
- 呼び出された側のサブルーチンへ実行を移す（jump）。
- 呼び出された側から呼び出し側へ値を返す（return）。
- リターン時に、呼び出された側のサブルーチンによって使われたメモリ空間を再利用できるようにする。
- 呼び出し側の状態を復帰させる。
- サブルーチンの次の場所に実行を移す（jump）。

これらの一連の処理――プログラムの実行に必要な準備を整える処理であり、これは「ハウスキーピング処理」と呼ばれる――は難しい問題である。しかし、そのような問題はコンパイラによって解決される問題であるため、高水準言語を用いるプログラマーはその重荷から解放される。さて、それでは、コンパイラはどのようにしてその問題を解決しているのだろうか？ その答えの鍵は「スタック」にある。我々はスタックマシン（stack machine）上で低レイヤの実装を行っているため、この仕事は驚くほどに扱いやすい問題である。実際、スタック構造は先ほど述べたハウスキーピング処理を行うのに非常に適している。

以上を踏まえ、残りの節では「プログラムフロー（program flow）」と「サブルーチン呼び出し（subroutine calling）」コマンドがスタックマシン上で実装できることを見ていく。最初にプログラムフローの実装について解説する。これはメモリ管理が必要なく、比較的単純である。続いてサブルーチン呼び出しの実装を行う。これは実装が難しいチャレンジングな問題である。

8.1.1 プログラムフロー

コンピュータプログラムは通常ひとつずつ順序どおりに命令が実行される。この順を追って進むフローは、時として、分岐コマンドによって変更されることになる。たとえば、ループによる反復処理を含む場合などが、これに該当する。低水準のプログラミングにおける分岐を行うロジックは、「`goto` *`destination`*」コマンドを用いて、任意の場所にある命令を実行することで実現できる。`goto` 命令の移動先（*`destination`*）を指定する方法にはいくつか形式がある。最も原始的な方法は、次に実行したい命令の物理アドレスを指定する方法である。少しだけ抽象度を増した別の方法は、シンボルラベルを用いて移動先を指定する方法である。そのためには、コード中の特定の場所にシンボル割り当てのラベル命令を行う必要がある。

この基本的な `goto` 命令を用いれば、条件付き分岐を行うことは簡単である。たとえば、「`if-goto` *`destination`*」コマンドは、与えられたブール条件が `true` の場合のみ移動する命令をマシンに行わせる。もし条件が `false` であれば、通常のプログラムのフローが保たれ、次の場所にある命令が実行される。それでは、この言語にブール条件を導入するにはどうしたらよいだろうか？ スタックマシンのパラダイムにおいて最も自然なアプローチは、スタックの最上位にある値を条件とすることである。もし、スタックの最上位の値が0でなければ指定された目的の場所へ移動し、0であればプログラムの次のコマンドを実行する。

どのようなブール演算であっても、それはプリミティブなVM操作によって計算することができ、その結果（ブール値）はスタックの最上位に格納される——7章ではそのような例を見てきた。このスタックによる計算の仕組みが、先ほど述べたgotoおよびif-gotoコマンドと合わさることで、プログラムのフロー制御を実現することができる。代表的な例をふたつ**図8-1**に示す。

高水準言語におけるフロー制御

```
if (cond)
   s1
else
   s2
...
```

擬似VMコード

```
   ~(cond)を計算するVMコード
   if-goto L1
   s1を計算するVMコード
   goto L2
label L1
   s2を計算するVMコード
label L2
   ...
```

```
while (cond)
   s1
...
```

```
label L1
   ~(cond)を計算するVMコード
   if-goto L2
   s1を計算するVMコード
   goto L1
label L2
   ...
```

図8-1　gotoコマンドを用いた低レベルにおけるフロー制御

ここまで述べたVMコマンドは「label」「goto」「if-goto」であった。これらの低レイヤにおける実装は単純である。すべてのプログラミング言語は（“低レベル”な言語も含む）、何らかの方法で分岐処理を行うことができる。たとえば、我々の低レイヤにおける実装は、VMコマンドをアセンブリコードへ変換するアプローチをベースとしている。そのため、我々がやるべきことは、アセンブリ言語の分岐ロジックを用いて、gotoコマンドを再度表現することである。

8.1.2　サブルーチン呼び出し

プログラミング言語の特徴は、それがビルトインとして備えるコマンドセットに現れる。モダンな言語であれば、この基本となるコマンドを、プログラマーが定義する高水準な命令へと自由に拡張することができる。これが抽象化を進める鍵となる。この高水準な命令は、手続き型言語では「サブルーチン」「プロシージャ」「関数」と呼ばれ、オブジェクト指向言語では「メソッド」と呼ばれるのが一般的である。本章では、サブルーチンという用語を用いることにする。

うまく設計されたプログラミング言語では、高水準な命令（サブルーチンにより実装される）はビルトインのコマンドと同じような“見た目”になる。たとえば、addとpower（累乗）というふたつの関数について考えてみよう。ほとんどの言語で、前者はビルトインの命令として備えられおり、一方、後者はサブルーチンとして書かれていることだろう。そのため、このふたつの実装は異なる。しかし、その命令を呼び出す側からすれば、両方ともに同じように見えるのが理想である。もしそうであれば、そのふたつの関数を自然に組み合わせて使うことができ、可読性の高いコードになる。この原理をスタックを用いて実装した場合、**図8-2**のようになる。

```
// x+2
push x
push 2
add
...
```

```
// x^3
push x
push 3
call power
...
```

```
// (x^3+2)^y
push x
push 3
call power
push 2
add
push y
call power
...
```

```
// 累乗（Power）関数
// 第1引数が第2引数だけ累乗
// される。power(2, 3)は
// 2の3乗を計算する。
function power
// コードは省略
push result
return
```

図8-2　サブルーチン呼び出し。addのような基本コマンドとpowerのような高水準な命令は、引数を取り結果を返すという点で、同じ見た目である

「ビルトインのコマンド」と「ユーザーが定義したサブルーチン」――このふたつの呼び出しに関して、その違いは「call」という用語を用いるか否かという点だけにある。その他はまったく同じである。両方の命令で引数の設定が必要であり、スタックから引数を取り出さなければならない。そして、両方ともに命令の結果をスタックの最上位に格納することによって値を返す。この統一された手順により、実装の方針も立てやすくなる。

powerのようなサブルーチンは、一時記憶に置かれるローカル変数を用いるのが普通である。このローカル変数は、サブルーチンが“生きている”間、つまり、サブルーチンを開始してからリターンコマンドが実行されるまでの間、メモリ中に保持さ

れたままでなければならない。このことは、ネスト化されたサブルーチン（入れ子構造のサブルーチン）の場合を考えると、複雑な問題である。ネスト化されたサブルーチンにより、あるサブルーチンの中で別のサブルーチンを呼び、その別のサブルーチンがさらに別のサブルーチンを呼ぶといったケースが起こり得る。さらに言えば、サブルーチンは自分自身を再帰的に呼び出すことも可能である。再帰処理における各処理では、他と独立に実行され、専用のローカル変数と引数を保持しなければならない。このネスト化された構造、そして、そのためのメモリ管理を実現するには、どのように実装すればよいだろうか？

このハウスキーピング処理を扱いやすくしている要因は、「call-return ロジック」が持つ階層的な性質による。サブルーチンの“呼び出しチェーン（鎖）”は任意の深さまで再帰的に繰り返すことができる。しかし、ある瞬間においては、そのチェーンの最後尾を実行しているだけであり、他のチェーンはその処理が終わるのを待っている。この「後入れ先出し（Last In, First Out、LIFO）」の処理モデルはスタックのデータ構造と完全に適合する（スタックも「LIFO」である）。xxx というサブルーチンが yyy というサブルーチンを呼び出した場合、xxx の環境をスタックにプッシュし（保存し）、yyy の実行に切り替えることができる。yyy からリターンされるときに、xxx の環境をスタックからポップし（復帰させ）、xxx の実行を、まるで何も起こっていないかのように、再開させることができる。この処理モデルを**図8-3**に示す。

ここでは、「フレーム」という用語を概念的に用いており、これは、サブルーチンのローカル変数や引数、ワーキングスタックや他のメモリセグメントを指している。7章において、「スタック」という言葉が指す内容は、pop、push、add 等の命令をサポートするためのワーキングメモリであった。これからは、スタックという言葉を使った場合、それは「グローバルスタック（global stack）」を指すものとする。グローバルスタックとは、現在のサブルーチンとそのリターンを待つ他のすべてのサブルーチンのためのフレームを含むメモリ領域である。これらふたつの「スタック」という言葉には密接な関係がある。なぜなら、現サブルーチンのワーキングスタックはグローバルスタックの一番上に置かれるからである。

要点をまとめると、「call xxx」命令の低レイヤにおける実装は、呼び出し側のフレームをスタック上に格納する操作と、呼び出された側（xxx というサブルーチン）のローカル変数のためのメモリ領域を確保する操作も含む。そのようなメモリ確保を行った後で、サブルーチンのコマンドへ実行を移す。このサブルーチンへ実行場所を移すための実装は簡単である。call コマンドの後には対象とするサブルーチンの名前が指定されるため、実装に関してはシンボル名をメモリアドレスへと変換（アドレ

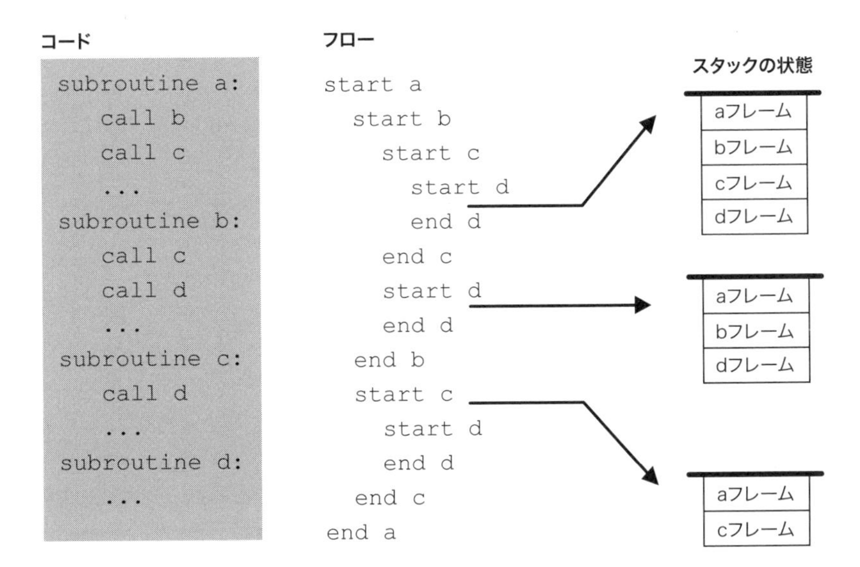

図 8-3　サブルーチン呼び出しとスタックの状態。スタックの状態について、プログラムのライフサイクルで、代表的な時間における状態を 3 つ示している。スタックにおけるすべてのフレームは現フレームの実行が完了するまで待ち続ける。現フレームの実行が完了した時点で、スタックは短くなり、現フレームの下にあるフレームが実行される（フレームがなくなるまで続く）

ス解決）し、そのアドレスへ移動するだけである。

return コマンドでサブルーチンの処理から戻る命令は少しトリッキーである。というのは、return コマンドの後に戻り先のアドレスは指定されていないからである。実際、呼び出し側の無名性はサブルーチン呼び出しで受け継がれている。たとえば、power(x,y) や sqrt(x) などのサブルーチンはどのような場所からでも呼び出すことができる。そのため、コード中にその戻るべきアドレスを指定することはできない。return コマンドに遭遇したときの正しい動作は、その現サブルーチンを呼び出した call コマンドの次のコマンドの場所へ移動することである。このコマンドのメモリ位置（call コマンドの次のアドレス）は「リターンアドレス」と呼ばれる。

図 8-3 を見れば、スタックを用いた「return ロジック」の実装方法を思いつくかもしれない。「call xxx」という命令に出くわすたびに、我々はどこにリターンすべきかを知っている。それはその call コマンドの次のコマンドのアドレスである。そのため、このリターンアドレスをスタックにプッシュし、そのサブルーチンのコードを実行する。そして、その後で return コマンドに出くわしたときに、スタックからリターンアドレスをポップし、その場所へ goto コマンドを実行する。言いかえるなら

ば、リターンアドレスは呼び出された側のフレームにも置くことができるということである。

8.2 VM仕様（第2部）

本節では7章で示した基本となるVM仕様を拡張し、「プログラムフロー」と「関数呼び出し」のふたつのコマンドを追加する。これにて、完全なVM仕様となる。

8.2.1 プログラムフローコマンド

このVM言語は3つのフローコマンドを備える。

`label` **`xxx`**

関数のコードにおいて現在の位置をラベル付けする。プログラムの他の場所から移動する場合、その目的となり得る場所はラベル付けされた場所に限られる。ラベルのスコープは、それが定義された関数内である。ここでxxxというラベル名には任意の文字列——アルファベット、数字、アンダースコア（_）、ドット（.）、コロン（:）——を用いることができる。ただし、数字から始まる文字列は除く。

`goto` **`xxx`**

無条件の移動命令を行う。xxxでラベル付けされた場所からプログラムの実行を開始する。移動先は同じ関数内に限られる。

`if-goto` **`xxx`**

条件付きの移動を行う。スタックの最上位の値をポップし、その値が0でなければ、xxxでラベル付けされた場所からプログラムの実行を開始する。その値が0であれば、プログラムの次のコマンドが実行される。移動先は同じ関数内に限られる。

8.2.2 関数呼び出しコマンド

高水準言語が異なれば、プログラムのユニットの呼び名は「関数」「プロシージャ」「メソッド」「サブルーチン」と異なる。我々のコンパイルモデル全体（10〜11章で詳しく述べる）においては、そのような高水準言語におけるプログラムユニットは、低水準のプログラムでは「VM関数」または単に「関数」と呼ばれるプログラムユニットに変換される。

関数はシンボルによる名前を持ち、どこからでもその関数を呼ぶことができる。関数名は任意の文字列――アルファベット、数字、アンダースコア（_）、ドット（.）、コロン（:）――を用いることができる。ただし、数字から始まる文字列は除く。高水準言語においてFooクラスのbarというメソッドは、コンパイラによってFoo.barという名前のVM関数に変換されることを想定している。関数名のスコープはグローバルである。VMのレベルでは、すべてのファイルのすべての関数は互いに見ることができ、関数名を用いて互いに呼び出すことができる。

VM言語は次の3つの関数に関するコマンドを持つ。

function *f* *n*
: *n*個のローカル変数を持つ*f*という名前の関数を定義する。

call *f* *m*
: *f*という関数を呼ぶ。ここで、*m*個の引数は、呼び出し側によってスタックにプッシュ済みであるとする。

return
: 呼び出し元へリターンする。

8.2.3 関数呼び出しプロトコル

関数を呼び出すことと、その関数から戻る（リターンする）ことは、ふたつの別の視点から見ることができる。それは関数を「呼び出す側」と「呼び出される側」である。

関数を呼び出す側の視点

- 関数を呼び出す前に、必要な個数分の引数をスタックにプッシュしなければならない。
- 次にcallコマンドを用いて関数を呼び出す。
- 呼び出した関数がリターンされた後は、呼び出し側がプッシュした引数はスタックから取り除かれ、戻り値（それは常に存在する）がスタックの最上位に格納された状態である。
- 呼び出した関数がリターンされた後は、呼び出し側のメモリセグメントであるargument、local、static、this、that、pointerは、関数を呼ぶ前と同じである。tempセグメントについては未定義である。

関数を呼び出される側の視点

- 呼び出された関数の実行が開始すると、そのargumentセグメントが、呼び出し側から渡された実際の引数の値に初期化される。また、local変数のセグメントが割り当てられ、0に初期化される。呼び出された側からも見えるstaticセグメントは、そのVMファイルのstaticセグメントに属する。呼び出された側から見えるワーキングスタックは空である。this、that、pointer、tempセグメントは最初は未定義である。
- リターンされる前に、呼び出された関数はスタック上に値をプッシュしなければならない。

前章のおさらいになるが、VM関数が実行されると（前回の実行が再開されると）、メモリセグメントやスタックは、それ専用のプライベートな環境が用意されることを我々は見てきた。VM実装におけるすべてのVM関数は、この仮想的な環境を用意する責任がある。これについては8.3節で見ていくことにする。

8.2.4 初期化

VMプログラムはVM関数の集合であり、普通は高水準言語のプログラムからコンパイルされた結果である。VM実装の実行が開始されると（もしくはリセットされると）、Sys.initと呼ばれる引数のないVM関数を実行するのが慣例となっている。通常この関数（Sys.init）はユーザープログラムのmain関数を呼ぶ。そのため、VMコードを生成するコンパイラは、そのようなSys.init関数を、変換後のプログラムがひとつだけ持つことを保証しなければならない。

8.3 実装

本節では、7章からスタートしたVM実装の構築を完了させ、完全版のバーチャルマシン実装へ至る。8.3.1節では、Hackプラットフォームの標準マッピングに即したスタック構造について記述する。8.3.2節では実例を挙げ、8.3.3節では設計案と実際にVM実装を構築するための推奨するAPIを示す。

実装のいくつかの点においてはやや技術に寄りすぎており、それにこだわりすぎるとVM操作の全体を見失うだろう。全体像については8.3.2節で取り上げ、実際にVM実装を動かす例を示す。そのため、8.3.1節と並行して8.3.2節を読むとよい。

8.3.1 Hackプラットフォームの標準VMマッピング（第2部）

グローバルスタック

VMで使用するメモリは、グローバルスタックに保持される形で実装される。関数が呼ばれるごとに、新しいブロックがグローバルスタックに追加される。ブロックは「引数（argument）」「ポインタ（pointer）」「ローカル変数（local variable）」「ワーキングスタック（working stack）」から構成される。引数は、関数を呼び出された側のために、呼び出す側によって設定される。ポインタは、関数を呼び出す側の状態を格納するためにVM実装によって使用される。ローカル変数は呼び出された側のためのローカル変数であり（0に初期化される）、ワーキングスタックも呼び出された側のために使用される。**図8-4**に一般的なスタック構造を示す。

ここで、**図8-4**の網掛け部分と`ARG`、`LCL`、`SP`ポインタは、VM関数からは見えないことに注意してほしい。それらはVM実装によって、関数の「call-returnプロトコル」を実現するために作られ、使用される。

それでは、Hackプラットフォーム上でこのモデルを実装するにはどうしたらよいだろうか？ まずは、VM実装とは“変換”を行うプログラムであることを思い出してほしい。この変換プログラムはある高水準言語で書かれたプログラムであり、入力としてVMコードを受け取り、出力としてアセンブリコードをはき出す。VMとHackの標準マッピングに従えば、スタックはRAM[256]からスタートすることになっている。そのため、アセンブリコードの生成に関して、VM実装は「`SP=256`」を設定するところから始めるべきである。これをさらに推し進めると、入力されたVMコードで`pop`や`push`、`add`などのコマンドにVM実装が出くわした場合、ホストのRAM上にある適切なワードとSPを操作し、その命令を行うアセンブリコードを生成することができる。これはすでに7章で行ったことである。同様にして、`call`や`function`、`return`などの関数呼び出しコマンドにVM実装が出くわした場合、**図8-5**で示すスタック構造を、ホストのRAM上で保持するアセンブリコードを生成することができる。続いて、この変換処理について説明を行う。

関数呼び出しプロトコルの実装

この関数呼び出しプロトコルと、それから導かれるグローバルスタックの構造は、**図8-5**に示した擬似コードを、Hackアセンブリ言語で実装することによって実現で

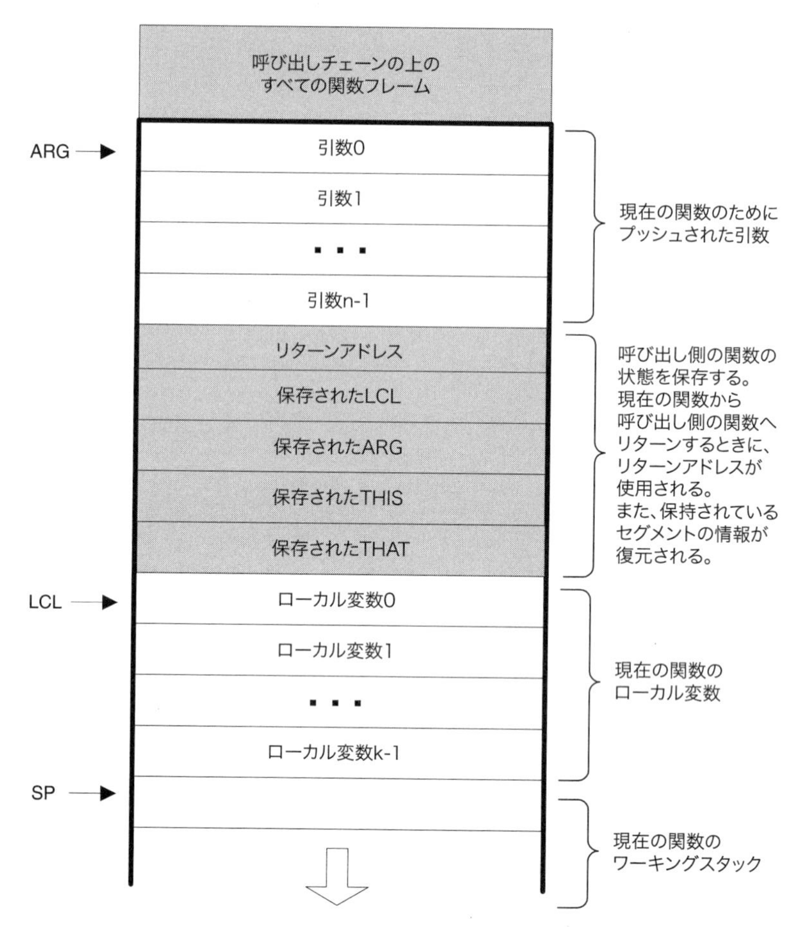

図 8-4　グローバルスタックの構造

きる。特に、右列に示した各擬似コードは、アセンブリ言語による命令の操作によって実現される。この命令の中にはラベル宣言も含まれるので注意してほしい。

アセンブリ言語のシンボル

先ほど見てきたように、「プログラムフロー」と「関数呼び出し」コマンドを実装するためには、アセンブリのレベルにおいて、特別なシンボルを作る必要がある。これらのシンボルを**図 8-6** にまとめて示す。表の最初の3行については、7章で説明し実

<table>
<tr><th>VMコマンド</th><th>VM実装によって生成される(擬似)コード</th></tr>
<tr><td>call f n

(n個の引数がスタックにプッシュされた後に関数fが呼ばれる)</td><td><pre>
  push return-address // (以下のラベル宣言を用いる)
  push LCL   // 関数の呼び出し側のLCLを格納する
  push ARG   // 関数の呼び出し側のARGを格納する
  push THIS   // 関数の呼び出し側のTHISを格納する
  push THAT   // 関数の呼び出し側のTHATを格納する
  ARG = SP-n-5   // ARGを別の場所に移す(n=引数の数)
  LCL = SP   // LCLを別の場所に移す
  goto f   // 制御を移す
(return-address)   // リターンアドレスのためのラベルを宣言する
</pre></td></tr>
<tr><td>function f k

(k個のローカル変数を持つ関数fを宣言する)</td><td><pre>
(f)   // 関数の開始位置のためのラベルを宣言する
  repeat k times: // k=ローカル変数の個数
  push 0   // すべてを0で初期化する
</pre></td></tr>
<tr><td>return

(関数からのリターン)</td><td><pre>
  FRAME = LCL   // FRAMEは一時変数
  RET = *(FRAME-5)   // 一時変数に保存されている
                      // リターンアドレスを取得する
  *ARG = pop()   // 関数の呼び出し側のために、
                      // 関数の戻り値を別の場所へ移す
  SP = ARG+1   // 呼び出し側のSPを戻す
  THAT = *(FRAME-1)   // 呼び出し側のTHATを戻す
  THIS = *(FRAME-2)   // 呼び出し側のTHISを戻す
  ARG = *(FRAME-3)   // 呼び出し側のARGを戻す
  LCL = *(FRAME-4)   // 呼び出し側のLCLを戻す
  goto RET   // リターンアドレスへ移動する
                      // (呼び出し側のコードへ戻る)
</pre></td></tr>
</table>

図 8-5 関数呼び出しコマンドの VM 実装。我々の VM 言語では、関数呼び出しコマンドは 3 つ存在する。(return-address) や (f) などのカッコ付きの表記は、ラベル宣言を意味する。これは Hack アセンブリのシンタックスに従っている

装したシンボルである。

ブートストラップコード

VM プログラム（ひとつ以上の`.vm`ファイルの集まり）が VM 変換器へ入力されると、Hack アセンブリ言語で書かれた`.asm`ファイルがひとつだけ生成される。このファイルは決められた規則に従わなければならない。具体的には、次の規則である。

- VM スタックは RAM[256] から先へ対応づけする。
- 最初に実行を開始する VM 関数は`Sys.init`である。

この初期化における処理を、VM 変換器はどのように`.asm`ファイルに取り込むこ

シンボル	使用法
SP、LCL、ARG、THIS、THAT	SPはスタックの最上位の場所を指す。残りのシンボルについては、仮想セグメントであるlocal、argument、this、thatのベースアドレスを指す
R13-R15	この定義済みシンボルはどのような目的でも使うことができる
Xxx.j	Xxx.vmというVMファイルに存在するスタティック変数jは、アセンブリのシンボルにおいてXxx.jに変換される。その後に続くアセンブリ処理では、そのシンボル変数は、Hackアセンブラによって RAM領域に割り当てられる
functionName$label	fというVM関数にbというラベルコマンドがあれば、VM実装は、グローバル（プログラム全体）でユニークな"f$b"というシンボルを生成する。ここで、fは関数名であり、bはVM関数コード内のラベル記号である。「goto b」や「if-goto b」などのVMコマンドが対象の言語に変換されると、ラベルの指定には「b」の代わりに「f$b」を使わなければならない
(functionName)	fというVM関数を定義すると、「f」というシンボルが生成され、そのシンボルはその関数の開始位置を指す
return-address	VM関数呼び出しは、変換コードにユニークなシンボルを挿入し、このユニークなシンボルはリターンアドレスとして、つまり、関数呼び出しの次のコマンドがあるメモリ位置として機能する

図 8-6 VM-Hack の標準マッピングによって指定されるアセンブリのシンボルすべて

とができるだろうか？ まず思い出すことは、5章でHackコンピュータのハードウェアを構築したとき、リセットを行うとROM[0]に位置するワードを取り出し実行するように配線したことである。そのため、ROMのアドレスが0から始まるコードセグメントは、**ブートストラップコード**（bootstrap code）と呼ばれ、コンピュータが"ブートアップ"したときに、最初に実行されるコードである。先に述べた問題を解決するには、次のコードをブートストラップコードとして実行すればよいことになる。

```
SP=256          // スタックポインタを 0x0100 に初期化する
call Sys.init   // （変換されたコードの）Sys.init を実行する
```

そして、Sys.initはメインプログラムのメイン関数を呼び出し、それから無限ループへと入る。この一連の処理によって、変換されたVMプログラムは実行を開始する。

「プログラム」「メインプログラム」「メイン関数」という用語は、コンパイルに関する用語であり、高水準言語から他言語へ変換するときに用いる。たとえば、Jack言語では、`Main`という名前のクラスに含まれる`main`というメソッドが自動で実行される。同様に、たとえば`Foo`というJavaクラスをJVMに与えて実行させた場合、`Foo.main`というメソッドを探し、そのメソッドから実行を開始する。異なる言語におけるコンパイラは、`Sys.init`を適切に指定することで、そのような“オートマチックな”スタートアップ関数を実現している。

8.3.2 例

正の整数nの階乗は、$n! = 1 \cdot 2 \cdot \ldots \cdot (n-1) \cdot n$によって計算される。このアルゴリズムは**図8-7**のように実装される。

ここでは、**図8-7**にある**`fact`**関数で太字で強調させてある「**`call mult`**」コマンドに注目することにする。**図8-8**では、この呼び出しに関する3つのスタック状態を示し、関数呼び出しプロトコルが動いている過程を図示して示す。

それでは、**図8-8**の真ん中のスタックがないものとして考えてみよう。その場合、`fact`関数が行っていることは、引数を設定し、`mult`を呼び出すことである（図の中で左のスタック状態）。そして、`mult`からリターンされたとき（図の中で右のスタック状態）、関数の呼び出された側で引数の値が戻り値に置き換えられている。言いかえると、関数呼び出しから“ほとぼりが冷める”と、関数の呼び出し側は結果を受け取り、何も起こっていないかのように処理を再開する。`mult`の処理（真ん中のスタック）によってスタックに残される形跡は、戻り値以外には何もない。

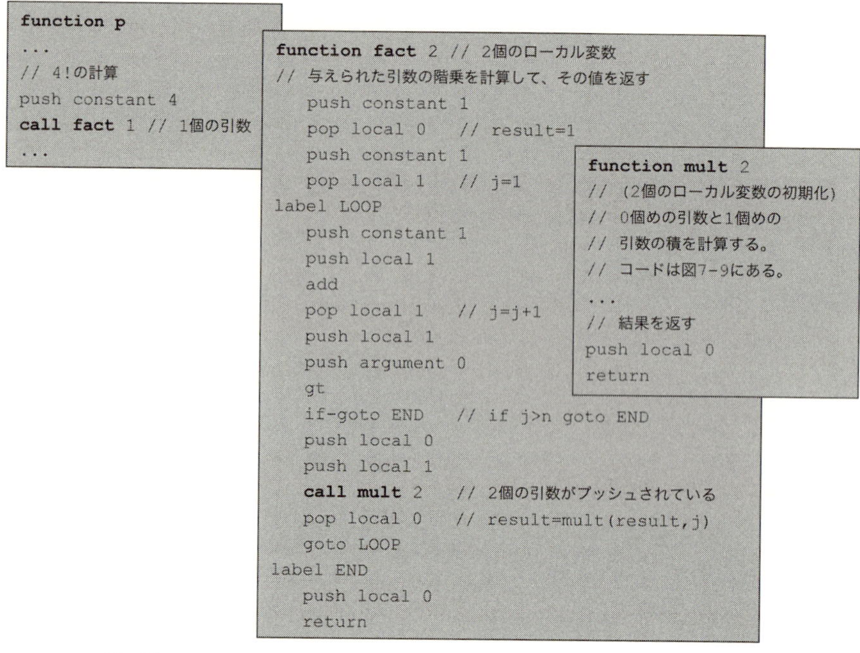

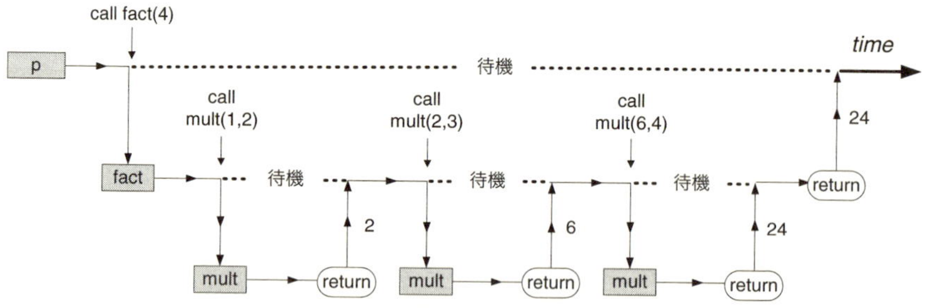

図 8-7 関数呼び出しのプロセス。任意の関数 p は fact 関数を呼び、さらにそれは mult 関数を何回か呼び出す。垂直方向の矢印は関数間の遷移を表す。ある一点の時間においては、何らかの関数がひとつだけ実行されており、その上の呼び出しチェーンからなるすべての関数は、その関数からリターンされるのを待機している。関数がリターンされると、その関数を呼び出した関数の実行が再開される

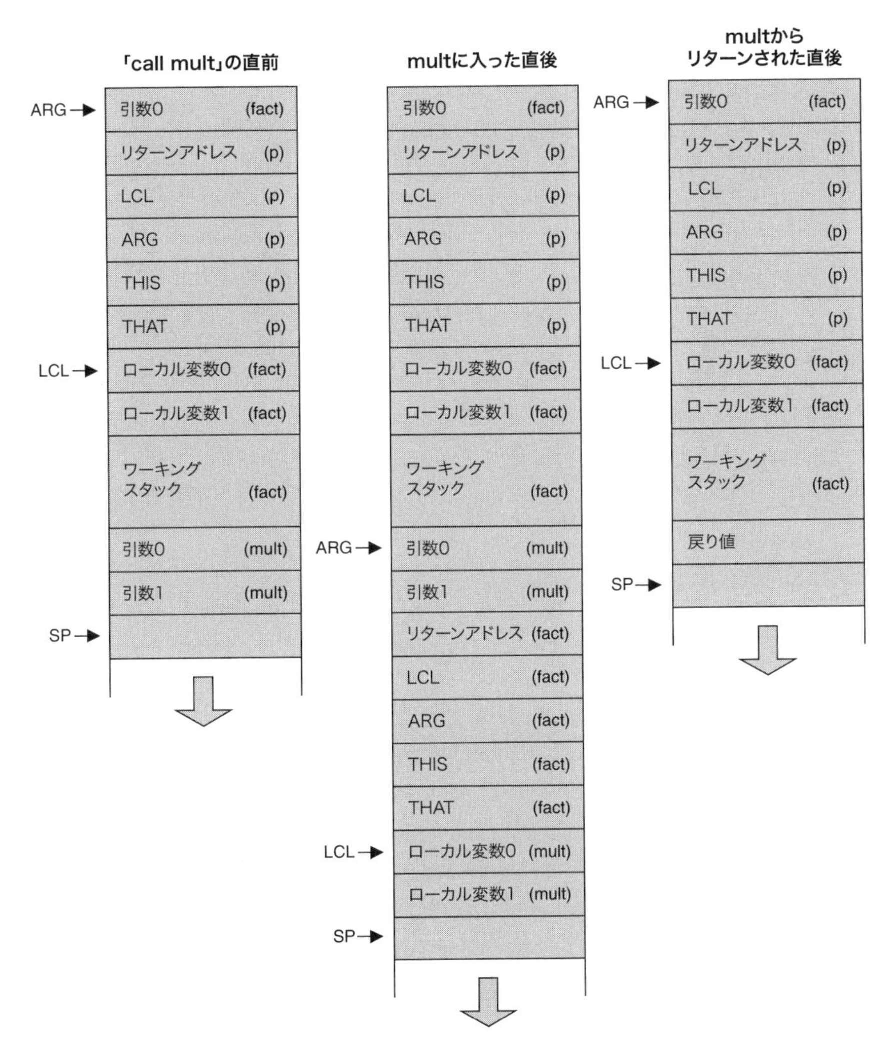

図 8-8 前掲の図に対応したグローバルスタックの動き。ここでは「call mult」コマンドに注目している。ポインタの SP、ARG、LCL は、ホストの RAM 上のスタックに対応づけを行うため、VM 実装によって使用される

8.3.3 VM実装の設計案

7章で作成した基本となるVM変換器はふたつのモジュールをベースとした。そのふたつのモジュールはParserとCodeWriterというモジュールであった。この変換器を完全版のVM実装へと拡張するために、このふたつのモジュールに以下に示す機能を追加する。

Parserモジュール

もし7章で実装したParserモジュールが本章で指定した6つのVMコマンドをパースする準備ができていなければ、それを追加すること。6つのコマンドとはC_LABEL、C_GOTO、C_IF、C_FUNCTION、C_RETURN、C_CALLである。7章で実装したcommandTypeというメソッドは、この6つのコマンドも対応しなければならない。

CodeWriterモジュール

7章で実装したCodeWriterを拡張する。具体的には、VMコマンドをアセンブリコードへ変換する。**表8-1**に挙げるルーチンは7章で与えたAPIに追加して実装する必要がある。

8.4 展望

サブルーチン呼び出しとプログラムのフロー制御は、高水準言語において必須の機能である。これが意味することは、高水準言語がバイナリコードへと変換される過程のどこかで、誰かがその複雑なハウスキーピング処理を行わなければならない、ということである。JavaやC#、Jackなどの言語において、この仕事はVMのレベルで行われる。そして、本章で示したとおり、スタックベースのVMは、この仕事を行うのに適している。一般的に言って、サブルーチン呼び出しと再帰処理をプリミティブな機能として実装したバーチャルマシンは、重要で有益な抽象化を行っていることになる。

もちろん、これは実装に関する選択肢のひとつにすぎない。あるコンパイラは、VMをまったく用いないでサブルーチン呼び出しを直接扱う。また、他のコンパイラはVMの形式は使用するが、サブルーチンを扱うために用いない。さらに、あるアーキテクチャにおいては、ほとんどのサブルーチン呼び出しに関する機能はハードウェアで直接扱われる。

表 8-1 CodeWriter モジュールの API

ルーチン	引数	戻り値	機能
writeInit	—	—	VM の初期化（これは「ブートストラップ」と呼ばれる）を行うアセンブリコードを書く。このコードは出力ファイルの先頭に配置しなければならない
writeLabel	label（文字列）	—	label コマンドを行うアセンブリコードを書く
writeGoto	label（文字列）	—	goto コマンドを行うアセンブリコードを書く
writeIf	label（文字列）	—	if-goto コマンドを行うアセンブリコードを書く
writeCall	functionName（文字列）、numArgs（整数）	—	call コマンドを行うアセンブリコードを書く
writeReturn	—	—	return コマンドを行うアセンブリコードを書く
writeFunction	functionName（文字列）、numLocals（整数）	—	function コマンドを行うアセンブリコードを書く

10～11 章では、我々は「Jack から VM へ」変換するコンパイラを開発する。そのコンパイラのバックエンドはすでに実装済み——7～8 章で構築した VM 実装——であるから、コンパイラの開発は比較的簡単な作業になる。

8.5 プロジェクト

目標

7 章で構築した基本となる VM 変換器を拡張し、完全版の VM 変換器を構築する。具体的には、VM 言語で「プログラムフロー」と「関数呼び出し」のコマンドに対応した機能を追加する。

材料

材料は 7 章と同じ。ここではふたつのツールが必要になる。ひとつは、VM 変換器を実装するためのプログラミング言語である（自分の好きなプログラミング言語を用いてよい）。もうひとつは、本書が提供する CPU エミュレータである。各自が自分で実装したVM変換器はアセンブリプログラムを生成し、CPUエミュレータを使用すれば、そのアセンブリプログラムを実行することができる——これにより間接的にテストを行うことができる。また、別のツールとして、本書が提供するVMエミュレータも利用することができるであろう。このVMエミュレータは正しく動作するため、VM変換器を実装する前に、いろいろ実験することができる。このツールについての詳細は、「VMエミュレータ・チュートリアル」を参照してほしい[†1]。

規約

完全版の「VMからHackへ」の変換器を書くこと。この変換器は、7章で開発した変換器を拡張し、8.2節の「VM仕様（第2部）」と8.3.1節の「Hackプラットフォームの標準VMマッピング（第2部）」を満たさなければならない。実装が完了したら、その変換器を使って以下で挙げるVMプログラムを変換し、Hackのアセンブリ言語で書かれたプログラムを生成せよ。本書のCPUエミュレータで実行するときは、テストスクリプトと比較ファイルを用いてテストを行うこと。

8.5.1 テストプログラム

変換器の実装は2段階に分けて行うことを推奨する。初めに「プログラムフロー」を行うコマンドを実装し、続いて「関数呼び出し」を実装する。こうすることで、本章で提供するテストプログラムを用いて、段階的にユニットテストを用いて作業を進めることができる。

本プログラムでは、Xxxというプログラムに対して、XxxVME.tstという名前のスクリプトが与えられている。これはVMエミュレータ上でそのプログラム（Xxx）を実行するために用意されており、プログラムの意図する動きを把握するために利用することができる。各自が実装したVM変換器を用いてプログラムを変換した後は、本書が提供するXxx.tstとXxx.cmpスクリプトを用いて、CPUエミュレータ上で、その変換後のアセンブリコードをテストすることができる。

†1 訳注：「VMエミュレータ・チュートリアル」は次より取得できる。http://www.nand2tetris.org/tutorials/PDF/VM%20Emulator%20Tutorial.pdf

プログラムフローコマンドのためのテストプログラム

`BasicLoop`

$1+2+...+n$ を計算し、その結果をスタックにプッシュする。これはVM言語の`goto`と`if-goto`コマンドの実装をテストするプログラムである。

`Fibonacci`

フィボナッチ数の最初の n 個の要素を計算し、メモリに格納する。ここで行う配列の一般的な操作を行うプログラムは、VMの分岐コマンドに対してのより難しいテストとなる。

関数呼び出しコマンドのためのテストプログラム

`SimpleFunction`

簡単な計算をして、その結果を返す。これは`function`と`return`コマンドの実装をテストするためのプログラムである。

`FibonacciElement`

このプログラムは、VMの関数呼び出しコマンド、ブートストラップ、他のほとんどのVMコマンドの実装をテストする。

プログラムのディレクトリには次のふたつの`.vm`ファイルが存在する。

- `Main.vm`には`fibonacci`と呼ばれる関数がひとつ含まれる。この再帰による関数は n 個のフィボナッチ数を返す。
- `Sys.vm`には`init`と呼ばれる関数がひとつ含まれる。この関数は`Main.fibonacci`関数を $n=4$ で呼び、無限ループに入る。

プログラム全体はふたつの`.vm`ファイルで構成されるため、ひとつの`FibonacciElement.asm`ファイルを生成するためには、ディレクトリ全体を対象としてコンパイルしなければならない（`.vm`ファイルを別個にコンパイルした場合、ふたつの`.asm`ファイルが生成される。それは、ここでは望まれない）。

`StaticsTest`

スタティック変数を扱うVM実装をテストする。3つの`.vm`ファイルから構成され、そのうちのふたつは`Class1.vm`と`Class2.vm`であり、もうひとつは`Sys.vm`である。`StaticsTest.asm`ファイルを生成するためには、ディレクトリ全体を対象としてコンパイルしなければならない。

VM仕様に従えば、ブートストラップコードはVM実装によって生成され、それは`Sys.init`ファンクションの呼び出しを含まなければならないことを思い出そう。

8.5.2　助言

初期化

変換後のVMプログラムはどのようなプログラムであれ、それが実行を開始するためには、“前置き”としてにスタートアップのためのコードを含まなければならない。このスタートアップコードによって、ホストとなるプラットフォーム上でそのVM実装による処理を開始させることができる。さらにVMコードを正常に動作させるためには、選択された場所にある仮想セグメントのベースアドレスを、VM実装はホスト上のRAMに格納しなければならない。本プロジェクトの最初の3つのテストプログラムでは、スタートアップコードはまだ実装が行われていないと想定している。そのため、“手作業”による初期化処理がその3つのテストプログラムには含まれていると仮定している。最後のふたつのテストプログラムは、スタートアップコードはVM実装に含まれている。

テスト/デバッグ

5つのテストプログラムは、それぞれ次の順序に従って進めるとよい。

1. `XxxVME.tst`テストスクリプトを用いて、本書のVMエミュレータ上で`Xxx.vm`プログラムを実行し、期待されるプログラムの挙動について把握する。
2. あなたが実装した変換器を用いて`.vm`ファイルを変換する。結果として、`.asm`ファイルがひとつ生成される。`.asm`ファイルはHackアセンブリ言語で書かれたテキストファイルである。
3. 変換された`.asm`プログラムを検証する。もしシンタックスエラーがあれば、デバッグを行い、問題を修正する。
4. 与えられた`.tst`と`.cmp`ファイルを用いて、あなたの変換器が生成した`.asm`プログラムをCPUエミュレータ上で実行する。ランタイムエラーがあれば、デバッグを行い、問題を修正する。

本書が提供するテストプログラムは、VM 実装の各ステージにおける特定の機能をテストするように設計されている。そのため、変換器をテストする順番は、本章で示した順番で行うようにしてほしい。後のステージの機能を先に実装すれば、テストプログラムはうまく動かない可能性がある。

ツール

7 章と同じ。

9章
高水準言語

高度な思想には高度な言語が必要である。
——アリストパネス（448－380 BC）

これまで本書で提示してきたハードウェアとソフトウェアはすべて低水準（低レイヤ）に関するものであった。低水準とは、つまり、人が直接読み書きすることを想定していない、ということである。本章では、Jackと呼ばれる高水準言語について説明を行う。Jackは、人であるプログラマーが高水準なプログラムを書くために設計されている。

Jackはシンプルなオブジェクトベースの言語である。基本的な性質を備えており、モダンな言語であるJavaやC#と同じような見た目であるが、より単純化された言語であり、「継承（inheritance）」はサポートしていない。Jackは単純化された言語にもかかわらず、一般用途に用いることができ、さまざまなアプリケーションを作成することができる。特に、『テトリス』『スネーク』『ポン』のようなインタラクティブなゲームを作る用途に適している。これらのゲームについては、Jackで書かれた完全なプログラムが本書のサポートページから取得できる。

Jackについて説明することが「最後の旅路」における出発点となる。10章と11章ではJackプログラムをVMコードへ変換するコンパイラを書き、12章ではJack/HackプラットフォームにおけるシンプルなオペレーティングシステムをJackを用いて開発する。これにて本書で構築するコンピュータは完結する。以上を念頭に置き、ここでは次のことを注意したい。それは、本章の目的は読者をJackプログラマーにすることではない、ということである。本章の目的は、Jackについて慣れ親しみ、この先に待ち受ける「コンパイラ」と「オペレーティングシステム」の開発に対して準備するためにある。

オブジェクト指向のプログラミング言語を使ったことがある読者ならば、Jackについてもすぐに使いこなすことができるだろう。そのため、「背景」の節では、Jackで書かれたプログラムの例を示すことから始める。「仕様」の節では、Jack言語の完全な仕様とその標準ライブラリについて説明する。「実装」の節では、Jackで書かれたアプリケーションのキャプチャ画像をいくつか提示し、Hackプラットフォーム上で似たようなプログラムを書く方法についてガイドラインを与える。最後の「プロジェクト」の節では、Jackプログラムのコンパイルとデバッグについて、さらに説明を与える。

本章で提示するプログラムはすべて、本書が提供するJackコンパイラでコンパイルすることができる。結果として生成されるVMコードは、本書のVMエミュレータ上で実行することができる。あるいは、コンパイルされたVMコードをさらにバイナリコード（機械語）へ変換することもできる。その場合は、7〜8章と6章でそれぞれ構築した「VM変換器」と「アセンブラ」を用いる必要がある。機械語は、1〜5章で構築したハードウェア上で実行することができる。

繰り返しになるが、Jackはあまりおもしろみのない単純な言語である。しかし、その単純さには目的がある。ひとつ目の目的は、Jackの習得にそこまで時間を要さないようにするためである——1時間程度で習得できる。ふたつ目の目的は、コンパイル作業をシンプルにするためである。その点を考慮してJackは設計されており、そのおかげで比較的簡単にJackコンパイラを実装することができる（10章と11章で実装を行う）。言いかえるならば、JavaやC#などのモダンな言語の基礎をなすソフトウェアエンジニアリングの原理について、それを理解する手助けとなるように、Jackは意図的に単純な設計になっている、と言える。コンパイラとJackランタイム環境（Jack Runtime Environment）の存在は仮定せず、次章以降、我々自身の手で作成する。それでは、Jackについて説明を行う。

9.1 背景

Jackはほとんど説明の必要がない言語であろう。そのため、言語仕様については次節で後述することにし、本節では具体例を示す。ここでは、お決まりの「Hello World」の例から始める。ふたつ目の例では、手続き型プログラミングと配列処理について示す。3つ目の例では、抽象データ型を用いた例を示す。4つ目の例では、Jack言語のオブジェクト操作を用いて、リンクリスト（linked list）の実装を示す。

9.1.1 例1：Hello World

Jackランタイム環境にプログラムを実行させると、`Main.main`ファンクションから処理が開始される。そのため、Jackのプログラムには`Main`という名前のクラスが含まれ、そのクラスには`main`という名前のファンクションが含まれなければならない。この規則の実例を**例 9-1** に示す。

例 9-1 Hello World

```
/** Hello Worldプログラム。 */
class Main {
  function void main() {
  /* 標準ライブラリを用いてテキストを出力する。 */
    do Output.printString("Hello World");
    do Output.println();     // 改行
    return;
  }
}
```

Jackには標準ライブラリ（standard library）が備えられている（標準ライブラリのAPIについては9.2.7節を参照)。このライブラリによってJack言語は拡張され、配列、文字列、数学ファンクション、メモリ管理、入出力ファンクションなどの抽象化されたサービスを扱うことができるようになる。**例 9-1** のプログラムでは、標準ライブラリのファンクションがふたつ使われており、「Hello world」を出力する。このプログラム例では、Jackでサポートする3種類のコメントアウトの書き方についても示してある。

9.1.2 例2：手続きプログラムと配列処理

Jackは、手続き型プログラミング（procedural programming）に従ってプログラムを書くことができる。また、配列を宣言し操作する基本的なコマンドも備える。そのふたつの特徴を示すため、**例 9-2** では入力された数列の平均を求めるプログラムを示す。

例 9-2　手続き型プログラミングと配列処理

```
/**  整数列の平均を求める。 */
class Main {
  function void main() {
    var Array a;
    var int length;
    var int i, sum;
    let length = Keyboard.readInt("How many numbers? ");
    let a = Array.new(length); // 配列を生成
    let i = 0;
    while (i < length) {
      let a[i] = Keyboard.readInt("Enter the next number: ");
      let sum = sum + a[i];
      let i = i + 1;
    }
    do Output.printString("The average is: ");
    do Output.printInt(sum / length);
    do Output.println();
    return;
  }
}
```

Jack のプログラムでは、配列を宣言し生成するためにビルトインの `Array` クラスを用いる。`Array` クラスは Jack 標準ライブラリに含まれている。この `Array` クラスは型を指定する必要がなく、`int` やオブジェクトなど、どのような型でも格納することができる。

9.1.3　例 3：抽象データ型

どのようなプログラミング言語であれ、プリミティブなデータ型を持つ。Jack においては次の 3 つをサポートする——`int`、`char`、`boolean`。プログラマーは、必要に応じて、この基本となるデータ型を拡張し、抽象データ型を表す新しいクラスを作ることができる。たとえば、有理数（rational number）を扱えるようにしたい——つまり、n と m を整数として n/m という形のオブジェクトとして扱いたい——と考えたとする。その場合、抽象化した分数（fraction）クラスを Jack プログラムで書くことができる。このクラスを `Fraction` と呼ぶことにする。

クラスインターフェイスの定義

分数を抽象化し、Fractionクラスが提供するプロパティとサービスを指定することから始めるのが妥当である。そのようなAPI（Application Program Interface）を、**例9-3**に示す。

例9-3 FractionクラスのAPI

```
// Fractionはn/mを表すオブジェクトである。ここで、nとmは整数である。
field int numerator, denominator              // Fractionオブジェクトの
                                              // プロパティ
constructor Fraction new(int a, int b)        // 新しいFraction
                                              // オブジェクトを返す
method int getNumerator()                     // この分数の分子を返す
method int getDenominator()                   // この分数の分母を返す
method Fraction plus(Fraction other)          // この分数と別の分数との和を
                                              // Fractionオブジェクトと
                                              // して返す。
method void print()                           // "分子/分母"のフォーマット
                                              // で出力する
// 他のサービスについては、必要に応じて、これ以降に追加する。
```

Jackでは、現在のオブジェクト（thisで参照される）への操作はメソッド（method）で表される。一方、クラスレベルの操作はファンクション（function）で表される（Javaにおいてはスタティックメソッドに相当する）。新しいオブジェクトを作る操作はコンストラクタと呼ばれる。

クラスの使用

立場が異なれば、APIは別の意味合いを持つ。もしあなたがFractionクラスを実装する立場にあるとすれば、そのAPIを（何らかの方法で）実装しなければならない契約事項としてみなすことができる。また、そのFractionクラスを使う側のプログラマーであるとすれば、そのAPIをFractionクラスが提供するサービスのドキュメントとしてみなすことができる。後者の視点に立ちFractionクラスを使う場合、Jackコードは**例9-4**のような使い方が考えられる。

例 9-4 Fraction クラスの使用

```
// 2/3と1/5の和を計算する。
class Main {
  function void main() {
    var Fraction a, b, c;
    let a = Fraction.new(2,3);
    let b = Fraction.new(1,5);
    letc=a.plus(b); // c=a+bを計算
    do c.print();    // "13/15"が出力されるはずである
    return;
  }
}
```

例 9-4 はソフトウェアエンジニアリングの原理において重要な点を示している。それは、抽象化されたクラスを使用する人は、その内部の実装について知る必要がない、ということである。それよりも、その抽象要素のインターフェイス、もしくはクラス API だけにアクセスし、その中身はブラックボックスとして使うことができる。

クラスの実装

ここでは別の視点に遷移する。それは、`Fraction` クラスを実際に実装するプログラマーの視点である。Jack における実装例を**例 9-5** に示す。

例 9-5 Fraction クラスの実装例

```
/** Fractionクラスの実装。 */
class Fraction {
  field int numerator, denominator;
  /** 与えられた分子と分母から新しい分数を生成する */
  constructor Fraction new(int a, int b) {
    let numerator = a;  let denominator = b;
    do reduce();  // a/bが約分できたら、約分する
    return this;
  }
  /** 分数を約分する */
  method void reduce() {
    var int g;
```

例 9-5 Fraction クラスの実装例（続き）

```
    let g = Fraction.gcd(numerator, denominator);
    if (g > 1) {
       let numerator = numerator / g;
       let denominator = denominator / g; }
    return;
  }
  /** aとbの最大公約数を求める */
  function int gcd(int a, int b) {
    var int r;
    while (~(b = 0)) {            // 「ユークリッドの互除法」を用いる
      let r = a - (b * (a / b));  // r=a/bの余り
      let a = b; let b = r; }
    return a;
  }
  /** アクセッサ */
  method int getNumerator() { return numerator; }
  method int getDenominator() { return denominator; }
  /** この分数と他の分数との和を返す */
  method Fraction plus(Fraction other) {
    var int sum;
    let sum = (numerator * other.getDenominator()) +
              (other.getNumerator() * denominator);
    return Fraction.new(sum, denominator *
           other.getDenominator());
  }
  // 分数に関連した他のメソッド: minus, times, divなど
  /** 分数の値を出力する */
  method void print() {
    do Output.printInt(numerator);
    do Output.printString("/");
    do Output.printInt(denominator);
    return;
  }
} // Fractionクラス
```

例 9-5 は一般的な Jack プログラムの構造であり、クラス、メソッド、コンストラクタ、ファンクションの例が示されている。また、`let`、`do`、`if`、`while`、`return` など、この言語に備わるすべての文も示してある。

9.1.4　例4：リンクリストの実装

リンクリスト（「連結リスト」、または単に「リスト」と呼ばれる）は、オブジェクトがチェーンでつながれた形をしており、各チェーンにはデータ要素が格納され、他のリストへの参照（ポインタ）を持つ。**例9-6**はJackにおけるリンクリストの実装例である。この例の意図は、Jack言語における一般的なオブジェクト操作を示すことにある。

例9-6　リンクリストを用いたオブジェクト操作

```
/** List クラスは抽象化されたリンクリストを提供する。 */
class List {
  field int data;
  field List next;
  /* 新しい List オブジェクトを生成する。 */
  constructor List new(int car, List cdr) {
    let data = car;
    let next = cdr;
    return this;
  }
  /* 最後尾に到達するまで再帰的に List が確保したメモリを破棄する。 */
  method void dispose() {
    if (~(next = null)) {
       do next.dispose();
    }
    // OS のルーチンを用いて、このオブジェクトが持つメモリをリサイクルする。
    do Memory.deAlloc(this);
    return;
  }
  // List に関連する他のメソッドはこれ以降に続く
} // List クラス


/* (2,3,5) という数字のリストを作る。
   (このコードはどのようなクラスにでも現れ得る) */
function void create235() {
  var List v;
  let v = List.new(5,null);
  let v = List.new(2,List.new(3,v));
```

例 9-6 リンクリストを用いたオブジェクト操作（続き）

```
  ... // このリストに何かしらの処理を行う
  do v.dispose();
  return;
}
```

9.2 Jack 言語仕様

ここでは完全な Jack 言語の仕様をフォーマルな形で示す。シンタックス要素、プログラム構造、変数、式、文という項目ごとにまとめて提示する。ここで示す言語仕様は技術リファレンスとして、必要に応じて使うことができる。

9.2.1 シンタックス要素

Jack プログラムは、一連のトークン（token）から構成される。トークンは任意の数のスペースまたはコメントで分離される（スペースとコメントは無視される）。**図 9-1** に示すように、トークンはシンボル、予約語、定値、識別子のどれかである。

<table>
<tr><td>スペースとコメント</td><td>空白文字、改行文字、コメントは無視される。

コメントは次のフォーマットがサポートされる。

//　行の終わりまでコメント
/*　"結び"までコメント */
/** APIドキュメント用のコメント */</td></tr>
<tr><td>シンボル</td><td>( )　算術演算をグループ化するため、そして、パラメータリストと引数リストを囲うために用いる
[ ]　配列のインデックス操作に用いる
{ }　プログラムユニット、文をグループ化するために用いる
,　変数のリストを分離する
;　文の終了文字
=　代入、比較演算子
.　クラスのメンバ要素へのアクセス
+ - * / & | ~ < >　演算子</td></tr>
<tr><td>予約語</td><td>class、constructor、method、function　プログラムの構成要素
int、boolean、char、void　プリミティブな型
var、static、field　変数宣言
let、do、if、else、while、return　文
true、false、null　定値
this　オブジェクト参照</td></tr>
<tr><td>定値</td><td>整数(integer)の定値は、10進数の表記、たとえば1984などである。-13のような負の整数は定値ではなく、マイナスの演算子が正の定値に適用されることによって表現される。

文字列(string)はダブルクオート(")で挟まれ、そのダブルクオートの中には改行とダブルクオート以外の文字であれば何でも含むことができる(それらの文字は、標準ライブラリからString.newLine()とString.doubleQuote()というファンクションによって提供される)。

booleanの値はtrueまたはfalseである。

定値であるnull は参照がないことを示す。</td></tr>
<tr><td>識別子</td><td>識別子は任意の長さの文字列で構成される。その構成要素はアルファベット(A-Z、a-z)、数字(0-9)とアンダースコア(_)である。ただし、最初の文字はアルファベットもしくはアンダースコアに限られる。

Jack言語は大文字と小文字を区別する。xとXは別の識別子として扱われる。</td></tr>
</table>

図 9-1　Jack のシンタックス要素

9.2.2　プログラム構造

Jackの基本となるプログラムのユニットは「クラス（class)」である。クラスごとに別のファイルに分けられる。また、クラスごとに個別にコンパイルすることも可能である。クラス宣言は次のフォーマットに従う。

```
class name {
  フィールドとスタティック変数の宣言    // この後にサブルーチンの宣言が必要
  サブルーチンの宣言                    // コンストラクタ、メソッド、ファンクションの宣言
}
```

クラスはその名前によって、グローバルから（どこからでも）アクセスすることができる。この例で示すようにclassというキーワードの後にクラスの名前を指定する。その後に、フィールドとスタティック変数の宣言が0回以上続き、そして、サブルーチンの宣言が0回以上続く。メソッドはオブジェクトに"属し"、オブジェクトとしての機能を提供する。一方、ファンクションはクラス全体に属し、特定のオブジェクトに関連しない（Javaのスタティックメソッドと同様である）。コンストラクタはクラスに属し、それが呼ばれるとこのクラスのオブジェクトが生成される。

サブルーチンの宣言は次のフォーマットに従う。

```
subroutine type name (parameter-list) {
  ローカル変数の宣言
  文
}
```

「*subroutine*」というキーワードに入る用語は、constructor、method、functionのいずれかである。各サブルーチンには名前（*name*）があり、その名前によってアクセスされる。「*type*」はサブルーチンによって返される値の型を指定する。もしサブルーチンが値を返さないのであれば、voidを指定する。そうでなければ、Jack言語がサポートするプリミティブな型、または標準ライブラリが提供するクラスの型、もしくはアプリケーションで用いられる他のクラスの型のいずれかを指定する。コンストラクタは任意の名前を取り得るが、クラスの型であるオブジェクトを返さなければならない。そのため、コンストラクタの返す型はクラス名と一致させなければならない。そのヘッダ宣言の後に、ローカル変数の宣言が0回以上続き、そして、文（ステートメント）が0回以上続く。

Javaと同様に、Jackプログラムもひとつ以上のクラスから構成される。そのファイルの中のひとつには、Mainという名前のクラスが存在しなければならない。そして、そのクラスにはmainという名前のファンクションを含む必要がある。あるディレクトリに存在するJackプログラムを実行するように命令すると、Jackランタイム環境は自動的にMain.mainファンクションの実行を開始する。

9.2.3 変数

Jackの変数は、それを使用する前に、明示的に宣言しなければならない。変数には、フィールド変数、スタティック変数、ローカル変数、パラメータ変数の4種類の変数がある。その種類に応じてスコープ（変数が有効な範囲）が異なる。また、変数は型が指定されていなければならない。

データ型

変数の型は、「プリミティブ型」（`int`、`char`、`boolean`）か「オブジェクト型」のどちらかが想定される。プリミティブ型はJack言語の仕様で先に示した。オブジェクト型はクラスの名前である。この型を実装するクラスはJackの標準ライブラリ（`String`や`Array`など）、もしくはプログラムのディレクトリに存在するユーザーの定義したクラスのどちらかである。

プリミティブ型

Jackには3つのデータ型がある。

`int`
: 16ビット、2の補数

`boolean`
: `false`と`true`

`char`
: ユニコード文字

プリミティブ型の変数は、それを宣言した時点でメモリが割り当てられる。たとえば、「`var int age; var boolean gender;`」という宣言を行えば、コンパイラは`age`と`gender`という変数を作り、それらにメモリ領域を割り当てる。

オブジェクト型

すべてのクラスはオブジェクト型を定義する。Javaと同じで、オブジェクト変数の宣言は参照変数（ポインタ）だけを生成する。オブジェクト自体を格納するためのメモリ割り当ては後ほど――プログラマーがオブジェクトのコンストラクタを実際に呼び出すことがあれば、そのときに――行われる。**例9-7**で例を示す。

例 9-7　オブジェクト型（例）

```
// このコードではCarクラスとEmployeeクラスがあると想定する。
// Carオブジェクトはmodelとlicenseplateフィールドを持つ。
// EmployeeオブジェクトはnameとCarフィールドを持つ。
var Employee e, f;  // nullを参照するe、fという変数を宣言する。
var Car c;          // nullを参照するcという変数を宣言する。
...
let c = Car.new("Jaguar","007")   // 新しいCarオブジェクトを生成する。
let e = Employee.new("Bond",c)    // 新しいEmployeeオブジェクトを
                                  // 生成する。
// この時点で、cとeは、そのふたつのオブジェクトに割り当てられたメモリセグメントの
// ベースアドレスを持つ。
let f = e;  // 参照（ポインタ）だけがコピーされる（オブジェクトは生成されない）。
```

Jack 標準ライブラリはビルトインのオブジェクト型（クラス）として、`Array`と`String`のふたつを提供する。

`Array`

配列の宣言には、ビルトインのクラスである`Array`を用いる。`Array`は1次元の配列であり、最初のインデックスは0から始まる（多次元配列は、配列の配列によって実現できる）。配列の要素に対しての型宣言はなく、同じ配列の要素に別の異なる型のデータが格納されている可能性はある。配列の宣言を行うと、それを参照する変数だけが作られる。実際の配列は、`Array.new(length)`というコンストラクタが呼ばれるときに作られる。配列の要素へのアクセスは`a[j]`のような記法を用いる。**例 9-2** では配列を操作する例を示した。

`String`

文字列の宣言には、ビルトインのクラスである`String`を用いる。Jack コンパイラは`"xxx"`というシンタックスを認識し、それを`String`オブジェクトとして扱う。`String`オブジェクトの中身は、（その API のドキュメントで示すとおり）`String`クラスのメソッドを用いてアクセスでき、また修正もできる。具体例を次に示す。

```
var String s;
var char c;
...
let s = "Hello World";
let c = s.charAt(6);        // "W"
```

型変換

Jackは弱い型付けの言語である。言語仕様では、代入操作の結果や、ある型から別の型への変換の結果は定義されていない（この仕様は意図的なものであり、これにより型問題を無視した最低限のJackコンパイラを想定すればよいことになる）。別のJackコンパイラはこれを許可するかもしれないし、禁止するかもしれない。

Jackコンパイラは、次に示すような変換を自動で行う。

- 文字と数字は必要に応じて、ユニコードの仕様に従い自動で変換される。

```
var char c; var String s;
let c = 33; // 'A'
// 下のコードでも、上と同じ結果になる
let s = "A"; let c = s.charAt(0);
```

- 参照変数へ整数を代入することができる。その場合、メモリアドレスとして解釈される。

```
var Array a;
let a = 5000;
let a[100] = 77; // メモリアドレス5100に77を設定する
```

- オブジェクト変数（その型はクラス名である）は`Array`変数に変換されるかもしれないし、その逆の変換が行われるかもしれない。その場合、オブジェクトの要素は配列の要素へと変換される（もしくは、その逆の変換が行われる）。

```
// Complexというクラスがあり、そのクラスにはreとimというふたつの
// フィールドがあるとする。
var Complex c; var Array a;
let a = Array.new(2);
let a[0] = 7; let a[1] = 8;
let c = a; // c==Complex(7,8)
```

変数の種類とスコープ

Jackには4種類の変数が存在する。スタティック変数はクラスレベルで定義され、そのクラスから生成されるすべてのオブジェクトで共有される。たとえば、BankAccountクラスは、totalBalanceというスタティック変数を持ち、この変数は銀行預金残高のすべての合計を示すものとしよう（それぞれの銀行口座に関するデータはBankAccountクラスから生成されたオブジェクトであるとする）。フィールド変数はクラスのそれぞれのオブジェクトに関する属性である。たとえば、銀行口座のowner（所有者）やbalance（貯金残高）が考えられる。ローカル変数はサブルーチンで使われ、サブルーチンが実行されている間に限り存在する。最後に、パラメータ変数はサブルーチンに引数を渡すときに使用される。たとえば、BankAccountクラスは、void transfer(BankAccount from, int sum)というメソッドを持つとしよう。ここで、fromとsumというふたつのパラメータを宣言している。ここで、joeAccountとjaneAccountというBankAccount型の変数がふたつあり、joeAccount.transfer(janeAccount,100)を実行すれば、JaneからJoeへ100（ドル）が移される。

図9-2はJack言語がサポートするすべての変数の種類についての説明を与える。変数のスコープとは、変数名が認識されるプログラムの範囲である。

変数の種類	定義/説明	宣言される場所	スコープ
スタティック変数	**static** *type name1, name2, ...;* スタティック変数は1つだけコピーされ、そのコピーが、そのクラスのすべてのオブジェクトで共有される(Javaのプライベートなスタティック変数のように)	クラス宣言	スタティック変数が宣言されたクラス
フィールド変数	**field** *type name1, name2, ...;* クラスのインスタンスは、それぞれにフィールド変数のプライベートなコピーをもつ(Javaのプライベートなオブジェクト変数のように)	クラス宣言	フィールド変数が宣言されたクラス。ただし、ファンクションは除く
ローカル変数	**var** *type name1, name2, ...;* ローカル変数は、サブルーチンが呼び出されるときにスタック上に割り当てられ、リターンされるときに破棄される(Javaのローカル変数のように)	サブルーチン宣言	ローカル変数が宣言されたサブルーチン
パラメータ変数	*type name1, name2, ...* サブルーチンの入力を指定する。 次に例を挙げる。 `function void drive (Car c, int miles)`	サブルーチンの宣言におけるパラメータリストとして現れる	パラメータ変数が宣言されたサブルーチン

図9-2 Jack言語の変数の種類(表中の「サブルーチン」という用語は、ファンクション、メソッド、コンストラクタのいずれかである)

9.2.4 文

Jack言語は5つの「文(ステートメント)」を持つ。図9-3にそれぞれの定義と説明を示す。

文	シンタックス	説明
let	**let** *variable* = *expression;* あるいは **let** *variable* [*expression*] = *expression;*	代入演算（variableは単一の値もしくは配列のどちらかである）。変数の種類はスタティック、ローカル、フィールド、パラメータ変数のいずれかである

if	**if** (*expression*) {
	statements
	}
	else {
	statements
	}
		一般的に用いられるif-else文。statementsが1行であったとしても、波カッコは付けなければならない

while	**while** (*expression*) {
	statements
	}
		一般的に用いられるwhile文。statementsが1行であったとしても、波カッコは付けなければならない

do	**do** *function-or-method-call;*	ファンクションまたはメソッドを呼ぶために使う。戻り値は無視される
return	**return** *expression;* あるいは **return;**	サブルーチンから値を返すために使う。2つ目の形式はvoidを返すファンクションとメソッドの場合に用いる。コンストラクタの場合はthisを返さなければならない

図 9-3　Jack の文

9.2.5 式

Jack 言語の「式（expression）」は以下に示すルールに従って再帰的に定義される。

- 定値
- スコープ内の変数名（変数はスタティック、フィールド、ローカル、パラメータのいずれか）
- `this` キーワード。現在のオブジェクトを指す（ファンクション内では使うことはできない）
- *`name[expression]`* というシンタックスを用いた配列の要素。ここで *`name`* はスコープにある `Array` 型の変数名である。

- void 以外の型を返すサブルーチン呼び出し
- 式の前に付けられた“-”または“~”演算子
    - *expression* 符号反転
    ~ *expression* ブーリアン否定（ビット単位）
- 「*expression operator expression*」という形式の式。ここで *operator* は次の2項演算子のいずれかである。
    + - * / 整数の算術演算子
    & | ブーリアンの And と Or 演算子（ビット単位）
    < > = 比較演算子
- (*expression*)：カッコ付きの式。

演算子の優先順位と評価順序

Jack 言語での演算子の優先順位は、カッコ付きの式が最初に評価されることを除いては定義されていない。そのため、2+3*4 という式は 20 になるかもしれないし、14 になるかもしれない。一方、2+(3*4) は 14 になることが保証される。毎回カッコを付けて計算式を書かなければならないことはいくらか面倒である。しかし、正規の演算子の優先順位を考慮しないのには理由がある。それは Jack コンパイラの実装を簡略化するためである。もちろん、言語の実装次第で、演算子の優先順位を指定し、その言語のドキュメントに書き加えることも可能である。

9.2.6 サブルーチン呼び出し

サブルーチン呼び出しは、メソッド、ファンクション、コンストラクタを呼び出す。一般的な構文は、*subroutineName*(*argument-list*) のようになる。引数の数や種類は、サブルーチンの定義で宣言されているパラメータと一致させなければならない。カッコは、たとえ引数が 0 個であっても、付けなければならない。また、引数には式を入れることができる。たとえば、Jack の標準ライブラリにある Math クラスには平方根（square root）を計算するファンクションがあり、その宣言は function int sqrt(int n) である。そのファンクションは Math.sqrt(17) のように使うこともできるし、Math.sqrt((a * Math.sqrt(c - 17) + 3) のように使うこともできる。

クラス内では、*methodName*(*argument-list*) という構文でメソッドを呼び出すことができる。一方、ファンクションやコンストラクタは、そのクラス名も含まなければならない。つまり、*className.subroutineName(argument-list)* として呼ばなければならない。クラス外では、クラスファンクションとコンストラクタは先ほどと同様に呼ぶことができる。ただし、クラス外でメソッドを呼ぶ場合は、*varName.methodName(argument-list)* という構文になる。*varName* はあらかじめ定義したオブジェクト変数である。**例 9-8** に例を示す。

例 9-8　サブルーチン呼び出しの例

```
class Foo {
  // サブルーチンの宣言（コードは省略）
  ...
  method void f() {
    var Bar b;          // Bar というクラス（型）のローカル変数を宣言する
    var int i;          // プリミティブな int 型のローカル変数を宣言する
    ...
    do g(5,7);          // Foo クラスの g というメソッドを呼ぶ
    do Foo.p(2);        // Foo クラスの p というファンクションを呼ぶ
    do Bar.h(3);        // Bar クラスの h というファンクションを呼ぶ
    let b = Bar.r(4);   // Bar クラスの r というコンストラクタ（もしくは
                        // ファンクション）を呼ぶ
    do b.q();           // Bar クラスのオブジェクトである b に対し、
                        // メソッド q を呼ぶ
    let i = w(b.s(3), Foo.t()); // このオブジェクトの w というメソッド
                                // を呼ぶ、
                                // オブジェクト b のメソッド s と
                                // Foo クラスのファンクション（もしくは
                                // コンストラクタ）t を呼ぶ
    ...
  }
}
```

オブジェクトの生成と破棄

オブジェクトの生成は２段階の仕事を要する。プログラムがある型のオブジェクトの変数を宣言した場合、参照変数（ポインタ）だけが作られ、それにメモリが割り当てられる。オブジェクトの生成を完了するためには（それが望まれることであるが）、プログラムはオブジェクトのクラスが持つコンストラクタを呼ばなければならない。そのため、型を実装するクラスは、少なくともコンストラクタをひとつ含む必要がある

(**例9-5**の`Fraction`を参考のこと)。コンストラクタの名前は自由に付けてかまわないが、ここでは慣例として`new`を用いることを推奨する。コンストラクタは他のクラスファンクションと同じように、次のフォーマットに従う。

```
let varName = className.constructorName(argument-list);
```

たとえば、`let c = Circle.new(x,y,50)`という式は、スクリーン上の(x, y)を中心に半径50の円を描画するとしよう。このコンストラクタが呼ばれると、コンパイラはOSに必要なメモリ領域を割り当てるように要求し、そのメモリ領域に新しく生成されたオブジェクトを格納する。OSは割り当てられたメモリセグメントのベースアドレスを返し、コンパイラはそのアドレスを`this`に代入する(先ほどの`Circle`の例の場合、`this`の値が`c`に設定される)。続いて、生成されたオブジェクトは通常、適切な値で初期化される。この初期化はコンストラクタの実装部に書かれる。

Jackはガーベッジコレクション(garbage collection)の機能を持たない。そのため、オブジェクトがいらなくなった場合、明示的にそのオブジェクトを解放することが良い作法である。特に、オブジェクトをメモリから破棄するには、`Memory.deAlloc(object)`という標準ライブラリのファンクションを使って、その領域を再利用することができる。慣例的な方法としては、すべてのクラスに`dispose()`というメソッドを持たせ、そのメソッド内で適切にメモリを解放する処理をカプセル化することである。具体例については、**例9-6**を参照してほしい。

9.2.7 Jack標準ライブラリ

Jack言語には標準ライブラリがビルトインのクラスとして備えられている。これにより、Jack言語としての機能が拡張される。標準ライブラリは、ベーシックなオペレーティングシステムとみなすこともでき、すべてのJack言語の実装において用いることができる。標準ライブラリは次のクラスを含む。これらはすべてJackで実装されている。

`Math`
　数学に関する基本的な演算を提供する。

`String`
　`String`型と文字列に関するサブルーチンを実装する。

`Array`
　Array型と配列に関するサブルーチンを実装する。

`Output`
　スクリーンへのテキストによる出力を扱う。

`Screen`
　スクリーンへのグラフィックによる出力を扱う。

`Keyboard`
　キーボードからのユーザー入力を扱う。

`Memory`
　メモリ操作を扱う。

`Sys`
　プログラムの実行に関連するサービスを提供する。

Math

このクラスは数学に関する演算を提供する。

function void **init**()
　内部的な用途にのみ使用する。

function int **abs**(int x)
　xの値の絶対値を返す。

function int **multiply**(int x, int y)
　xとyの積を返す。

function int **divide**(int x, int y)
　x/yの整数部分を返す。

function int **min**(int x, int y)
　xとyの最小値を返す。

function int **max**(int x, int y)
　xとyの最大値を返す。

function int **sqrt**(int x)
　xの平方根の整数部分を返す。

String

このクラスはString型と文字列に関するサブルーチンを実装する。

constructor String **new**(int maxLength)

新しい空の文字列（長さは0）を作る。それに含むことができる最大の文字数はmaxLengthで指定される。

method void **dispose**()

この文字列を破棄する。

method int **length**()

この文字列の長さを返す。

method char **charAt**(int j)

この文字列の頭からi番目の場所にある文字を返す。

method void **setCharAt**(int j, char c)

j番目の文字をcという文字に設定する。

method String **appendChar**(char c)

この文字列にcという文字を追加し、この文字列を返す。

method void **eraseLastChar**()

この文字列の最後の文字を消去する。

method int **intValue**()

この文字列を整数による値として返す（もしくは、頭からたどっていき数字でない文字に遭遇するまでの文字列を整数として返す）。

method void **setInt**(int j)

jという整数値の表現を文字列として格納する。

function char **backSpace**()

バックスペース文字を返す。

function char **doubleQuote**()

ダブルクォート文字（"）を返す。

function char **newLine**()

改行文字を返す。

Array

このクラスはArray型と配列に関するサブルーチンを実装する。

`function Array` **`new`**`(int size)`

与えられたサイズの配列を生成する。

`method void` **`dispose`**`()`

この配列を破棄する。

Output

このクラスはスクリーンへのテキストによる出力を扱う。

`function void` **`init`**`()`

内部的な用途にのみ使用する。

`function void` **`moveCursor`**`(int i, int j)`

カーソルをスクリーンの (i, j) へ移動し、そこに表示されている文字を消去する。

`function void` **`printChar`**`(char c)`

カーソルが位置する場所に `c` という文字を表示させ、カーソルの場所を 1 列先へ進ませる。

`function void` **`printString`**`(String s)`

カーソルが位置する場所に `s` という文字列を表示させ、その文字数に応じてカーソルを先に進ませる。

`function void` **`printInt`**`(int i)`

カーソルが位置する場所に `i` を表示させ、その数値の桁数に応じてカーソルを先に進ませる。

`function void` **`println`**`()`

カーソルを次の行の先頭に移動する。

`function void` **`backSpace`**`()`

カーソルを一列後ろへ戻す。

Screen

このクラスはスクリーンへのグラフィックによる描画を行う。スクリーンの列（column）は 0 から始まり、左から右へ進む。行（row）は 0 から始まり上から下へ進む。スクリーンのサイズはハードウェアに依存する。Hack のプラットフォームでは 256 行× 512 列である（縦 256 ×横 512）。

`function void` **`init`**`()`

内部的な用途にのみ使用する。

`function void` **`clearScreen`**`()`

スクリーン全体を消去する。

`function void` **`setColor`**`(boolean b)`

色の設定を行う（白= `false`、黒= `true`）。設定した色は、この後に続く `draw`*`XXX`* コマンドで使用される。

`function void` **`drawPixel`**`(int x, int y)`

(x, y) にピクセルを描画する。

`function void` **`drawLine`**`(int x1, int y1, int x2, int y2)`

$(x1, y1)$ から $(x2, y2)$ まで直線を引く。

`function void` **`drawRectangle`**`(int x1, int y1, int x2, int y2)`

左上コーナーが $(x1, y1)$、右下コーナーが $(x2, y2)$ の塗りつぶされた矩形を描画する。

`function void` **`drawCircle`**`(int x, int y, int r)`

(x, y) を中心に、半径が r の塗りつぶされた円を描画する（ただし $r \leqq 181$）。

Keyboard

このクラスはキーボードからのユーザー入力を扱う。

`function void` **`init`**`()`

内部的な用途にのみ使用する。

`function char` **`keyPressed`**`()`

キーボードで現在押されているキーの文字を返す。何も押されていなければ 0 を返す。

`function char` **`readChar`**`()`

キーボードでキーが押され、離されるまで待つ。キーが離された時点で、スクリーンにその文字を表示し、このファンクションはその文字を返す。

function String **readLine**(String message)

message をスクリーンに表示し、キーボードから文字列（改行文字が入力されるまでに押された文字列）を読む。この文字列をスクリーンに表示し、ファンクションはその文字列を返す。このファンクションはユーザーのバックスペースにも対応する。

function int **readInt**(String message)

message をスクリーンに表示し、キーボードから数字の列（改行文字が入力されるまでに押された数字列）を読む。この数字列をスクリーンに表示し、その整数の値を返す。このファンクションはユーザーのバックスペースにも対応する。

Memory

このクラスはプラットフォームのメインメモリへ直接アクセスする。

function void **init**()

内部的な用途にのみ使用する。

function int **peek**(int address)

メインメモリの address の場所にある値を返す。

function void **poke**(int address, int value)

メインメモリの address の場所に value を設定する。

function Array **alloc**(int size)

ヒープから指定されたサイズのメモリブロックを探し、それを確保し、そのベースアドレスを返す。

function void **deAlloc**(Array o)

与えられたオブジェクトが占めるメモリ領域を破棄する。

Sys

このクラスはプログラムの実行に関連するサービスを提供する。

function void **init**()
　他の OS クラスの init ファンクションを呼んだ上で、Main.main() ファンクションを呼ぶ。内部的な用途にのみ使用する。
function void **halt**()
　プログラムの実行を終了させる。
function void **error**(int errorCode)
　エラーコードをスクリーンに表示し、プログラムの実行を終了させる。
function void **wait**(int duration)
　およそ duration ミリ秒の間、待機する。

9.3 Jack アプリケーションを書く

Jack は一般用途のプログラミング言語であり、別のハードウェアからなる異なるプラットフォーム上でも実装することができる。次のふたつの章では、Jack コンパイラの開発を行う。その Jack コンパイラを用いれば、最終的には Hack コンピュータで実行できるバイナリコードへと変換することができる。そのため、Hack 上で Jack アプリケーションについて議論することはもっともなことである。本節では、Jack-Hack プラットフォームにおけるアプリケーション開発のガイドラインとして、4つのサンプルアプリケーションを紹介する。

例

図 9-4 にはサンプルとしてアプリケーションを4つ示してある。その中でも「Pong」というゲーム——本書のサポートページからプログラムを取得できる——は、Hack プラットフォーム上における Jack プログラミングの肝心な要素を表している。Pong のプログラムは4つのクラスから構成され、そのコードは合計すると数百行に及ぶ。Pong プログラムはボールの移動方向を計算するために、さまざまな数値計算を行い、ボールの移動アニメーションを表現するために、標準ライブラリから描画メソッドを用いている。これらの処理を高速に行うために、リアルタイムで行う計算とスクリーンへの描画命令は最小限に抑えてある。

アプリケーションの設計と実装

Hack のようなハードウェア上で Jack アプリケーションを開発するとなると、入念

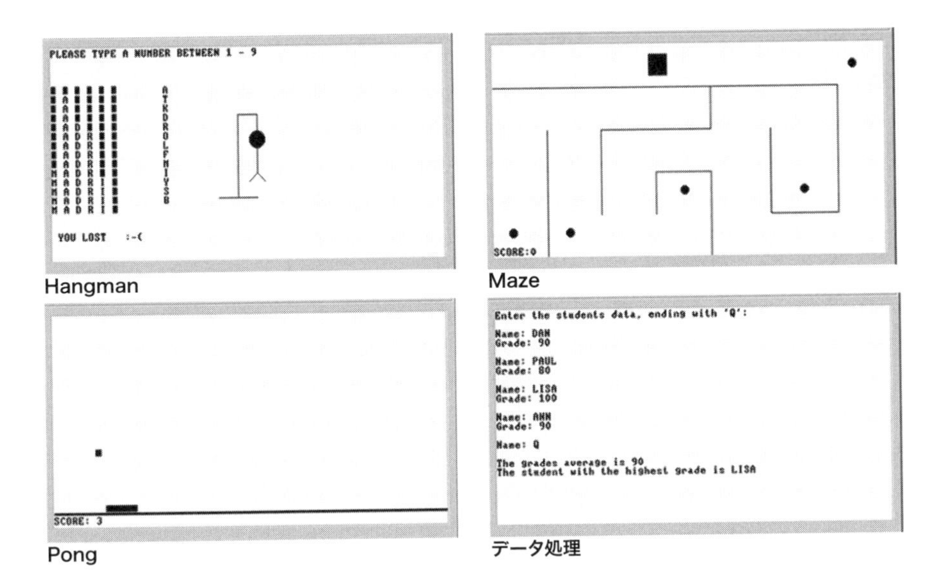

図 9-4　Hack コンピュータで実行される Jack アプリケーション。ここでは例として、「Hangman」（相手の考えた単語を当てる 2 人用のゲーム）、「Maze」（迷路ゲーム）、「Pong」（卓球ゲーム）の 3 つのゲームと、簡単なデータ処理のプログラムの画面を示している

な計画が必要になる（これはいつものことである）。初めに、アプリケーションの設計者はハードウェアの物理的な制約を考慮し、それに従って計画を立てなければならない。たとえば、コンピュータのスクリーンサイズによって、プログラムが扱うグラフィックのサイズが制限される。同様に、その言語が扱う I/O コマンドの種類やプラットフォームの実行速度などから、「何ができて、何ができないか」ということを検討する必要がある。

設計のプロセスは、通常「それはどのようなアプリケーションか？」という概念的なところからスタートする。グラフィックを用いるインタラクティブなプログラムであれば、そのアプリケーションの動きを手描きの絵として表現するかもしれない。アプリケーションのアイデアが固まったら、続いてプログラムの設計に移る。プログラムの設計を行う場合、複雑なタスクを扱うアプリケーションであれば、あらかじめオブジェクトベースの視点で設計を行うことを推奨する。この作業は、クラス、フィールド、サブルーチンを明確にすることができ、この時点で（**例 9-3** のような）API ドキュメントを作ることもできる。

続いて、その設計を実装する段階へ進む。実装が終われば、クラスファイルを Jack

コンパイラでコンパイルする。コンパイラが生成するコードのテストやデバッグの作業は、対象のプラットフォームに依存する。本書が提供するHackプラットフォームでは、テストとデバッグは通常VMエミュレータを用いて行う。または、Jackプログラムをバイナリコードまで変換し、それを直接Hackハードウェア上で実行させることも可能である。その場合、本書が提供するCPUエミュレータを使用する。

Jack OS

Jackのプログラムは、標準ライブラリにより提供されるさまざまな抽象化されたサービスを利用することができる。この標準ライブラリは「Jack OS」とも呼ばれる。プログラムのコマンドの連鎖は次のようになる。コンピュータは最初に`Sys.init`を実行するようにプログラムされている。このOSのファンクションは、続いて、`Main.main`ファンクションを呼び、そのファンクションにおいて、あなたのアプリケーションが実行される。Jack OS自体がJackで実装されているため、その実行形式はコンパイルされた`.vm`ファイル一式である（これはユーザーが書くアプリケーションと同じプロセスに従う）。しかし、作業を単純化し、実行速度を高速化するために、本書が提供するVMエミュレータにはOSのファンクションがすべて備えられている。つまり、コンパイルされたコードにOSのファンクション呼び出しが含まれていれば（たとえば、`call Math.divide`など）、VMエミュレータはそれを呼び出すのである。

Jackの標準ライブラリをさらに拡張することは可能であるが、それに時間を費やすよりも、別の場所で他のプログラミングの上達に時間を費やしたいと思うだろう。結局のところ、本書を卒業した後もJack言語を使うことはないであろう。そのため、Jack-Hackプラットフォームを与えられた環境とみなして、その環境で最善を尽くすように考えるのがよい。これはまさしく、組み込み機器や専用のプロセッサを相手にするプログラマーが行っていることである。プラットフォームから課される制約を問題と考えるのではなく、それを資質と捉え、工夫をする機会と捉える――これがプロフェッショナルの視点である。そうであるから、優れたプログラマーの中には、原始的なコンピュータでその腕を磨いた人たちが少なからずいる。

9.4 展望

Jackは“オブジェクトベース”の言語である。オブジェクトベースという言葉を用いた理由は、オブジェクトとクラスはサポートするが、継承（inheritance）はサポートしないからである。この点において、Jackは、PascalやC言語などの「手続き型言語」と Java や C++ などの「オブジェクト指向言語」の間に位置するといえる。確かに、業務で使われるプログラミング言語と比べると、Jack は“使えない”言語である。しかし、基本となるシンタックスや動作においては、モダンな言語と比べても、そこまで見劣りするということはない。

Jack には改善点がたくさんある。たとえば、Jack の型付けシステムはいくぶん原始的である。その上、Jack は弱い型付けの言語であり、代入や演算操作において型の一致は厳密に要求されない。また、「なぜ Jack は `do` や `let` などのキーワードを用いるのか」、「なぜ 1 行の文でも波カッコを用いなければならないのか」、「なぜ演算子の優先順位を考慮しないのか」と思った人もいるだろう。それには理由がある。それは、Jack の開発をできるだけシンプルにするためである。たとえば、文をパースする場合（この作業はどのような言語でもやらなければならない）、文の最初のトークンが、その文が何を行うかを示してくれるのであれば、そのコードを扱う作業はより容易なものになる。そのため、Jack のシンタックスでは、`do` や `let` などのキーワードを文の頭に書く。Jack でアプリケーションを書くときは、Jack の単純さ（それによってもたらされる不便さ）が鼻につくだろう。しかし、10 章と 11 章で Jack コンパイラを書くときには、その単純さをありがたく思うはずである。

ほとんどのモダンな言語には標準ライブラリが備えられている。Jack もまたそのひとつである。Java や C#においては、単純で移植可能な OS へのインターフェイスとして、このライブラリをみなすこともできる。Jack-Hack プラットフォームでは、この OS が提供するサービスは最小限にとどめてある。マルチスレッドやマルチコアをサポートする並行処理、永久記憶装置をサポートするファイルシステム、通信サービス——これらはどれも含まれない。Jack OS が提供するサービスは古典的なものである。グラフィックやテキストの出力（とても基本的な形で）、文字列の実装、メモリの確保と破棄などが含まれる。さらに、数学に関するさまざまなファンクション——乗算、除算など（これらは通常ハードウェアで実装される）——も含まれる。これらの問題については 12 章で改めて考える。そこでは、我々のコンピュータシステムの最後のモジュールとして、そのような単純なオペレーティングシステムを作る。

9.5 プロジェクト

目標

本プロジェクトの（隠された）目的は Jack 言語に慣れ親しむことにある。それにはふたつ理由がある。ひとつは、10章と11章でJackコンパイラを書くからであり、もうひとつは、12章でJackオペレーティングシステムを書くからである。

規約

単純なゲームやインタラクティブなプログラムなど、開発したいアプリケーションを考える。そして、そのアプリケーションの設計と実装を行う。

材料

ここでは3つのツールが必要になる。プログラムを.vmファイルの集合に変換する「Jackコンパイラ」。変換されたプログラムを実行しテストする「VMエミュレータ」。そして、「Jackオペレーティングシステム」の3つである。

Jack OS

Jack OSの正体は8個の`.vm`ファイルである（`Array.vm`、`Keyboard.vm`、`Math.vm`、`Memory.vm`、`Output.vm`、`Screen.vm`、`String.vm`、`Sys.vm`）。これらのファイルは、Jackプログラミング言語の標準ライブラリとして実装されている。どのようなJackプログラムでも、それを適切に動作させるためには、対象とするプログラムに関して、そのコンパイルされた`.vm`ファイルが同じディレクトリ内に含まれなければならない。さらに、そのディレクトリにはJack OSの`.vm`ファイルも含まれていなければならない。OSに関連したエラーがJack OSによって判定された場合、数字によるエラーコードが表示される（テキストで表示すると、貴重なメモリ領域を消費することになる）。エラーコードは**表9-1**のようになる。

表 9-1 OS に関連するエラーコード

コード	メソッド/ファンクション	説明
1	`Sys.wait`	待ち時間は正でなければならない
2	`Array.new`	配列のサイズは正でなければならない
3	`Math.divide`	0で除算された
4	`Math.sqrt`	負の数の平方根は計算できない
5	`Memory.alloc`	確保するメモリサイズは正でなければならない
6	`Memory.alloc`	ヒープオーバフロー
7	`Screen.drawPixel`	不適切な座標にドットを描画
8	`Screen.drawLine`	不適切な座標にラインを描画
9	`Screen.drawRectangle`	不適切な座標に矩形を描画
12	`Screen.drawCircle`	円の中心が不適切
13	`Screen.drawCircle`	円の半径が不適切
14	`String.new`	文字列の最大長は正でなければならない
15	`String.charAt`	文字列の範囲外のインデックスを指定
16	`String.setCharAt`	文字列の範囲外のインデックスを指定
17	`String.appendChar`	文字列が満杯
18	`String.eraseLastChar`	文字列が空である
19	`String.setInt`	文字列のサイズが足りない
20	`Output.moveCursor`	カーソル位置が不適切

9.5.1 Jackプログラムのコンパイルと実行

1. アプリケーションごとにプログラムを配置するディレクトリを分ける。ここではディレクトリ名を`Xxx`と仮定すると、最初に`Xxx`というディレクトリを作り、そこに`tools/OS`にあるすべてのファイルをコピーする。
2. 自分のJackプログラム——ひとつ以上のJackクラスから構成される——を書く。プログラムは`ClassName.jack`のような名前のテキストファイルに保存する(クラス名とファイル名を一致させる)。すべての`.jack`ファイルは`Xxx`ディレクトリに配置する。
3. 本書のJackコンパイラを用いて、自分のプログラムをコンパイルする。これを行うには、コンパイラにディレクトリの名前(`Xxx`)を指定するのが効率の良いやり方である。そうすれば、そのディレクトリにある`.jack`クラスはすべて、対応する名前の`.vm`ファイルへと変換される。もしコンパイルにエラーがあれば、プログラムをデバッグし、再度コンパイルを行う。エラーメッセージが表示されなくなるまで、コンパイルとデバッグの作業を繰り返す。
4. この時点で、プログラムのディレクトリに含まれるファイルは、「ソースコードの`.jack`ファイル」「コンパイルされた`.vm`ファイル」「本書が提供するJack OS

の.vmファイル」の3つである。コンパイルされたプログラムをテストするためには、VMエミュレータを起動し、Xxxプログラムのディレクトリ全体を読み込む。そして、プログラムを実行する。予期せぬプログラムの挙動でランタイムエラーが発生した場合は、プログラムを修正して第3ステージへ戻り、やり直す。

サンプルのJackプログラム

Jackアプリケーションの例として、projects/09/Squareにサンプル用のプログラムファイルを用意した。これは簡単なゲームであり、ディレクトリには3つのJackコードが含まれる。

10章
コンパイラ#1：構文解析

思考の表現なくして、言語に彩りを添えることはできない。
言語の光なくして、思考に焦点を当てることはできない。
——キケロ（106－43 BC）

前章ではJackについて説明を行った。Jackは単純なオブジェクトベースの言語であり、その構文（syntax）はJavaやC#と似ている。本章では、Jack言語のコンパイラを作る。コンパイラは、一言で言えば、変換を行うプログラムである。ソース言語で書かれたプログラムを目的の言語（ターゲット言語）で書かれたプログラムへ変換する。この変換のプロセスをコンパイルと呼ぶ。この変換プロセスは概念的にふたつの作業に基づいている。ひとつ目の作業は、ソースプログラムの構文を理解し、そこからプログラムの意味（semantic）を明らかにすることである。たとえば、コードを構文解析することによって、そのプログラムは配列を宣言していることが明らかになる、ということがそれに該当する。そのパースした情報を用いることで、目的とする言語の構文からプログラムのロジックを再構成することができる。最初の作業は一般的に**構文解析**（syntax analysis）と呼ばれ、本章のテーマである。ふたつ目の作業である**コード生成**（code generation）は次の11章で扱う。

コンパイラが言語の構文を“理解できた”ということを、我々はどのように判断できるだろうか？ 楽観的ではあるが、コンパイラが生成するコードが本来予期する動作を行うかぎり、コンパイラは適切に動作していると判断できるだろう。しかし本章では、コンパイラの**構文解析器**（syntax analyzer）を行うモジュールだけを作り、次章にてコード生成機能を追加する。そのため、本章ではコード生成機能を備えない構文解析器を作ることになる。もし、本章の構文解析器だけのために独立してユニットテストを行いたいとしたら、ソースプログラムを“理解している”ことを示す何らかの方法を考えなければならない。解決策として、ここでは構文解析器にXMLファイルを生成させる方法を採用した。そのXMLファイルのフォーマットは入力プログラムの構文構造を反映する。生成されたXMLを検証することで、その解析器が正しいパースを行っているかどうかを確かめることができる。

本章は「背景」の節から始まる。「背景」の節では、構文解析器を作るために必要な最小限のコンセプト——字句解析（lexical analysis）、文脈自由文法（context-free grammar）、構文木（parse tree）、再帰降下アルゴリズム——について説明する。続いて「仕様」の節で、Jack言語の形式文法（formal grammar）とJack解析器が生成する出力データのフォーマットを示す。「実装」の節では、Jack解析器を構築するためのソフトウェアアーキテクチャを、推奨するAPIとともに示す。いつものように、最後の「プロジェクト」の節では、実際に解析器を作るための説明とテストプログラムを順に与える。次章では、本章で作ったコンパイラを完全版のコンパイラへと拡張する。

コンパイラをゼロから書くには、コンピュータサイエンスにおける重要なトピックを学ぶ必要がある。学ぶべきことは、言語変換と構文解析、木やハッシュテーブルなどのデータ構造の使い方、再帰的なコンパイルアルゴリズムなどである。そのため、コンパイラを作る作業はたいへんな仕事でもある。しかし、コンパイラの構築作業を2段階に分けることで、そして、各パートのモジュール開発とユニットテストを分離して行うことで、コンパイラの開発は他のパートとは独立した作業にでき、驚くほどに扱いやすくなる。ここで、コンパイラの作業を2段階に分けると述べたが、VMのプロジェクトもカウントすると、実際は4段階に分けていることになる。

なぜ我々は骨を折ってまでしてコンパイラを作ろうとしているのか？ ひとつ目の理由は、コンパイラの内側を知ることによって、より優れたプログラマーになれるからである。ふたつ目の理由は、プログラミング言語を記述するために使われるルールや文法は、他の分野においても応用できるからである。たとえば、コンピュータグラフィックスやデータベース管理、通信プロトコルやバイオインフォマティクスなど、さまざまな分野に及ぶ。そのため、ほとんどのプログラマーは仕事でコンパイラの開発は行わない一方で、複雑な構文を持つファイルの構文解析や処理操作を行う必要が出てくるであろう。そのような作業では、本章で述べるような技術（プログラミング言語の構文解析のための技術）が使われる。

10.1 背景

一般的なコンパイラは主にふたつのモジュールからなる。それは**構文解析**と**コード生成**を行うモジュールである。構文解析を行う作業は、通常さらにふたつのモジュールに分けられる。それは**トークナイザ**（tokenizer）と**パーサ**（parser）である。トークナイザは、ソースコードに対して意味を持つコードの最小単位である「トークン（字句)」に変換する。パーサは、一連のトークンを言語の構文ルールに適合させ、その構文構造を明らかにする。ここで注意すべきことは、構文解析の作業はターゲット言語（コンパイラはソース言語をターゲット言語に変換する）と完全に独立している、ということである。本章ではコード生成については扱わないため、コンパイルされたプログラムのパース構造はXMLファイルで出力することにする。これにはふたつの利点がある。ひとつ目の利点は、XMLファイルはWebブラウザなどを使って簡単に中身を見ることができ、構文解析器がソースプログラムを正しくパースしているか確認することができる、ということである。ふたつ目の利点は、XMLファイルでパース構造を出力する機能は、後ほど完全版のコンパイラへと拡張する際に役に立つ、という点である。実際、次章で行うことは、単にXMLコードを生成するルーチンを実行可能なVMコードを生成するルーチンに置き換える作業だけであり、コンパイラの他の部分には手を加えない（図10-1)。

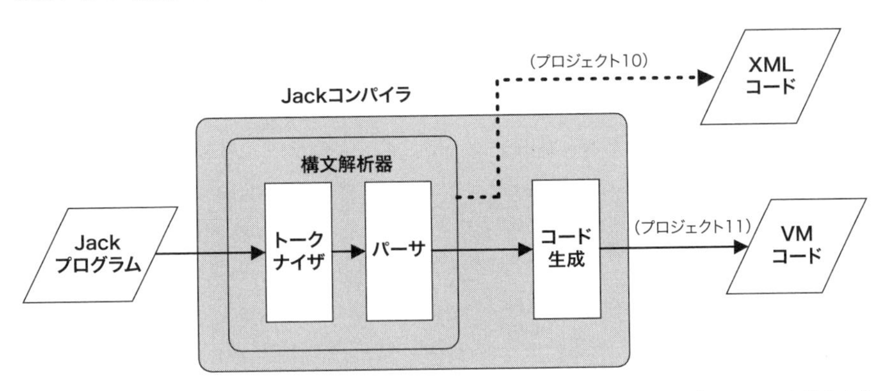

図10-1 Jackコンパイラ。10章では、構文解析モジュールの開発、そして、そのユニットテストを行う。本プロジェクトは中間段階であり、次章で完全版のコンパイラが完成する

本章ではコンパイラの構文解析器だけに焦点を当てる。構文解析器が行う仕事は「プログラムの構造を理解する」ということである。この言い回しにはいくらか説明が必要であろう。たとえば、あなた（人）がコンピュータのプログラムを読むと、直ちにその構造を認識することができるはずである。クラスやメソッドがどこから始まりどこで終わるのか、何を宣言しているか、文は何で構成されているか、式は何か、それらはどのように表現されているか、というようなことを人は容易に特定することができる。しかし、これらを行うのは簡単な仕事ではない。なぜなら、それを行うために

は、ネスト化されたパターン——一般的なプログラムにはクラスがひとつあり、クラスはメソッドを含み、メソッドは文を含み、その文は別の文を含み、その別の文には式が含まれる、といったパターン——を識別し分類する能力が求められるからである。その言語構造を正しく認識するためには、言語の構文によって許可されたテキストパターンへ、それを再帰的に対応づけする必要がある。

英語などの自然言語を理解するという点においては、構文のルールが人の脳の中でどのように表現されているのか、また、それは生まれつきによるものなのか、会話していく中から後天的に獲得するものなのか、ということが問題になる。しかし、“フォーマル”な言語に限定して言えば、我々はその構文構造を正確に定式化することができる。特に、プログラミング言語は通常、**文脈自由文法**（context-free grammar）と呼ばれる生成規則によって記述される。与えられたプログラムを理解する——パースする——ということは、プログラムのテキストと文法のルールの間の正確な関係性が定義されている、ということである。そうするためには、最初にプログラムコードをトークンのリストへ変換する必要がある。これから、その点について説明を行う。

10.1.1 字句解析

プログラムは単に文字が並べられたものである。プログラムの構文解析における最初の一歩は、文字のグループを**トークン**（言語の構文によって定義されている）としてまとめることである。このとき、空白文字やコメントは無視される。この作業は通常、**字句解析**（lexical analysis）、**スキャニング**（scanning）、**トークン化**（tokenizing）などと呼ばれる。一度、プログラムがトークン化されれば、トークンは意味のある最小単位とみなせる。そして、一連のトークンがコンパイラへの主な入力となる。**図10-2**では、C言語のコードをトークン化した例を示す。

図10-2を見てわかるとおり、トークンはキーワードかもしれないし、シンボルかもしれない。また、ユーザーが定義した変数名などの識別子かもしれないし、定値かもしれない。一般的に、プログラミング言語は、それが許可するトークンと、そのトークンを意味のあるプログラム構造へ結合させる構文ルールを正確に指定する。たとえば、ある言語は「++」を正しい演算子トークンとして認識するかもしれないし、他の言語はそうでないかもしれない。後者の場合、「++」が含まれる式は不適切であると、コンパイラにより報告される。

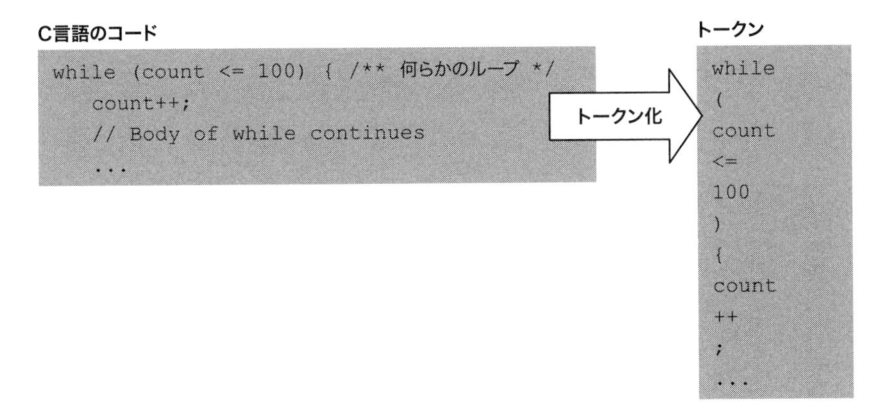

図 10-2　字句解析

10.1.2　文法

一旦プログラムをトークンへと字句解析すれば、トークンを形式的な構造へとパースするという、より難しい作業が待っている。言いかえるならば、変数宣言、文、式などのような言語構造へトークンをグループ化する方法を我々は知る必要がある、ということである。このグループ化および識別作業は、文法（grammar）として知られるルール（あらかじめ定義されたルール）をトークンに適合させることによって実現できる。

ほとんどすべてのプログラミング言語は、**文脈自由文法**（context-free grammar）として知られる定式化によって定義することができる。文脈自由文法は、ある言語の構文要素がより単純な要素からどのように構成されるか、ということを指定したルールの集合である。たとえば、Java の文法では、`100`、`count`、`<=`という 3 つの最小単位であるトークンを組み合わせ、「`count<=100`」という式を構成することができる。同様に、「`count<=100`」は正しい Java の式であることが、Java 文法により確かめることができる。実際、文法はふたつの視点から見ることができる。宣言を行う視点から見ると、文法はトークン——終端要素（ターミナル）とも呼ばれる——をより高水準な構文要素——非終端要素とも呼ばれる——へ組み合わせる方法を指定する。分析を行う視点から見ると、文法はその逆のことを行う規則である。つまり、与えられた入力（トークン化フェーズの結果として得られたトークン集合）を、非終端要素へ、そして、より低水準な非終端要素へ、そして、もうそれ以上分解できない終端要素へとパースを行う。**例 10-1** と**例 10-2** に一般的な文法の例を示す。

例 10-1　C 言語の文法の一部

```
...
statement: whileStatement
           | ifStatement
           | ... // 他の statement がくるかもしれない
           | '{' statementSequence '}'
whileStatement: 'while' '(' expression ')'  statement
ifStatement: ... // if の定義
statementSequence: '' // 空のシーケンス（null)
                    | statement ';' statementSequence
expression: ...         // expression の定義
...                     // さらに定義が続く
```

例 10-2　例 10-1 の文法によって受理されるコードセグメントの例

```
while (expression) {
  statement;
  statement;
  while (expression) {
    while(expression)
      statement;
    statement;
  }
}
```

本章では次の表記を使用して文法を指定する。終端要素は太字で表記し、シングルクォート（'）で囲む。非終端要素は通常のフォントで表記する。非終端要素をパースする方法が複数存在すれば、“|”という表記を用いて他の方法と並べて示す。**例 10-1** では、statement は、whileStatement または ifStatement またはその他のいずれかであることを示している。一般的な文法のルールは再帰構造をしており、**例 10-1** もその例外ではない。たとえば、statementSequence は、null またはひとつの statement の後にセミコロンと statementSequence が続く形式のどちらかに該当する。この再帰的な定義によって、セミコロンで分離された文に——たとえ分離される回数が 0 回、1 回、2 回であっても、そして、任意の数だけ分離される場合であっても——適合することができる。ここでは、練習問題として、**例 10-1** の文法を用いて、**例 10-2** が正しい C 言語のコードであることを確認してみるとよい。そのためには、テキスト全体を statement としてスタートするだろう。

10.1.3 構文解析

文法が入力テキストを正しいものとして“受理”するかどうかを確認する作業は**構文解析**（パース、parsing）と呼ばれる。先ほど述べたとおり、与えられたテキストを構文解析するということは、そのテキストと与えられた文法のルールの間で正確な対応関係を決定する、ということを意味する。文法のルールは階層的な構造であるため、パーサによって生成される出力は木の形をしたデータ構造になる。この木構造は**構文木**（parse tree）や**導出木**（derivation tree）と呼ばれる。**図 10-3** では一般的な例を示す。

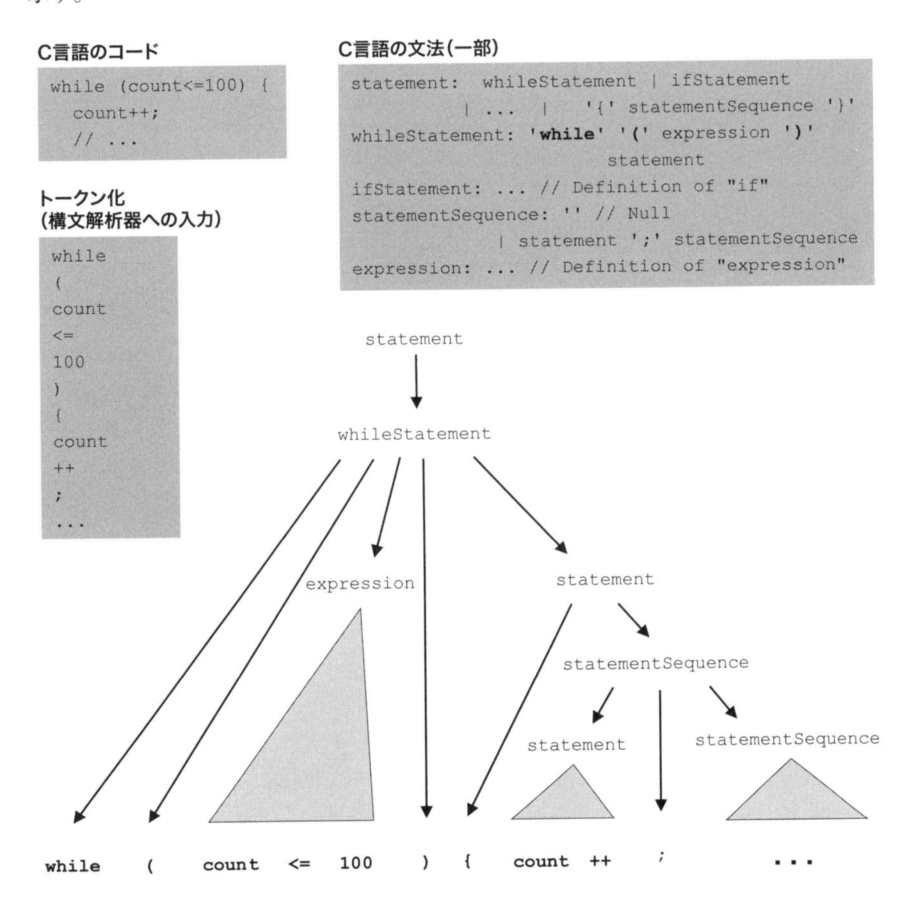

図 10-3 文法に従ったプログラムの構文木。灰色の三角形は、より低水準の構文木を意味する

構文解析を行うことで、入力テキスト全体の構文構造が明らかになる。コンパイラによっては、この木構造を明示的に利用して、さらにコード生成やエラー報告にも利用する。また、他のコンパイラでは（我々が作ろうとしているコンパイラも含む)、プログラムの構造を暗黙の内に表現し、コード生成やエラー報告はその場の判断で行う。そのようなコンパイラはプログラム全体の構造をメモリに持つ必要がなく、現在の構文解析に関連するサブツリーだけを持てばよい。詳しくは後ほど説明する。

再帰下降構文解析

構文木を構築するためのアルゴリズムにはさまざまなものがある。トップダウン的なアプローチによる**再帰下降構文解析**（recursive descent parsing）と呼ばれる方法は、言語の文法によって規定されるネスト化された構文を使って、トークンの列に対して再帰的に構文解析を行う。それでは、この構文解析プログラムをどのように書けばよいか考えてみよう。非終端要素を記述する文法のルールについては、その非終端要素を構文解析するように設計した再帰的なルーチンを構文解析プログラムに備えさせることができる。もし非終端要素が終端要素だけからのみ構成されるのであれば、そのルーチンは単にその終端要素を（構造化された方法で）出力するだけである。そうでない場合、非終端要素の右側にあるルールについては、そのルーチンはこの非終端要素を構文解析するように設計したルーチンを再帰的に呼ぶことができる。このプロセスは、すべての要素が終端要素に到達するまで再帰的に行われる。

ここでは、**例10-1**の文法を対象とした再帰下降構文解析器を書くことを考えてみよう。この文法には5つのルールがあるため、パーサの実装は5つのルーチン——`parseStatement()`、`parseWhileStatement()`、`parseIfStatement()`、`parseStatementSequence()`、`parseExpression()`——から構成することができる。これらのルーチンにおいて構文解析を行うロジックは、文法のルールの右側に現れる言語パターンに従わなければならない。そのため、たとえば、`parseStatement()`を実装するには、入力で最初のトークンの種類は何かを決定するところから始めなければならないだろう。トークンが識別できたら、そのルーチンは、それがどの文であるかを把握しているため、その種類の文に関するルーチンを呼ぶことができる。

たとえば、**図10-3**で表される入力ストリームを考えた場合、そのルーチンは、最初のトークンが`while`であると確定し、`parseWhileStatement()`というルーチンを呼び出す。対応する文法ルールに従えば、このルーチンは終端文字である「`while`」を読み、そして「`(`」を読む。次に、非終端要素である`expression`をパースするために parseExpression() を呼ぶ。parseExpression() が結果をリターンした後で（この例では「count<=100」がパースされる）、parseWhileStatement() は終端文字である「)」を読む。そして、再帰的に parseStatement() を呼ぶ。この呼び出しは、終端文字だけが読み込まれる場所まで再帰的に続けられる。同じロジックは、ソースコードの構文エラーを検出するためにも用いることができる。そのため、コンパイラが良くなればなるほど、エラー検出の性能も向上する。

LL(1) 文法

再帰下降アルゴリズムはシンプルであり、エレガントである。唯一複雑と言えるような問題は、非終端記号をパースする際に複数の可能性が存在することである。たとえば、parseStatement() が文を構文解析しようとした場合、その文が while 文であるか、if 文であるか、それとも、波カッコで囲まれた文であるか、ということを前もって知ることはできない。この複数ある選択肢は文法によって決められており、ある場合においてはどの選択肢に該当するかを簡単に決定することができる。たとえば、**例 10-1** の場合、最初のトークンは「while」であり、それは while 文であることが明らかである。なぜなら、「while」というトークンで始まる生成規則は文法中でひとつだけしか存在しないからである。この性質は次のように一般化できる。非終端要素の種類を決めるにあたり、いくつかの選択肢があった場合、最初のトークンだけから、そのトークンの種類を決定することができる。この性質は LL(1) とも呼ばれる。この性質を満たす文法は、再帰下降アルゴリズムによって簡単に扱うことができる。

最初のトークンだけから要素の種類を決定できない場合、次のトークンを“先読み”することで、問題を解決できるかもしれない。そのようなパースを行うことは可能ではあるが、より多くのトークンを先読むに従って、物事は複雑になる。これから示す Jack 言語の文法はほとんど LL(1) であり、再帰下降を行うパーサによって比較的簡単に扱うことができる。唯一の例外は式をパースするときであり、その場合は先読みが必要になる。

10.2 仕様

本節はふたつのパートからなる。最初に Jack 言語の文法を定義する。続いて、この文法に従ってプログラムをパースするように設計した構文解析器（syntax analyzer）を定義する。

10.2.1　Jack言語の文法

9章で定義したJack言語の機能的な仕様はJackプログラマーを対象としたものであった。ここでは、Jackコンパイラの開発者を対象として、言語の公式な仕様を定義する。ここで示す文法の仕様は次の記法に基づく。

'xxx'

クォート付きの太文字は「文字どおりのトークン」であり、終端記号として用いられる。

xxx

通常フォントは「言語構成物」であり、非終端記号として用いられる。

()

カッコは言語構成物をグループ化するために用いられる。

x|y

xまたはyが現れることを示す。

x?

xが0回または1回現れることを示す。

x*

xが0回以上現れることを示す。

これらの記法を用いて、Jack言語のシンタックスを以下に示す。

字句要素

Jack言語には5種類の終端記号が含まれる。

<table>
<tr><td>keyword</td><td>'class' | 'constructor' | 'function' | 'method' | 'field' | 'static' | 'var' | 'int' | 'char' | 'boolean' | 'void' | 'true' | 'false' | 'null' | 'this' | 'let' | 'do' | 'if' | 'else' | 'while' | 'return'</td></tr>
<tr><td>symbol</td><td>'{'|'}'|'('|')'|'['|']'|'.'| ',' | ';' | '+' | '-' | '*' | '/' | '&' | '|' | '<' | '>' | '=' | '~'</td></tr>
<tr><td>integerConstant</td><td>0 から 32767 までの 10 進数の数字</td></tr>
<tr><td>stringConstant</td><td>ダブルクォートと改行文字を含まないユニコードの文字列</td></tr>
<tr><td>identifier</td><td>アルファベット、数字、アンダースコア（_）の文字列。ただし数字から始まる文字列は除く</td></tr>
</table>

プログラム構造

Jack のプログラムはクラスの集まりであり、各クラスは別のファイルに分けて保存される。コンパイルを行う単位はクラスである。クラスは次に示す文脈自由文法に従って構成されたトークンの並びである。

<table>
<tr><td>class</td><td>'class' className '{' classVarDec* subroutineDec* '}'</td></tr>
<tr><td>classVarDec</td><td>('static' | 'field') type varName (',' varName)* ';'</td></tr>
<tr><td>type</td><td>'int' | 'char' | 'boolean' | className</td></tr>
<tr><td>subroutineDec</td><td>('constructor' | 'function' | 'method') ('void' | type) subroutineName '(' parameterList ')' subroutineBody</td></tr>
<tr><td>parameterList</td><td>((type varName) (',' type varName)*)?</td></tr>
<tr><td>subroutineBody</td><td>'{' varDec* statements '}'</td></tr>
<tr><td>varDec</td><td>'var' type varName (',' varName)* ';'</td></tr>
<tr><td>className</td><td>identifier</td></tr>
<tr><td>subroutineName</td><td>identifier</td></tr>
<tr><td>varName</td><td>identifier</td></tr>
</table>

文

<table>
<tr><td>statements</td><td>statement*</td></tr>
<tr><td>statement</td><td>letStatement | ifStatement |
whileStatement | doStatement |
returnStatement</td></tr>
<tr><td>letStatement</td><td>'let' varName ('[' expression ']')? '='
expression ';'</td></tr>
<tr><td>ifStatement</td><td>'if' '(' expression ')' '{' statements
'}'
('else' '{' statements
'}')?</td></tr>
<tr><td>whileStatement</td><td>'while' '(' expression ')'<br>'{' statements '}'</td></tr>
<tr><td>doStatement</td><td>'do' subroutineCall ';'</td></tr>
<tr><td>returnStatement</td><td>'return' expression? ';'</td></tr>
</table>

式

<table>
<tr><td>expression</td><td>term (op term)*</td></tr>
<tr><td>term</td><td>integerConstant | stringConstant |
keywordConstant | varName | varName
'[' expression ']' | subroutineCall |
'(' expression ')' | unaryOp term</td></tr>
<tr><td>subroutineCall</td><td>subroutineName '(' expressionList ')' |
(className | varName) '.'
subroutineName
'(' expressionList ')'</td></tr>
<tr><td>expressionList</td><td>(expression (',' expression)*)?</td></tr>
<tr><td>op</td><td>'+' | '-' | '*' | '/' | '&' | '|' |
'<' | '>' | '='</td></tr>
<tr><td>unaryOp</td><td>'-' | '~'</td></tr>
<tr><td>KeywordConstant</td><td>'true' | 'false' | 'null' | 'this'</td></tr>
</table>

10.2.2 Jack言語のための構文解析器

構文解析器の主な目的は、Jackプログラムを読み、Jack文法に従ってその構文の構造を“理解する”ことである。“理解する”とは、構文解析を行う過程の各ポイントで、現在読み込んでいるプログラム要素の種類、つまり、「それは式か、文か、変数か」などといったことを構文解析器は把握している、ということである。構文を理解するために、構文解析器は再帰的に処理を行う必要がある。そのような機能を備えていなければ、コード生成――これがコンパイラ全体の最終的なゴールである――へ移ることは不可能である。

入力されたプログラムの構造を、構文解析器が“理解している”ということを示すためには、キレイに構成された読みやすい形式のテキストデータとして出力する方法が考えられる。そのような方法はいくつか思いつくかもしれない。本書では XML ファイルを採用した。XML ファイルのマークアップ形式は、プログラムに内在する構文構造を反映する。XML の出力ファイルを分析することで―― Web ブラウザを用いることで行える――、構文解析器が正しい処理を行っているかどうか、ということを判断することができる。

10.2.3 構文解析器への入力

Jack の構文解析器は、次に示すように、コマンドラインでひとつだけパラメータを受け取る。

```
$ JackAnalyzer source
```

ここで *source* は、`Xxx.jack` というようなファイル名、もしくは、`.jack` ファイルが含まれるディレクトリ名である。構文解析器は `Xxx.jack` ファイルをコンパイルし、`Xxx.xml` という名前のファイルを出力する。`Xxx.xml` はソースファイル（`Xxx.jack`）と同じディレクトリに作成される。もし *source* がディレクトリ名であれば、ディレクトリに存在するすべての `.jack` ファイルは、対応する名前の `.xml` ファイルとして同じディレクトリに作成される。

`Xxx.jack` ファイルは文字のストリームである。このストリームはトークン化され、Jack 言語の字句要素で指定されたルールに従って、トークンのストリームへと変換される。トークンは任意の数の空白文字、改行文字、コメントによって分離される。コメントは次のフォーマットに従う。

```
/* 結びまでのコメント */
/** API コメント */
// 行の終わりまでコメント
```

10.2.4 構文解析器の出力

Jackコンパイラの開発は2段階に分けて行うことを思い出そう（**図10-1**参照）。本章では、**図10-4**で示すような形式のXMLを出力する構文解析器を作る。そのためには、終端記号と非終端記号というふたつの主となる言語構成物を認識できなければならない。この構成物は次のように扱われる。

終端記号（terminal）

xxxという種類の終端記号である言語要素に出くわすたびに、構文解析器は次のマークアップを出力する。

```
<xxx> terminal </xxx>
```

ここでxxxはJack言語の5つの字句要素——keyword、symbol、integerConstant、stringConstant、identifier——のいずれかに該当する。

非終端記号（non-terminal）

xxxという種類の非終端記号である言語要素に出くわすたびに、構文解析器は次の擬似コードを使って、マークアップを出力する。

```
<xxx>を出力
xxx要素のボディ部への再帰呼び出し
</xxx>を出力
```

ここでxxxは次に示す非終端記号のいずれかに該当する。

- class、classVarDec、subroutineDec、parameterList、subroutineBody、varDec
- statements、whileStatement、ifStatement、returnStatement、letStatement、doStatement
- expression、term、expressionList

図 10-4 は解析器の出力を示しているが、前にも同じようなものを見てきたはずである。本章の前のほうでは、プログラムの構造は構文木（parse tree）へと解析されることを示した（**図 10-3** 参照）。実際、この XML の構造は、その木構造を単にテキストで表現したものにすぎない。構文木の構造を見れば、「非終端記号が木の終端ノードからどのように構成されるか」ということがわかる。これは XML 出力においても同様である（つまり、XML の非終端要素は、終端要素からどのように形成されるかということを表している）。同様に、トークナイザによって生成されたトークンは、プログラムの構文木における終端記号と同じように、XML 出力の最下部の要素に該当する。

コード生成

ここでは解析器の XML 出力について、その仕様を示した。次章では、XML を生成するモジュールを実行可能な VM コードを生成するモジュールへと置き換える。それによって、完全版の Jack コンパイラができあがる。

10.3 実装

10.2 節では、Jack 言語のための構文解析器の作り方について、実装部分の詳細を省いて説明を行った。本節では構文解析器の実装案を提示する。本書では、次の 3 つのモジュールを用いて実装を行うことを推奨する。

JackAnalyzer
セットアップや他モジュールの呼び出しを行うモジュール。

JackTokenizer
トークナイザ。

CompilationEngine
再帰によるトップダウン式の解析器。

これらのモジュールは言語の「構文」を扱う。次章では、言語の「意味」に対応するため、さらにふたつのモジュールを追加する。ふたつのモジュールとは、シンボルテーブル（symbol table）と VM コード書き込み器（VM-code writer）である。そのモジュールを追加することで、Jack 言語のコンパイラは完成に至る。本プロジェクトで作る構文解析を行うモジュールは、コンパイル全体を駆動する存在となるため、そのモジュールを CompilationEngine と呼ぶことにする。

解析器への入力（Jackコード）

```
Class Bar {
  method Fraction foo(int y) {
    var int temp; // a variable
    let temp = (xxx+12)*-63;
    ...
```

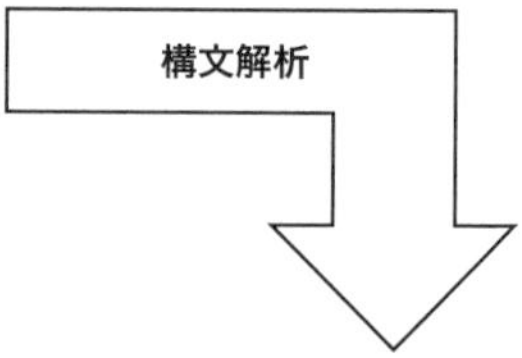

構文解析

解析器の出力（XMLコード）

```
<class>
  <keyword> class </keyword>
  <identifier> Bar </identifier>
  <symbol> { </symbol>
  <subroutineDec>
    <keyword> method </keyword>
    <identifier> Fraction </identifier>
    <identifier> foo </identifier>
    <symbol> ( </symbol>
    <parameterList>
      <keyword> int </keyword>
      <identifier> y </identifier>
    </parameterList>
    <symbol> ) </symbol>
    <subroutineBody>
      <symbol> { </symbol>
      <varDec>
        <keyword> var </keyword>
        <keyword> int </keyword>
        <identifier> temp </identifier>
        <symbol> ; </symbol>
      </varDec>
      <statements>
        <letStatement>
          <keyword> let </keyword>
          <identifier> temp </identifier>
          <symbol> = </symbol>
          <expression>
          ...
          </expression>
          <symbol> ; </symbol>
          ...
```

図 10-4　Jack 構文解析器

10.3.1 JackAnalyzerモジュール

JackAnalyzerモジュールには*source*が与えられる。この*source*はXxx.jackというファイル名、もしくはひとつ以上の.jackファイルを含むディレクトリ名のどちらかである。ソースとなる各Xxx.jackファイルに対して、JackAnalyzerモジュールは次のロジックによる処理を行う。

1. 入力ファイルのXxx.jackから、JackTokenizerを生成する。
2. Xxx.xmlという名前の出力ファイルを作り、それに書き込みを行う準備をする。
3. 入力であるJackTokenizerを出力ファイルへコンパイルするために、CompilationEngineを用いる。

10.3.2 JackTokenizerモジュール

JackTokenizerモジュールは入力ストリームからすべてのコメントと空白文字を取り除き、Jack文法に従いJack言語のトークンへ分割する（**表10-1**）。

表10-1 JackTokenizerモジュールのAPI

ルーチン	引数	戻り値	機能
コンストラクタ	入力ファイル/ストリーム	—	入力ファイル/ストリームを開き、トークン化を行う準備をする
hasMoreTokens	—	ブール値	入力にまだトークンは存在するか？
advance	—	—	入力から次のトークンを取得し、それを現在のトークン（現トークン）とする。このルーチンは、hasMoreTokens()がtrueの場合のみ呼び出すことができる。また、最初は現トークンは設定されていない
tokenType	—	KEYWORD、SYMBOL、IDENTIFIER、INT_CONST、STRING_CONST	現トークンの種類を返す

表10-1 JackTokenizerモジュールのAPI（続き）

ルーチン	引数	戻り値	関数
keyWord	—	CLASS、METHOD、FUNCTION、CONSTRUCTOR、INT、BOOLEAN、CHAR、VOID、VAR、STATIC、FIELD、LET、DO、IF、ELSE、WHILE、RETURN、TRUE、FALSE、NULL、THIS	現トークンのキーワードを返す。このルーチンは、tokenType()がKEYWORDの場合のみ呼び出すことができる
symbol	—	文字	現トークンの文字を返す。このルーチンは、tokenType()がSYMBOLの場合のみ呼び出すことができる
identifier	—	文字列	現トークンの識別子（identifier）を返す。このルーチンは、tokenType()がIDENTIFIERの場合のみ呼び出すことができる
intVal	—	整数	現トークンの整数の値を返す。このルーチンは、tokenType()がINT_CONSTの場合のみ呼び出すことができる
stringVal	—	文字列	現トークンの文字列を返す。このルーチンは、tokenType()がSTRING_CONSTの場合のみ呼び出すことができる

10.3.3 CompilationEngineモジュール

CompilationEngineモジュールは実際の出力を生成する。JackTokenizerから入力を受け取り、構文解析された構造を出力ファイル/ストリームへ出力する。出力は一連のcompilexxx()というルーチンによって生成される。xxxは**表10-2**に示すとおりJack文法の要素のいずれかに該当する。CompilationEngineのルーチンの使い方としては、compilexxx()によって入力からxxxという構文を読み、advance()を使ってxxxの次の要素へ進み、パースされたxxxを出力するようにする。そのため、compilexxx()は、入力の次の構文要素がxxxである場合のみ呼ぶようにするとよい。

本章で示す初期バージョンのコンパイラにおいては、このモジュールはXMLタグで囲まれたコードを出力する。11章で示す最終版のコンパイラでは、このモジュールは実行可能なVMコードを生成する。両方の場合で、構文解析を行うロジックとモジュールのAPIは同じである。

表10-2 CompilationEngineモジュールのAPI

ルーチン	引数	戻り値	機能
コンストラクタ	入力ファイル/ストリーム、出力ファイル/ストリーム	—	与えられた入力と出力に対して新しいコンパイルエンジンを生成する。次に呼ぶルーチンはcompileClass()でなければならない
compileClass	—	—	クラスをコンパイルする
compileClassVarDec	—	—	スタティック宣言またはフィールド宣言をコンパイルする
compileSubroutine	—	—	メソッド、ファンクション、コンストラクタをコンパイルする
compileParameterList	—	—	パラメータのリスト(空の可能性もある)をコンパイルする。カッコ“()”は含まない
compileVarDec	—	—	var宣言をコンパイルする
compileStatements	—	—	一連の文をコンパイルする。波カッコ“{}”は含まない
compileDo	—	—	do文をコンパイルする
compileLet	—	—	let文をコンパイルする
compileWhile	—	—	while文をコンパイルする
compileReturn	—	—	return文をコンパイルする
compileIf	—	—	if文をコンパイルする。else文を伴う可能性がある
compileExpression	—	—	式をコンパイルする

表10-2 CompilationEngine モジュールの API（続き）

ルーチン	引数	戻り値	関数
compileTerm	—	—	term をコンパイルする。このルーチンは、やや複雑であり、構文解析のルールには複数の選択肢が存在し、現トークンだけからは決定できない場合がある。具体的に言うと、もし現トークンが識別子であれば、このルーチンは、それが変数、配列宣言、サブルーチン呼び出しのいずれかを識別しなければならない。そのためには、ひとつ先のトークンを読み込み、そのトークンが“[”か“(”か“.”のどれに該当するかを調べれば、現トークンの種類を決定することができる。他のトークンの場合は現トークンに含まないので、先読みを行う必要はない
compileExpressionList	—	—	コンマで分離された式のリスト（空の可能性もある）をコンパイルする

10.4 展望

コンピュータのプログラムを構文木やXMLファイルを用いて記述することは都合の良いことである。しかし、コンパイラは、そのようなデータ構造を明示的に保持することは必ずしも必要としない。これを理解することは重要である。たとえば、本章で説明した構文解析を行うアルゴリズムは“オンライン”で行うことができる。オンラインとは、入力プログラム全体をメモリに保持せずに、入力をその都度読みながら構文解析を行うということである。そのような構文解析を行うためには、本質的にふたつのアプローチがある。より単純なアプローチはトップダウンで行うもので、それは本章で説明した手法である。より進んだアルゴリズムはボトムアップで行う手法であり、そのためにはそれに関する理論について勉強する必要がある。

実際のところ、本章では、コンパイラの授業で扱うような言語理論について、そのほとんどすべてを省略した。それが可能であったのは、Jack言語が単純な構文であったからに他ならない——Jackは再帰降下アルゴリズムを用いて簡単にコンパイルできる構文である。たとえば、Jack文法では、式の評価を行うときに、演算ごとの優先順位を考慮しない（足し算の前に掛け算を行う、といったような優先順位）。それによって、よりパワフルで、より複雑な手法に頼らなくとも、本章で提示したトップダウン式の構文解析手法でパースすることができる。

また本章で扱うことができなかった別のトピックとしては、一般的に言語の構文はどのように指定されるか、ということである。これについては、**形式言語**（formal language）と呼ばれる理論がある。形式言語は、言語の特質や言語を規定するためのメタ言語と形式について議論する分野である。この場所において、コンピュータサイエンスは人間の言語と出会い、数理言語学（computational linguistics）と呼ばれる研究分野へと発展していく。

最後に、構文解析器はスタンドアロンなプログラムではないこと、構文解析器をゼロから書くことはめったにないこと、を追記しておく。プログラマーは通常、LEX（lexical analysis）やYACC（Yet Another Compiler Compiler）などの“コンパイラ生成器”を使ってトークナイザやパーサを作る。それらのツールは文脈自由文法を受け取り、その文法で書かれたプログラムをトークン化し、パースすることができる構文解析コードを出力する。生成されたコードは、コンパイラのニーズに適応するようにカスタマイズすることができる。本章では、我々が掲げる“中身を理解する”精神に則り、そのようなツールをブラックボックスとして使用することは避け、ゼロからすべてを構築した。

10.5 プロジェクト

コンパイラ構築のためのプロジェクトは10章と11章で行う。本章では構文解析器の作り方について説明を行った。次章では、このコンパイラを拡張し、完全版のJackコンパイラを完成させる。

目標

Jack文法に従ってJackプログラムをパースする構文解析器を作る。解析器は、「仕様」の節で指定したXMLを出力しなければならない。

材料

本プロジェクトで使用する主なツールは、構文解析器を実装するためのプログラミング言語である。プログラミング言語は自分の好きな言語を用いてよい。また、本書が提供するTextComparerというツールを使うとよいだろう[†1]。このツールを用い

†1 訳注：Unix系のパソコンであれば、ターミナルから「`diff -w file1 file2`」のコマンドでファイルの比較を行うことができる。

ることで、構文解析器が出力したファイルと本書が提供するファイルを比較することができる。さらに、生成したXMLの中身を検証するためにXMLビューアが必要かもしれない（その場合、Webブラウザやテキストエディタなどを用いることができる）。

規約

構文解析器を2段階で――「トークナイザ」と「パーサ」の順で――実装する。それらのモジュールを用いて、以下に述べる`.jack`ファイルをコンパイルする。ソースファイルである`.jack`ファイルは、解析器によって`.xml`ファイルを出力する。生成された`.xml`ファイルは、本書が提供する比較用の`.xml`ファイルと一致しなければならない。

10.5.1 テストプログラム

構文解析器の仕事は、Jack言語で書かれたプログラムをパースすることである。テストを行うためには、解析器を使ってJackプログラムをいくつかパースし、それが正しい結果であるかどうか調べればよい。そのために「Square Dance」と「Array Test」と呼ばれるふたつのテストプログラムを用意した。前者は、配列操作を除くすべてのJack言語の操作が含まれる。後者には配列操作も含まれる。また、簡易版の「Square Dance」プログラムも用意した。

これら3つのプログラムは、Jackで書かれたソースファイルから構成されている。各`Xxx.jack`ファイルには、`XxxT.xml`と`Xxx.xml`というふたつの比較用ファイルが提供されている。`XxxT.xml`は、トークナイザに`Xxx.jack`を適用したときに出力されるべき生成ファイルである。同様に、`Xxx.xml`は、パーサに`Xxx.jack`を適用した場合に出力されるべき生成ファイルである。

SquareDance（`projects/10/Square`）

矢印キーに従って、四角形のブロックがスクリーンの周りを動くだけの簡単なプログラム。

式を含まない SquareDance（projects/10/ExpressionlessSquare）

先の SquareDance のコピー。ただし、式がひとつの識別子に置き換えられている点がオリジナルと異なる（スコープ内の変数名に置き換えられる）。たとえば、Square クラスには、ブロックのサイズを 2 ピクセル拡大させるメソッドがある。このメソッドはスクリーンからはみ出さない場合に限り、新しいサイズが適用される。このメソッドのコードは**例 10-3** と**例 10-4** のようになる。

例 10-3　Square クラスのコード

```
method void incSize() {
  if (((y + size) < 254) &
     ((x + size) < 510) {
    do erase();
    let size = size + 2;
    do draw();
  }
  return;
}
```

例 10-4　ExpressionlessSquare クラスのコード

```
method void incSize() {
  if (x) {
    do erase();
    let size=size;
    do draw();
  }
  return;
}
```

式を変数に置き換えることによって、本書が提供するコンパイラではコンパイルできないプログラムになってしまう。それでも、その式を含まないプログラムは Jack 文法に従ったプログラムである。式を含まないプログラムはオリジナルと同じファイル構成であり、別ディレクトリに分けて用意してある。

ArrayTest（projects/10/ArrayTest）

ユーザーが与える整数の列に対して、配列を用いてその平均を求めるプログラム。ファイルは Main.jack ただひとつから構成される。

テストプログラムを用いた実験

本書のJackコンパイラを用いて、SquareDanceとArrayTestをコンパイルし、本書のVMエミュレータを用いて、そのコンパイルしたコードを実行することができる。これはオプションであり、本プロジェクトとはまったく関係しないが、これによりテストプログラムは単なるテキストファイルではないことがわかるだろう。

10.5.2 第1段階：トークナイザ

まずは10.3節で仕様を示したJackTokenizerを実装する。Jackのコードを含むテキストファイルをトークナイザに適用すると、トークンのリストが作られる。各トークンは、そのトークンの種類――`symbol`、`keyword`、`identifier`、`integerConstant`、`stringConstant`のいずれか――をXMLのタグとして、行ごとに出力される。ここでは具体例をひとつ示す。

例10-5 ソースコード

```
if (x < 153)
  {let city="Paris";}
```

例10-6 トークナイザの出力

```
<tokens>
  <keyword> if </keyword>
  <symbol> ( </symbol>
  <identifier> x </identifier>
  <symbol> &lt; </symbol>
  <integerConstant> 153
  </integerConstant>
  <symbol> ) </symbol>
  <symbol> { </symbol>
  <keyword> let </keyword>
  <identifier> city </identifier>
  <symbol> = </symbol>
  <stringConstant> Paris
  </stringConstant>
  <symbol> ; </symbol>
  <symbol> } </symbol>
</tokens>
```

ここで、stringConstant はダブルクォートが取り除かれている。これは意図したものである。

トークナイザの出力は、XML の仕様により、次に示すふたつの“変わった性質”を持つ。ひとつ目は、XML ファイルは始まりと終わりのタグで囲まれなければならない、ということである。そのため、<tokens>と</tokens>というタグが出力に追加される。ふたつ目は、Jack 言語で使う 3 つのシンボル――<、>、&――は XML のマークアップでも使われるため、そのシンボルのままで XML に表記することはできない、ということである。この問題を解決するために、先のシンボルはそれぞれ<、>、& に対応させる。たとえば、<symbol> < </symbol>を Web ブラウザで正しく表示させるために、<symbol> < </symbol>と書かなければならない。

トークナイザのテスト

- SquareDance と ArrayTest のふたつのプログラムをトークン化する。「式を含まない SquareDance」についてはテストする必要はない。
- ソースファイルの Xxx.jack に対して、あなたの実装したトークナイザは XxxT.xml という名前のファイルを出力するようにする。すべてのテストプログラムをトークン化し、本書が提供する TextComparer というツールを用いて、比較用の.xml ファイルと比較する。
- トークナイザが生成する出力ファイルは比較用のファイルと同じ名前になるため、比較用ファイルを別ディレクトリに移動しておくとよいだろう。

10.5.3 第 2 段階：パーサ

続いて、10.3 節で仕様を示した CompilationEngine モジュールを実装する。API として指定したルーチンを書き、正しい XML が出力されることを確かめる。ここでは、式以外の要素を扱う CompilationEngine を最初に実装することを推奨する。その場合、「式を含まない SquareDance」を用いてテストを行う。その後で、そのパーサが式を扱えるように拡張し、SquareDance と ArrayTest を用いてテストを行う。

パーサのテスト

- CompilationEngine に本書が提供するテストプログラムを適用し、出力ファイルを生成する。TextComparerを使って、その出力ファイルと本書の比較用ファイルを比較する。

- 解析器が生成する出力ファイルは比較用のファイルと同じ名前になるため、比較用ファイルを別ディレクトリに移動しておくとよいだろう。
- XMLのインデント（字下げ）は可読性のためだけに用いる。Webブラウザと本書のTextComparerは空白文字を無視する。

11章
コンパイラ#2：コード生成

文法における構文上の構成要素は、各センテンスで、
その意味の解釈を決定づける深層構造が指定されている必要がある。
——言語学者 ノーム・チョムスキー（1928－）

多くのプログラマーにとって、コンパイラはあたりまえの存在である。しかし、少し時間をとってコンパイラについて考えてみれば、高水準言語をバイナリコードへと変換する能力は魔法のように感じられるのではないだろうか。本書では、この変換作業を理解するために、実際にコンパイラを開発する。我々が開発するコンパイラは、Jackというプログラミング言語を対象としたものである。Jackは単純ではあるが、モダンなオブジェクトベースの言語でもある。JavaやC#と同様に、Jackコンパイラは、「バックエンド」と「フロントエンド」のふたつの要素から構成される。バックエンドの正体はバーチャルマシン（virtual machine、VM）であり、これは7章と8章で開発を行った。フロントエンドのモジュールは構文解析器（syntax analyzer）とコード生成器（code generator）から構成されており、高水準言語とVM言語の間のギャップを埋め合わせるように設計されている。構文解析器については10章で開発を行った。本章ではコード生成器の開発を行う。

コンパイラのフロントエンドは概念上ふたつのモジュールから構成されるが、通常それらのモジュールはひとつのプログラムにまとめられる（ここでも、そのようにする予定である）。10章では、Jackプログラムを“理解できる”構文解析器を構築した（「理解できる」とは、「パースを行うことができる」ということを意味する）。本章では、この構文解析器を完全版のコンパイラへと拡張する。完全版のコンパイラは、“理解された”高水準言語を、同等の内容である一連のVM命令へと変換する。このアプローチは「分析と合成（analysis-synthesis）」のパラダイムに従ったものである。ほとんどすべてのコンパイラも、これに従う。

モダンなプログラミング言語は表現性に富んでいる。高水準言語であれば、オブジェクトや関数といった抽象化を行い、それを操作することができる。また、簡潔な処理

フローや分岐を用いてアルゴリズムを実装することができ、無限と言えるぐらいに複雑なデータ構造も構築することができる。一方、そのようなプログラムが実際に実行されるプラットフォームは、最小限度の要素から構成される。最小限度の要素としては、一般的に、ストレージのためのレジスタが一式と単純な命令セットだけが提供されている。そのため、高水準から低水準へのプログラムの変換を行う作業は難題と言える。もし対象とするプラットフォームがバーチャルマシンであれば、物事はいくらか簡単になる。しかし、高水準言語の表現性とバーチャルマシンの表現性の間には依然として広い溝があり、それを埋め合わせることはチャレンジングな問題である。

本章では「背景」の節からスタートし、コンパイラの開発に必要な最小限のトピックについて説明を行う。具体的には、「シンボルテーブルの管理」、「変数、オブジェクト、配列を表現するためのコード生成」、「制御フローコマンドの低水準命令への変換」が、そのトピックである。「仕様」の節ではJackプログラムをVMのプラットフォームとVM言語へマッピングする（対応づけを行う）方法を示す。「実装」の節では、実装案として、その変換を行うコード生成モジュールのためのAPIを示す。本章は、いつものとおり「プロジェクト」の節で終わる。「プロジェクト」の節では、ガイドラインおよびテストプログラムを段階的に与え、コンパイラの完成を目指す。

ところで、コンパイラを開発するという作業は、“あなた”にとってどのような利益があるのだろうか？ 通常、コンパイラについての授業を受講しない学生であれば、コンパイラを開発する機会はないであろう。そのため、本書の指示に従いJackコンパイラの開発をゼロから行った読者は、比較的少ない労力で、貴重な経験をするだろう（もちろん、コンパイラの理論に関しては、限定されたものであるが）。さらに、コンパイラのコード生成モジュールで使われるトリックや技術は巧妙である。そのようなトリックを見ることで、再び、人の創意工夫――プリミティブな機械をほとんど魔法のように仕立て上げる仕組み――に驚愕するだろう。

11.1 背景

プログラムは、本質的には、データを操作する一連の命令である。そのため、高水準言語から低水準言語へのコンパイル作業は、主にふたつの変換に焦点が当てられる。ふたつの変換とは、データ変換（data translation）とコマンド変換（command translation）である。

コンパイラ全体の作業はバイナリコードまでの変換を含む。しかし、我々は2段階からなるアーキテクチャを採用しているため、本章で作成するコンパイラはVMコードを生成することだけを目標とすればよい。なぜなら、バーチャルマシンのレベルで扱われる低レベルの問題についてはすでに解決済みだからである（その問題は7章と8章で扱った）。

11.1.1 データ変換

プログラムはさまざまな型（type）の変数を扱う。これには整数やブーリアンなどの単純な型や、配列やオブジェクトなどの複雑な型が含まれる。また、変数に関する別の興味対象として、変数の属性（kind）によるライフサイクルとスコープ——つまり、その変数はローカル変数か、グローバル変数か、引数か、フィールド変数か、などといったこと——がある。

コンパイラは、プログラムで遭遇する各変数に対して、その変数の型を対象のプラットフォームに適合する同等の表現へマッピングしなければならない。さらに、コンパイラは変数のライフサイクルとスコープについても管理する必要がある。この作業は変数の属性によって、その作業内容が決まる。本節では、これらのタスクをコンパイラがどのように行うか、ということについて説明する。最初に、シンボルテーブル（symbol table）から説明を始める。

シンボルテーブル

高水準言語では多くの識別子（identifier）を用いる。コンパイラが、たとえば、xxxという識別子に出くわした場合、コンパイラはxxxが何を表しているのか、ということを知る必要がある。それは、変数名か、クラス名か、それともファンクション名か？もしそれが変数であれば、xxxはオブジェクトのフィールドか、それとも、ファンクションの引数か？ 変数の型は何か？ `int`、`boolean`、`char`、それとも、クラスの型か？——このように、コンパイラは対象とする言語でxxxの意味を表現する前に、この問題を解決しなければならない。さらに、この問題は、ソースコードでxxxに出くわすたびに毎回答えなければならない。

プログラム中に現れるすべての識別子について、それらを記録する必要があるのは明らかである。さらに、各識別子に対して、その識別子はソースプログラムにおいて何を表しているのか、そして、その識別子は対象言語でどの構成要素に対応するか、ということを記録する必要がある。ほとんどのコンパイラはこの情報をシンボルテーブルを用いて記録する。ソースコードで初めて新しい識別子に出くわすたびに（たとえば、変数の宣言など）、コンパイラはそのテーブルにその識別子を追加する。コードの他の場所で識別子に出くわすたびに、コンパイラはシンボルテーブルでその識別子を探し、それに関して必要な情報を得る。ここで一般的な例を**表11-1**に示す。

表11-1　ある架空のサブルーチンにおけるシンボルテーブル

名前	型	属性	番号
nAccounts	int	static	0
id	int	field	0
name	String	field	1
balance	int	field	2
sum	int	argument	0
status	boolean	local	0

コンパイラは識別子を含んだ高水準言語を変換するときに、シンボルテーブルという名の“ロゼッタストーン”を用いる。たとえば、balance=balance+sumという文を考えてみよう。シンボルテーブルを用いると、balanceを現オブジェクトのフィールド番号2に、また、sumを現在実行しているサブルーチンの引数番号0に対応させるよう、コンパイラはその文を変換することができる。この変換の詳細については対象とする言語に依存する。

ほとんどの言語は、同じ識別子によってまったく別のものを指すことができる。これを行うがために、シンボルテーブルはやや複雑になる。というのは、同一の識別子による表現を達成するためには、各識別子は暗黙的にスコープ——識別子が認識されるプログラムの範囲——と結びついていなければならない。通常、スコープはネスト化され、内部のスコープで定義された識別子は外側からは隠される。たとえば、C言語の関数でx++という文が現れた場合、Cコンパイラは初めに現在の関数内でローカル変数としてxが宣言されていないかをチェックする。もしxがローカル内で見つかれば、ローカル変数をインクリメントするコードを生成する。もし見つからなければ、コンパイラはファイル内でグローバル変数としてxが宣言されていないかをチェックする。もしグローバルでxが見つかれば、グローバル変数であるxをインクリメントするコードを生成する。このスコープの深さは、無限に深くなる可能性がある。なぜなら、ある言語では、ブロック（波カッコで囲まれたコード）の変数宣言がそのブロック内でのローカル変数として扱われるからである。

そのため、各識別子について、その関連情報をすべて記録するのに加えて、シンボルテーブルは、その識別子のスコープも記録しなければならない。このような用途に使われるデータ構造は「ハッシュテーブルのリスト」である。リストの各要素はハッシュテーブルであり、ハッシュテーブルは単一のスコープを示す。リストの要素はリストの次の要素の中にネスト化されていることを意味する。たとえば、コンパイラが現在のスコープにおけるテーブル内で識別子を見つけることができなければ、リストの次のテーブルで、その識別子を探そうとする。そのため、もしxが、あるコードセグメント（たとえば、メソッド）で宣言されていなければ、xはそのセグメントを所有するコードセグメント（たとえば、クラス）で宣言されているかもしれない。

変数操作

どのようなコンパイラを開発するにしても、必ず遭遇する基本的な問題がある。それは、ソースプログラムで宣言されるさまざまな型の変数を、対象とするプラットフォーム上へどのように対応づけるか、という問題である。これは簡単な問題ではない。そもそも変数の型が異なれば、それに必要なメモリサイズも異なる。そのため、メモリと変数のマッピングは1対1に対応しない。さらに、変数の属性が異なれば、そのライフサイクルも異なる。たとえば、スタティック変数はひとつだけ存在し、プログラムが実行されている間ずっと存在するようにしなければならない。一方、クラスがインスタンス化されれば、インスタンスごとにフィールド変数をコピーし、インスタンスが破棄されるタイミングで、そのインスタンスのメモリを再利用できるようにしなければならない。また、サブルーチンが呼ばれるたびに、新しいローカル変数と引数のコピーが生成される必要がある——再帰呼び出しを行う場合、この必要性が明らかになるであろう。

以上が“悪い知らせ”である。しかし、これには“良い知らせ”もある。それは、このような困難な作業はすでに解決済みである、ということでる。我々が採用した2段階構成のアーキテクチャでは、変数のメモリ割り当てはバックエンドであるVMが代わりに行う。特に、我々が7章と8章で構築したバーチャルマシンは、ほとんどの高水準言語で必要とされる変数の属性——スタティック変数、ローカル変数、引数、オブジェクトのフィールド変数など——に対応できるメカニズムを備えている。変数の割り当てと破棄に関する詳細は、グローバルスタックと仮想メモリセグメントを使って、VMのレベルで扱われる。

このような機能は簡単には実現できないことをもう一度思い出そう。実際、グローバルスタックと仮想メモリセグメントをハードウェアのプラットフォーム上へマッピングするVM実装を、これまで頑張って作ってきたのである。そして、この努力が報われるのは、——*L*という言語がどのような言語であったとしても、*L*からVMへ変換を行うコンパイラは、低レベルのメモリ管理から完全に解放される——という点にある。したがって、コンパイラの行うべきことは、ソースプログラムで見つかった変数を仮想メモリセグメント上にマッピングし、それらを操作する高水準コマンドをVMコマンドを用いて表現することだけである——これらの作業はいくぶん単純な変換作業である。

配列操作

ほとんどの場合において、配列は連続したメモリ領域に格納される（多次元配列は1次元配列へと平らにされる）。配列名は通常、ポインタとして扱われる。ポインタである配列名は、その配列が格納されたRAMのベースアドレスを指す。Pascalのような言語では、配列が宣言されたときに、その配列を格納するのに必要なメモリ領域が割り当てられる。一方、Javaのような言語では、配列の宣言によってポインタひとつ分のメモリスペースだけが割り当てられる。そのポインタの値は、ゆくゆくは配列のベースアドレスを指すようになる。実際の配列のメモリ領域は、実行時にそれが実際に生成されたときに割り当てられる。このような動的メモリ割り当て（dynamic memory allocation）にはヒープが使われ、オペレーティングシステムのサービスであるメモリ管理が用いられる。

一般的に、OSは`alloc(`*`size`*`)`のような関数を備えている。この関数は、*`size`*で指定された大きさの利用可能なメモリを探し出す方法を知っており、戻り値として、そのベースアドレスを返す。そのため、`bar=new int[10]`という文をコンパイルした場合、コンパイラは「`bar=alloc(10)`」を行うような低水準な命令を生成する。この命令によって、配列のメモリブロックのベースアドレスが`bar`に設定される（これがまさに我々の望むことである）。この内容を図示すると**図11-1**のようになる。

それでは、コンパイラが`bar[k]=19`という文をどのように変換するか、ということについて考えてみよう。`bar`というシンボルは配列のベースアドレスを指すから、この文はC言語を用いると、`*(bar+k)=19`と表現することができる。この操作を実現するためには、対象とする言語は、間接アドレス指定（indirect addressing）のようなメカニズムを備えなければならない。具体的に言えば、yという値のメモリ位置に値を格納する代わりに、yに格納されている値をアドレスとして解釈し、そのアドレスの場所に値を格納することを行う必要がある。言語が異なれば、このポインタ操作は別の方法で行うかもしれない。ポインタ操作に関してふたつの異なる方法を**例11-1**と**例11-2**に示す。

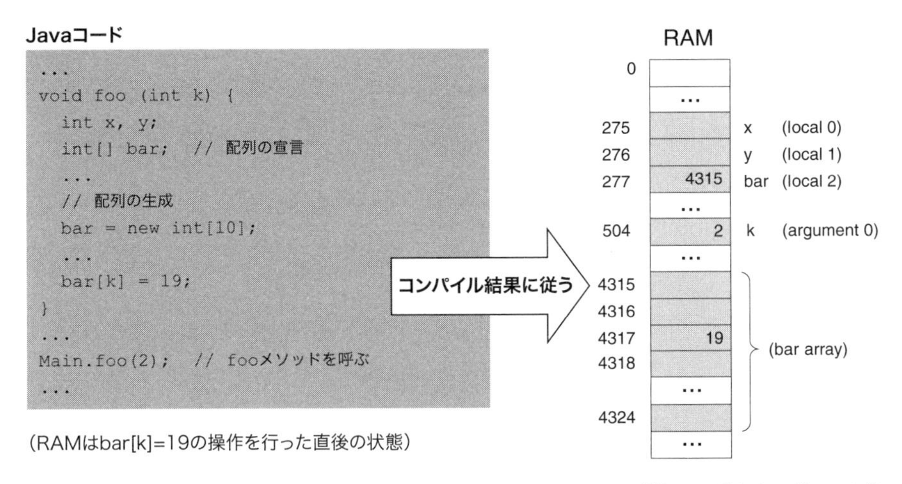

図 11-1　配列操作。メモリ割り当ては実行時に行う。そのため、ここで例として示したアドレスの値は勝手に決めたものである

例 11-1　配列処理。擬似 VM コード

```
// bar[k]=19、または、*(bar+k)=19
push bar
push k
add
// ポインタを使って、x[k] にアクセスする
pop addr   // addr は bar[k] を指す
push 19
pop *addr // bar[k] を 19 に設定する
```

例 11-2　配列処理。本書の VM コード（7.2.6 節の仕様に従う）

```
// bar[k]=19、または、*(bar+k)=19
push local 2
push argument 0
add
// x[k] にアクセスするために that セグメントを使う
pop pointer 1
push constant 19
pop that 0
```

オブジェクト操作

クラスのオブジェクト、たとえば、Employeeのようなオブジェクトは、nameやsalaryといったデータ要素と、そのようなデータを操作するメソッドがカプセル化されている。データとメソッドは、コンパイラによってまったく別ものとして扱われる。まずはデータから始めよう。

オブジェクトのデータに関して、その低レベルにおける操作は配列の場合と似ている。オブジェクトの場合、オブジェクトのフィールドは連続したメモリ領域に格納される。オブジェクト指向の言語の多くは、クラス型の変数が宣言されたときに、コンパイラはポインタ変数のメモリ領域だけを割り当てる。そのオブジェクトの実際のデータは、それが後ほど生成された段階で（コンストラクタが呼ばれた段階で）メモリ割り当てが行われる。Xxxというクラスのコンストラクタをコンパイルする場合、コンパイラは初めに、そのクラスのフィールドの数と属性を調べ、RAM上でXxxという型のインスタンスを生成するために必要なメモリ領域の大きさ——たとえば、これを*n*とする——を計算する。そして、新しく生成されたオブジェクトに必要なメモリを確保するためのコードをコンパイラは生成する（たとえば、this=alloc(*n*)というようなコードである）。この命令はthisポインタを新しいオブジェクトのためのメモリブロックのベースアドレスに設定する。**図11-2**では、Javaの場合におけるオブジェクト操作の例を示す。

オブジェクトはベースアドレスを格納したポインタ変数によって表されるため、オブジェクトによってカプセル化されたデータへのアクセスは、ベースアドレスからの相対的なインデックスを使う。たとえば、Complexクラスには次のメソッドが含まれているとしよう。

```
public void mult (int c) {
  re = re * c;
  im = im * c;
}
```

コンパイラは、「im = im * c」という文をどのように扱うべきであろうか？答えは次のとおりである——コンパイラはシンボルテーブルを見ることで、imはthisオブジェクトの2番目のフィールドであること、そして、cはmultメソッドの最初の引数であることがわかる。この情報を用いて、「im = im * c」を「*(this + 1) = *(this + 1) times (argument 0)」のような命令に変

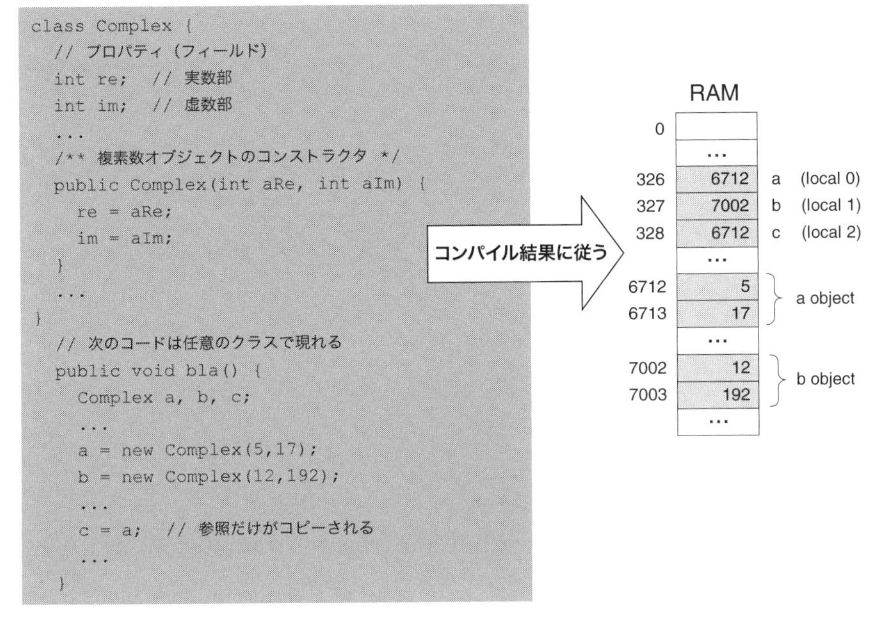

図 11-2 オブジェクト操作。メモリ割り当ては実行時に行う。そのため、ここで例として示したアドレスの値は勝手に決めたものである

換することができる。もちろん、ここで示した命令は、対象とする言語を使って表現しなければばならない。

それでは、`mult` メソッドを `b` オブジェクトに適用したいとしよう。たとえば、`b.mult(5)` のようなメソッドを考えてみよう。コンパイラはこのメソッド呼び出しをどのように扱うべきだろうか？ フィールドデータ（`re` や `im` など）の場合、インスタンスごとに別のコピーが存在する。一方、メソッド（`mult` など）の場合、対象のコードレベルに変換されたメソッドのコピーはひとつだけ存在する。このメソッドは、同じクラスから生成されたすべてのオブジェクトに対して用いることができる。オブジェクトがそれ自身のコードをカプセル化しているように見せかけるために、このひとつだけ存在するメソッドを対象のオブジェクトに対して操作するようにコンパイラは取り計る必要がある。そのようなことを行うには、何かしらの“トリック”が必要である。一般的なコンパイラで用いられるトリックは、操作されるオブジェクトの参照をメソッドの

「隠れ引数」として渡すことで行われる。たとえば、`b.mult(5)` は、`mult(b,5)` のように書かれているものとしてコンパイルされる。そのため、`foo.bar(v1,v2,...)` のようなオブジェクトベースのメソッド呼び出しがVMコードへと変換されると、「`push foo`、`push v1`、`push v2`、… 、`call bar`」というようなVMコードが生成される。このようにして、別のオブジェクトに対して同じメソッドを適用することができる。にもかかわらず、高水準言語の視点では、各オブジェクトが自身のコードをカプセル化しているように見えるのである。

しかし、これでコンパイラの仕事が終わったわけではない。クラスのメソッドの名前は別のクラスのメソッドと同じ名前であっても差し支えない。そのため、正しいオブジェクトに対して正しいメソッドが適用されることを、コンパイラは保証する必要がある。さらに、サブクラスによってメソッドが上書き（override）される可能性もあるため、オブジェクト指向のコンパイラはこの決断をプログラムの実行時（ランタイム）に行わなければならない。ランタイムの型決定を行わないとすれば、Jack言語のように、型決定はコンパイル時に行われる。そのためには、`x.m(y)` のようなメソッド呼び出しにおいて、`m` というメソッドが `x` というオブジェクトを生成したクラスに属することをコンパイラは知る必要がある。

11.1.2 コマンド変換

ここでは、高水準のコマンドが対象とする言語へどのように変換されるか、ということについて説明を行う。これまでに、「変数」「オブジェクト」「配列の操作」について説明してきたので、残るトピックはふたつだけである。それは、「式の評価（expression evaluation）」と「フロー制御（flow control）」である。

式の評価

「`x + g(2,y,-z) * 5`」のような高水準言語による式を評価するために、どのようなコードを生成すればよいだろうか？ そのためには、初めに式の構文構造を“理解する”必要がある。理解するとは、たとえば、**図11-3**のような構文木へ変換する必要がある、ということである。このパース作業は、10章で説明した構文解析器によって行われる。続いて、図に示すとおり、その構文木の走査（traverse）[†1]を行い、対応するVMコードを生成する。

---

†1 訳注：木の走査とは、木のすべてのノードを訪れることを言う。それにはいくつか方法があり、先行順走査、中央順走査、後行順走査などがある。

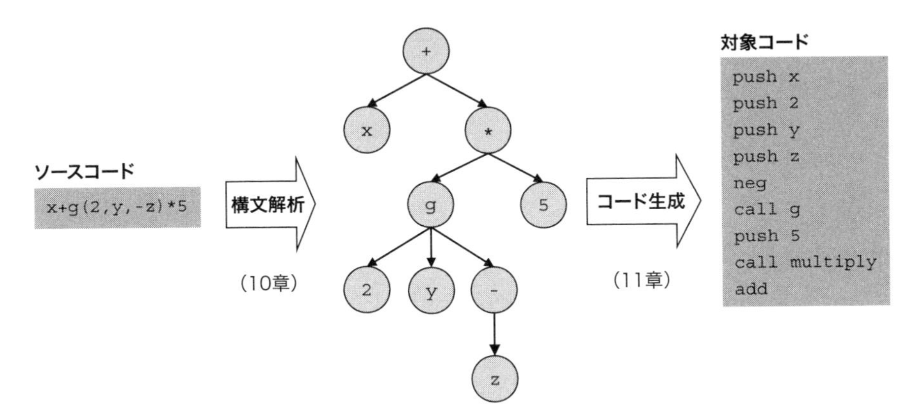

図 11-3　コード生成

コード生成を行うアルゴリズムは、対象とするコード（変換先のコード）に依存して決まる。スタックベースのプラットフォームを対象とした場合、構文木を**後置表記法**（postfix notation）――**逆ポーランド表記法**（Reverse Polish Notation、RPN）としても知られている――で出力するだけでよい。RPN の構文では、$f(x, y)$ のような式は、「x, y, f」として表現する（VM 言語では「push x, push y, call f」）。同様に、$x + y$ という式は「$x, y, +$」（VM 言語では「push x, push y, add」）として表記する。スタックベースの VM コードへ変換する作業は単純であり、構文木の構造に従って再帰的に後行順走査（post-order traversal）を行えばよい。擬似コードで示すと次のようになる。

```
codeWrite(exp):
  もし exp が数字の n であれば、"push n" を出力
  もし exp が変数の v であれば、"push v" を出力
  もし exp が (exp1 op exp2) であれば、codeWrite(exp1)、codeWrite(exp2)
  を呼び、"op" を出力する
  もし exp が op(exp1) であれば、codeWrite(exp1) を呼び、"op" を出力する
  もし exp が f(exp1 ... expN) であれば、codeWrite(exp1)、...、
  codeWrite(expN) を呼び、"call f" を出力する
```

図 11-3 で示される木にこのアルゴリズムを適用すると、図に示されるようにスタックマシン用のコードが生成される。

フロー制御

高水準言語には、if、while、switchといったフロー制御を行う仕組みが備わっている。一方、低水準言語においては、フロー制御として「条件付きgoto」と「無条件goto」のふたつだけが備えられているのが普通である。そのため、コンパイラの開発者は、そのふたつのプリミティブな命令だけを使って、意図する操作を表現しなければならない。と言っても、**図11-4**に示すとおり、この変換は単純である。

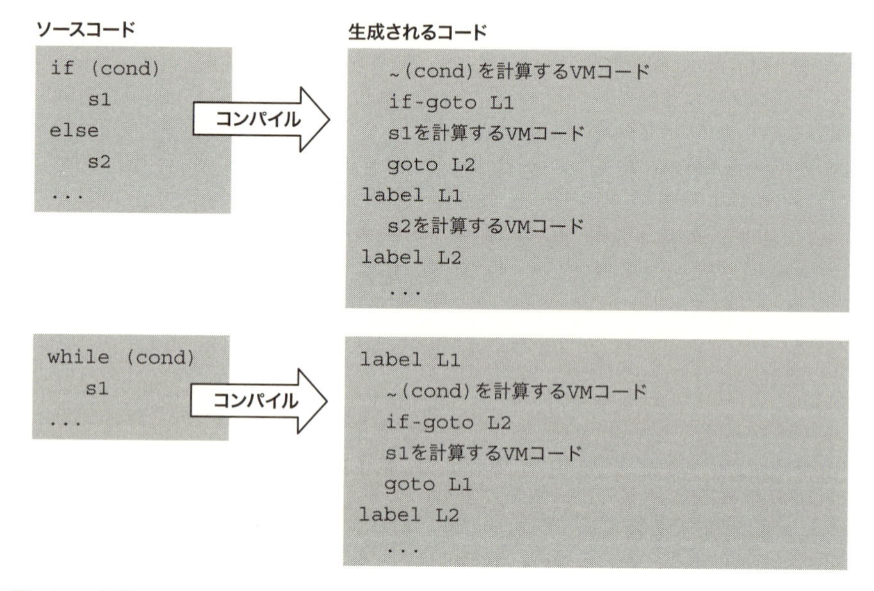

図11-4 制御フローのコンパイル

実際は、**図11-4**で示したロジックよりも少しだけ問題は複雑になる。まず、プログラムには複数のifやwhile文が含まれる（可能性がある）。そのため、コンパイラは他とはかぶらないユニークな名前のラベルを用いる必要がある。また、制御の構造はネスト化されている。たとえば、whileの中にifがあり、そのifの中に別のwhileがある、といったことが起こり得る。この問題に対しては、再帰的にコンパイルを行う手法を取れば解決できる。

11.2　仕様

コンパイラは、次に示すように、コマンドラインでひとつだけパラメータを受け取る。

```
$ JackAnalyzer source
```

ここで *source* は、`Xxx.jack` というようなファイル名、もしくは、`.jack` ファイルが含まれるディレクトリ名である。コンパイラは `Xxx.jack` ファイルをコンパイルし、`Xxx.vm` という名前のファイルを出力する。`Xxx.vm` はソースファイル（`Xxx.jack`）と同じディレクトリに作成される。もし *source* がディレクトリ名であれば、ディレクトリに存在するすべての `.jack` ファイルは、対応する名前の `.vm` ファイルとして同じディレクトリに作成される。

11.2.1　バーチャルマシンへの標準マッピング

コンパイラは `.jack` ファイルを `.vm` ファイルへと変換する。この `.vm` ファイルには、`.jack` ファイルに存在するコンストラクタ、ファンクション、メソッドに対して、それぞれに対応した VM 関数が含まれる（**図 7-8** 参照）。これを行うためには、次に示すコード生成に関する規則に従わなければならない。

ファイル名と関数名

`.jack` ファイルはそれぞれに別の `.vm` ファイルへコンパイルされる。Jack のサブルーチンは、次に示す規則に従って、VM 関数へとコンパイルされなければならない。

- `Yyy` というクラスの `xxx()` という Jack のサブルーチンは、`Yyy.xxx` と呼ばれる VM 関数へとコンパイルされる。
- k 個の引数を持つ Jack のファンクションまたはコンストラクタは、k 個の引数を操作する VM 関数へとコンパイルされる。
- k 個の引数を持つ Jack のメソッドは、$k+1$ 個の引数を操作する VM 関数へとコンパイルされる。最初の引数（引数番号 0）は `this` オブジェクトを参照する。

メモリ割り当てとメモリアクセス

- Jackサブルーチンのローカル変数は、仮想`local`セグメントを用いて、割り当てとアクセスが行われる。
- Jackサブルーチンの引数は、仮想`argument`セグメントを用いて、割り当てとアクセスが行われる。
- `.jack`クラスファイルのスタティック変数は、対応する`.vm`ファイルの仮想`static`セグメントを用いて、割り当てとアクセスが行われる。
- Jackのメソッドまたは Jackのコンストラクタに対応するVM関数の中で、そのオブジェクトのフィールドへアクセスするためには、仮想`this`セグメントが現在のオブジェクトを指すように設定し（「`pointer 0`」を使う）、「`this` *`index`*」参照を使って各フィールドへアクセスする。ここで *`index`* は0以上の整数である。
- VM関数の中で配列の要素にアクセスするためには、最初に仮想`that`セグメントが所望の配列要素のアドレスを指すように設定し（「`pointer 1`」を使う）、「`that 0`」参照を使ってその配列の要素にアクセスする。

サブルーチン呼び出し

- VM関数を呼び出す前に、呼び出し側（それ自体もVM関数である）は関数の引数をスタックにプッシュしなければならない。呼び出されたVM関数がJackメソッドに対応する場合、最初にプッシュする引数として、そのメソッドが属するオブジェクトの参照を渡す必要がある。
- Jackのメソッドを VM関数へコンパイルする場合、`this`セグメントのベースを正しく設定する VMコードをコンパイラは挿入しなければならない。同様にJackのコンストラクタをコンパイルする場合、新しいオブジェクトのためにメモリブロックの割り当てを行い、そのオブジェクトのベースを`this`セグメントのベースに設定する VMコードをコンパイラは挿入しなければならない。

Voidメソッドとファンクションからのリターン

高水準言語の`void`サブルーチンは値を返さない。これに対応するためには次のようにする。

- `void`である Jack メソッドとファンクションは、定値である 0 を戻り値とする VM 関数に対応させる。
- `sub`を`void`であるメソッドまたはファンクションであるとして、`do sub`という文を変換する場合、その呼び出しを行う VM コードは戻り値をポップしなければならない（その戻り値は常に 0 である）。

定値

- `null`と`false`は定値の 0 に変換される。`true`は定値の −1 に変換される（−1 という値を得るためには「`push constant 1`」に続いて「`neg`」を実行する）。

OS のサービスの利用

Jack OS の実態は VM ファイルの集合であり、その VM ファイルは`Math.vm`、`String.vm`、`Array.vm`、`Output.vm`、`Screen.vm`、`Keyboard.vm`、`Memory.vm`、`Sys.vm`から構成される（これらのコンパイルされたクラスファイルの API は 9 章で示した）。これらのファイルは、コンパイラによって生成された VM ファイルと一緒に存在していなければならない。そうであれば、どのような VM 関数であっても OS の VM 関数を呼ぶことができる。特に、コンパイラは次に示す OS の関数を必要に応じて使うべきである。

- 乗算と除算は、OS のファンクションである`Math.multiply()`と`Math.divide()`によって計算することができる。
- 文字列は、OS のコンストラクタである`String.new(length)`を使って生成される。`x="cc...c"`のような文字列の割り当ては、一連の`String.appendChar(nextChar)`によって行われる。
- 新しいオブジェクトのためのメモリ割り当ては、`Memory.alloc(size)`という OS のファンクションを用いる。

11.2.2　コンパイルの例

Jack プログラム（ひとつ以上の .jack ファイル）をコンパイルするという作業には主にふたつのタスクが含まれる。ひとつは、前章で作成したコンパイルエンジンを使って構文解析を行うことである。もうひとつは、上記のガイドラインと仕様に従ってコードを生成することである。**図 11-5** に示す内容は、本章で述べたコード生成に関する多くの問題を示す“生きた例”である。

11.3　実装

ここでは、コンパイラ全体のアーキテクチャについて、その実装の説明を行う。このアーキテクチャは 10 章で説明した構文解析器の上に作られる。実際、先に作った構文解析器は、完全版のコンパイラへと段階的に拡張されることを想定して設計したものである。コンパイラ全体は次の 5 つのモジュールから構成される。

JackCompiler
: セットアップや他モジュールの呼び出しを行うモジュール。

JackTokenizer
: トークナイザ。

SymbolTable
: シンボルテーブル。

VMWriter
: VM コードを生成するための出力モジュール。

CompilationEngine
: 再帰によるトップダウン式の解析器。

高水準コード（BankAccount.jackクラスファイル）

```
/* この「銀行」の例では、コードで明らかな部分については省略している。 */
class BankAccount {
   // クラス変数
   static int nAccounts;
   static int bankCommission; // パーセントに対応：10であれば10%を意味する
   // 口座のプロパティ
   field int id;
   field String owner;
   field int balance;

   method int commission(int x) { /* コードは省略 */ }

   method void transfer(int sum, BankAccount from, Date when) {
      var int i, j; // ローカル変数
      var Date due; // Dateはユーザが定義した型
      let balance = (balance + sum) - commission(sum * 5);
      // さらにコードが続く...
      return;

   }
   // さらにメソッドが続く...
}
```

クラスのスコープにおけるシンボルテーブル

名前	型	属性	番号
nAccounts	int	static	0
bankCommission	int	static	1
id	int	field	0
owner	String	field	1
balance	int	field	2

メソッド（transfer）のスコープにおけるシンボルテーブル

名前	型	属性	番号
this	BankAccount	argument	0
sum	int	argument	1
from	BankAccount	argument	2
when	Date	argument	3
i	int	var	0
j	int	var	1
due	Date	var	2

擬似VMコード

```
function BankAccount.commission
  // コードは省略
function BankAccount.transfer
  // 渡されたオブジェクトにthisを
  // 設定する（省略）
  push balance
  push sum
  add
  push this
  push sum
  push 5
  call multiply
  call commission
  sub
  pop balance
  // さらにコードが続く...
  push 0
  return
```

最終的なVMコード

```
function BankAccount.commission 0
  // コードは省略
function BankAccount.transfer 3
  push argument 0
  pop pointer 0
  push this 2
  push argument 1
  add
  push argument 0
  push argument 1
  push constant 5
  call Math.multiply 2
  call BankAccount.commission 2
  sub
  pop this 2
  // さらにコードが続く...
  push 0
  return
```

図 11-5 「let balance = (balance + sum) − commission(sum * 5)」という文を変換するときのコード生成

11.3.1 JackCompiler モジュール

コンパイラは与えられた *source* に対して処理を行う。*source* は、`Xxx.jack` というようなファイル名、もしくは、`.jack` ファイルが含まれるディレクトリ名である。入力ファイルである各 `Xxx.jack` に対して、コンパイラは JackTokenizer と出力ファイルである `Xxx.vm` を生成する。続いて、3つのモジュール——CompilationEngine、SymbolTable、VMWriter——を用いて出力ファイルへ書き込みを行う。

11.3.2 JackTokenizer モジュール

トークナイザの API は 10.3.2 節で与えたものと同じである。

11.3.3 SymbolTable モジュール

このモジュールは、シンボルテーブルの作成とそれを使用するためのサービスを提供する。シンボルはそれぞれにスコープがあり、そのスコープによってソースコード内で各シンボルの見える範囲が決定される。シンボルテーブルはこの抽象化を実装するために、各シンボルにスコープ内における実行番号(インデックス)を与える。インデックスは0から始まり、テーブルに識別子が追加されるたびに1ずつ加算され、新しいスコープが始まると0にリセットされる。次に示す属性の識別子がシンボルテーブルに現れる(可能性がある)。

Static

スコープ:クラス

Field

スコープ:クラス

Argument

スコープ:サブルーチン(メソッド/ファンクション/コンストラクタ)

Var

スコープ:サブルーチン(メソッド/ファンクション/コンストラクタ)

エラーのない Jack コードをコンパイルした場合、シンボルテーブルで見つからない識別子があると、それはサブルーチンかクラスの名前のどちらかであると想定することができる。Jack 言語の構文では、そのふたつの可能性を見分けることができるルールがあるため、そして、コンパイラによって“リンク”を行う必要がないため、それらの識別子はシンボルテーブルに記録する必要はない。

シンボルテーブルは、プログラムで見つかった識別子の名前とそれをコンパイルするために必要な情報——型、属性、実行インデックス——を関連づけて記憶する(**表 11-2**)。Jack プログラムのシンボルテーブルはふたつのネスト化されたスコープを持つ(クラス/サブルーチン)。

表 11-2 SymbolTable モジュールの API

ルーチン	引数	戻り値	関数
コンストラクタ	—	—	空のシンボルテーブルを生成する
startSubroutine	—	—	新しいサブルーチンのスコープを開始する(つまり、サブルーチンのシンボルテーブルをリセットする)
define	name(文字列)、type(文字列)、kind(STATIC、FIELD、ARG、VAR)	—	引数の名前、型、属性で指定された新しい識別子を定義し、それに実行インデックスを割り当てる。STATIC と FIELD 属性の識別子はクラスのスコープを持ち、ARG と VAR 属性の識別子はサブルーチンのスコープを持つ
varCount	kind(STATIC、FIELD、ARG、VAR)	整数	引数で与えられた属性について、それが現在のスコープで定義されている数を返す
kindOf	name(文字列)	(STATIC、FIELD、ARG、VAR、NONE)	引数で与えられた名前の識別子を現在のスコープで探し、その属性を返す。その識別子が現在のスコープで見つからなければ、NONE を返す
typeOf	name(文字列)	文字列	引数で与えられた名前の識別子を現在のスコープで探し、その型を返す
indexOf	name(文字列)	整数	引数で与えられた名前の識別子を現在のスコープで探し、そのインデックスを返す

実装のヒント

本プロジェクトで使用するシンボルテーブルは、ハッシュテーブルをふたつ用いて実装することができる。ひとつはクラス用のスコープのために、もうひとつはサブルーチン用のスコープのために用いる。新しいサブルーチンが開始されたら、そのサブルーチンのスコープテーブルは消去することができる。

11.3.4 VMWriterモジュール

VMWriterモジュールは、VMコマンドの構文に従い、VMコマンドをファイルへ書き出す（**表11-3**）。

表11-3　VMWriterモジュールのAPI

ルーチン	引数	戻り値	関数
コンストラクタ	—	—	新しいファイルを作り、それに書き込む準備をする
writePush	Segment (CONST、ARG、LOCAL、STATIC、THIS、THAT、POINTER、TEMP)、Index（整数）	—	push コマンドを書く
writePop	Segment (CONST、ARG、LOCAL、STATIC、THIS、THAT、POINTER、TEMP)、Index（整数）	—	pop コマンドを書く
writeArithmetic	command (ADD、SUB、NEG、EQ、GT、LT、AND、OR、NOT)	—	算術コマンドを書く
writeLabel	label（文字列）	—	label コマンドを書く
writeGoto	label（文字列）	—	goto コマンドを書く
writeIf	label（文字列）	—	If-goto コマンドを書く
writeCall	name（文字列）、nArgs（整数）	—	call コマンドを書く
writeFunction	name（文字列）、nLocals（整数）	—	function コマンドを書く
writeReturn	—	—	return コマンドを書く
close	—	—	出力ファイルを閉じる

11.3.5 CompilationEngineモジュール

CompilationEngineクラスはコンパイル自体を行う。JackTokenizerから入力を受け取り、VMWriterを使ってその出力を書き出す。また、このクラスは一連のcompilexxx()ルーチンによって構成されている（xxxはJack言語の構文要素である）。CompilationEngineのルーチンの使い方としては、compilexxx()によって入力からxxxという構文を読み、advance()を使ってxxxの次の要素へ進み、出力として xxx という構文を意味する VM コードを生成する。そのため、compilexxx() は、入力の次の構文要素が xxx である場合のみ呼ぶようにするとよい。もし xxx が式の一部であり、値を持つのであれば、出力されるコードはこの値を計算し、VM スタックの一番上にその値を置くようにすべきである。

このモジュールの API は、10 章で示した構文解析器の CompilationEngine と同じである（我々は、構文解析器を完全版のコンパイラへと徐々に進化させるアプローチをとっている）。11.5 節では、コンパイラ作成のための段階的な説明とテストプログラムを与えてある。

11.4 展望

Jack 言語は比較的単純な言語であるため、通常コンパイラの開発で遭遇するやっかいな問題については無視することができる。たとえば、Jack は型付き言語の形をしているが、実情はそれとかけ離れている。Jack のデータ型のサイズはすべて 16 ビットであり、Jack コンパイラはほとんどすべての型に関する情報を無視することができる。一例として、式をコンパイルし評価するとき、Jack コンパイラは、型を決定する必要がない（x.m() のようなメソッド呼び出しの場合は x のクラス型を決定する必要がある。これが唯一の例外である）。同様に、Jack の配列の要素は型付きではない。これとは対照的に、一般的なプログラミング言語には、型に関して多くのシステムを持つ――変数の型が異なれば、割り当てるメモリサイズは異なる。ある型から別の型へ変換する特別な命令が存在する。x+y のような単純な式は、x と y の型に強く依存する。など、といったことである。

Jack 言語を単純化している別の要素として、「継承（inheritance）をサポートしない」という点が挙げられる。これによって、すべてのメソッド呼び出しは静的に、つまり、コンパイル時に解決（対応）することができる。一方、継承をサポートする言語においては、メソッドは仮想的に扱う必要があり、そのメソッドの位置する場所は、実行時におけるオブジェクトの型に従って決定しなければならない。たとえば、x.m() というメソッド呼び出しを考えよう。もしその言語が継承をサポートするのであれば、x はひとつ以上のクラスから導出され、実行されるまででどのクラスに属するかわからない。そのため、もし m というメソッドが x を生成したクラスで定義されていなければ、それを継承したクラスで見つかるかもしれないのである。

また、Jack ではサポートされていないが、通常のオブジェクト指向言語が有する特徴として、「パブリックなクラスフィールド」が挙げられる。たとえば、Circle という型でcircというオブジェクトがあり、それにはradiusというプロパティがあるとすると、r=circ.radiusという文を書くことはできない。その代わりに、プログラマーはCircleクラスにアクセス用のメソッドを実装し、r=circ.getRadius()のようなメソッドを使うことを求める。

型、継承、パブリックなクラスフィールド――これらの機能を省くことで、クラスのコンパイルは独立して行うことができる。実際、Jackクラスは、他のクラスのコードにアクセスすることなく、コンパイルすることができる。他クラスへのフィールドへのアクセスは直接参照されることはなく、他クラスのメソッドのリンクは、“遅れて”行われ、名前によって行われる。

Jack言語の単純化された要素に関して、これまでに述べた以外の要素は、それほど重要ではない。拡張しようと思えば、簡単に行うことができる。たとえば、forやswitch文を用いてJack言語を拡張することは簡単にできる。また、'c'をchar型の変数に割り当てるような、定値の割り当てを行う機能を追加することもできるだろう（Jack言語で'c'をchar型の変数xに割り当てるためには、最初に"c"をString変数として、たとえばsに割り当て、その後でlet x=s.charAt(0)を使う。明らかに、let x='c'のほうが簡単で使いやすい）。

我々はいつものとおり「最適化」については注意を払わなかった。ここでは、たとえば、高水準言語のc++という文を考えてみよう。単純なコンパイラであれば、その文を「push c, push 1, add, pop c」のような一連のVMコードへと変換し、続いて、VM実装がそのVMコードを対応する機械レベルの命令（ひとまとまりの機械語命令）へと変換するだろう。最適化されたコンパイラであれば、これは単にインクリメントを行っているコードであることを認識し、Hackプラットフォーム上でのふたつの機械語命令――@cの後にM=M+1を行う機械語命令――に変換する。もちろん、ここで示した例の他にも、商用コンパイラであれば最適化について多く注意を払っている。特に、コンパイルに要する処理時間とメモリサイズは重要な要素である。

11.5　プロジェクト

目標

10章で作った構文解析器を拡張し、完全版のJackコンパイラを完成させる。具体的には、XMLコードを生成するモジュールを、実行可能なVMコードを生成するモジュールへと段階的に置き換える。

材料

本プロジェクトで使用する主なツールは、コンパイラを実装するためのプログラミング言語である。プログラミング言語は自分の好きな言語を用いてよい。また、後で説明するように、実行可能な Jack オペレーティングシステムのコピーが必要である。最後に、本書が提供する VM エミュレータが必要である。この VM エミュレータと本書のテストプログラムを用いて、あなたのコンパイラが生成したコードをテストする。

規約

Jack コンパイラの実装を完成させる。コンパイラは VM コードを出力し、その VM コードは、7 章と 8 章で作成したバーチャルマシン上で実行することができなければならない。あなたが実装したコンパイラを用いて、本プロジェクトで与える Jack プログラムをコンパイルする。変換された各プログラムは、そのドキュメントに従って実行されることを確認する。

11.5.1　第 1 段階：シンボルテーブル

コンパイラのシンボルテーブルから始めることを推奨する。このシンボルテーブルを使って 10 章で構築した構文解析器を拡張する。現時点では、プログラムで識別子に遭遇するたびに、たとえばこれを `foo` とすると、構文解析器は `<identifier> foo </identifier>`という XML を出力する。ここではその代わりに、その XML 出力の一部として次に示す情報を出力するようにする（フォーマットは自由に決めてよい）。

- 識別子のカテゴリ（`var`、`argument`、`static`、`field`、`class`、`subroutine`）。
- 識別子は定義されているか（`defined`）、それとも、使用されているか（`used`）。前者の場合、`var` という文で変数が宣言される。後者の場合、識別子は式の中の変数として現れる。
- 識別子が 4 つの属性（`var`、`argument`、`static`、`field`）のうちどれに該当するか。そして、シンボルテーブルによって、その識別子に割り当てられる実行番号は何か。

これらを正しく実装できたかどうかをテストするために、10 章で提供したテスト用の Jack プログラムを使うことができる。つまり、本プロジェクトで実装した（拡張した）構文解析器を用いて、そのテストプログラムをコンパイルすることができる。この拡張した構文解析器の出力が先の情報を含んでいれば、Jackプログラムの意味を理解することができる完全な構文解析器を開発できたということになる。これを達成できれば、XMLを出力する代わりに、実行可能なVMコードを出力する段階に進むことができる。

11.5.2 第2段階：コード生成

コンパイラのコード生成モジュールの開発に関して、ここでは特定のガイドラインは与えない（本章で示した例を見れば、いくらかのガイドラインになっているだろうが）。その代わりに、ユニットテスト用に設計した6つのアプリケーションについて説明する。それらのアプリケーションは、コンパイラの機能について段階的にテストが行えるように設計されている。ここでは、この6つのプログラムを順番どおりにクリアしていくことを強く推奨する。そのようにすれば、各テストプログラムの要求を満たしながら、段階的にコンパイラのコード生成機能を実装することができる。

オペレーティングシステム

12章のテーマであるJack OSはJack言語で書かれている。そのソースコードは複数からなるVMファイルに（エラーの含まれないJackコンパイラによって）変換される。このVMファイル一式がJack OSの正体である。そのため、VMエミュレータ上でアプリケーションを実行するときは、アプリケーションの`.vm`ファイルだけではなく、OSの`.vm`ファイルも読み込まなければならない。そのようにすれば、アプリケーションレベルのVM関数から、OSレベルのVM関数を呼ぶことができる（同じ環境にOSのVM関数が存在する）。

テスト方法

通常、プログラムをコンパイルして何か問題が発生したら、あなたはプログラムの中で問題となる箇所を探し、その問題を解消しようとするであろう（デバッグ作業に入る）。本プロジェクトでは、これと真逆のことを行う。ここで、筆者らが提供するプログラムにはエラーが含まれないことを保証する。つまり、コンパイラがエラーを発生させたとしたら、テストプログラムではなくコンパイラのほうに問題があるため、コンパイラのコードを修正する必要がある。各テストプログラムでは、次の手順に従って進めることを推奨する。

1. tools/OSからOSの.vmファイルをすべて、テストを行うディレクトリにコピーする。さらに、本書が提供するテストプログラムである.jackファイルも、そのディレクトリにコピーする。
2. あなたのコンパイラを使って、そのディレクトリを対象にコンパイルを行う。この操作はディレクトリ中に存在する.jackファイルだけを対象とすべきである。
3. もしコンパイルに関するエラーが発生したら、あなたのコンパイラを修正し、ステップ2に戻る（テストプログラムにはエラーは含まれない）。
4. この時点で、ソースである各.jackファイルに対して、それに対応する.vmファイルがひとつ存在する。もしそうでなければ、あなたのコンパイラを修正し、ステップ2に戻る。
5. VMエミュレータで変換されたVMプログラムを実行する。ディレクトリ全体を読み込み、VMエミュレータを「no animation」モードに設定する。各テストプログラムには実行に関するガイドラインが付属する（後に示す）。
6. プログラムが予期せぬ動きをしたり、VMエミュレータでエラーメッセージが表示されたりしたら、あなたのコンパイラを修正し、ステップ2に戻る。

11.5.3 テストプログラム

本プロジェクトでは、6つのテストプログラムを用意している。このテストプログラムは、あなたのコンパイラに対して、段階的にユニットテストを行えるように設計されたプログラムである。

Seven

このプログラムは、(3*2)+1の値を計算し、その値をスクリーンの左上に表示する。コンパイラによって正しく変換されているかどうかは、変換されたコードをVMエミュレータで実行し、7が表示されることを確認すればよい。このプログラムの目的は、定数値の算術式、do文、return文を含む単純なプログラムを正しく扱うことができるかをテストすることである。

Decimal-to-Binary Conversion

このプログラムは16ビットの10進数をバイナリ表現に変換する。入力としてRAM[8000]から10進数の数字を受け取り、それをバイナリへ変換し、そのバイナリの各ビットをRAM[8001..8016]へ格納する（それぞれの場所には0または1が格納される）。変換を行う前に、このプログラムはRAM[8001..8016]を-1に初期化する。コンパイラによって正しく変換されているかどうかは、変換されたコードをVMエミュレータで実行し、次の点を確認すればよい。

- 16ビットの10進数の値をRAM[8000]に入れる（VMエミュレータのインタラクティブモードで）。
- プログラムを数秒間実行させ、実行を止める。
- RAM[8001..8016]に正しい値が格納されていること、いずれかに-1が含まれていないことを確認する（インタラクティブモードで）。

このプログラムの目的は、Jack言語におけるすべての手続き的要素、つまり、式（配列とメソッド呼び出しを除く）、ファンクション、文を正しく扱えるかを確認することにある。このプログラムでは、メソッド、コンストラクタ、配列、文字列、スタック変数、フィールド変数についてのテストは行われない。

Square Dance

このプログラムはインタラクティブなゲームである。四角いブロックがキーボードの4つの矢印に従って、スクリーン上を移動するだけの“ゲーム”である。ブロックが移動している間、Zキー・Xキーを押すとブロックのサイズがそれぞれ拡大・縮小する。このゲームを終了するためには、Qキーを押す。コンパイラによって正しく変換されているかどうかは、変換されたコードをVMエミュレータで実行し、ここで説明した動作が再現されることを確認すればよい。このプログラムの目的は、Jack言語におけるオブジェクト指向の構成要素——コンストラクタ、メソッド、フィールド、メソッド呼び出しを含む式——が正しく処理されているかを確認することである。スタティック変数についてのテストは行われない。

Average

このプログラムは、ユーザーが指定した整数の配列に対して、その平均を計算する。コンパイラによって正しく変換されているかどうかは、変換されたコードをVMエミュレータで実行し、正しい値（平均値）がスクリーンに表示されることを確認すればよい。このプログラムの目的は、配列と文字列が正しく処理されているかを確認することである。

Pong

シングルプレイヤーのピンポンゲーム。ボールはスクリーンの“壁”で跳ね返る。プレイヤーは左右の矢印キーでパドルを動かし、パドルにボールを当てる。ボールがヒットするたびにプレイヤーには毎回得点が1ポイント追加され、パドルが小さくなってゲームが難しくなる。パドルにボールを当てることができなければゲームオーバー。ゲームを終了するためには、Esc キーを押す。コンパイラによって正しく変換されているかどうかは、変換されたコードを VM エミュレータで実行し、ゲームをプレイして確認すればよい（ポイントをいくらか稼ぎ、そのスコアがスクリーン上に表示されることを確認する）。このプログラムの目的は、オブジェクト（スタティック変数を含む）が正しく処理されているかを確認することである。

Complex Arrays

配列を用いて5つの複雑な計算を行う。それぞれの計算において、プログラムは期待される結果と実際の結果をスクリーン上に表示する。コンパイラによって正しく変換されているかどうかは、変換されたコードを VM エミュレータで実行し、期待される結果と実際の結果が一致することを確認すればよい。このプログラムの目的は、配列の参照と式の評価が正しく行われているかを確認することである。

12章 オペレーティングシステム

文明が進歩するということは、考えなくともできることが増えることを意味する。
——アルフレッド・ノース・ホワイトヘッド
(『Introduction To Mathematics』1911)

本書のこれまでの章において、Hackと呼ばれるコンピュータのハードウェアに関するアーキテクチャおよび、このプラットフォーム上で動作するソフトウェア階層について説明し、その構築を行ってきた。特に、Jackと呼ばれるオブジェクトベースの言語を導入し、Jackのためのコンパイラについて、その開発方法を説明した。また、他の高水準言語についても、Hackプラットフォーム上で定義することができる。その場合、それ専用のコンパイラが必要になる。

コンピュータの主要なインターフェイスについて、まだ説明していないインターフェイスは、残すところあとひとつだけになった。最後に残るは、オペレーティングシステム（OS）である。OSはコンピュータのハードウェアとソフトウェアシステムのギャップを埋めるために設計されており、プログラマーやユーザーにとってコンピュータ全体がより扱いやすくなるように設計されている。たとえば、「Hello World」のようなテキストをコンピュータのスクリーンに表示させるためには、ピクセルを特定の場所（数百箇所にも及ぶであろう）に描画しなければならない。これを行うには、ハードウェアの仕様を調べ、RAM常駐であるスクリーンのメモリマップに対して、適切な場所にビットを書き込むコードを書く必要がある。高水準言語を書くプログラマーにとって、これよりもより良い方法が求められるのは明らかである。プログラマーからすれば、`printString("Hello World")`のようなコマンドを使うだけで、詳細については“他の誰か”に任せたいはずである。“他の誰か”というところで、オペレーティングシステムが登場する。

本章を通じて、オペレーティングシステムという用語は、やや大ざっぱに使う。実際、我々が目標とするOSはミニマルな構成であり、提供するサービスも最小限に抑えてある。このOSは次のふたつのことを目標として設計されている。

- ハードウェアに特化したサービスをカプセル化し、ソフトウェアから使いやすいサービスを提供すること。
- 高水準言語を、さまざまなファンクションと抽象データ型で拡張すること。

これを満たすOSは、標準ライブラリとの境界線が明らかではない。実際、最近の言語のいくつかは（中でも注目すべきはJavaである）、GUI操作やメモリ管理、マルチタスクといった多くのOSのサービスが標準ソフトウェアライブラリとしてまとめられている。

我々もこれに従って、本章で構築するOSを、Jack言語の標準ライブラリとして考えることができる。このOSはJackクラスの集合としてパッケージされ、それぞれがJackのサブルーチン呼び出しを通して関連するサービスを提供する。結果としてできあがるOSは商用のOSと似た特徴を多く持つが、プロセス操作やディスク管理、通信などといった商用OSが持つ機能を欠いている。

OSは通常、高水準言語によって書かれ、他のプログラムと同様にバイナリへとコンパイルされる。我々のOSも例外ではない——それはすべてJack言語で書かれる。しかし、高水準言語で書かれた他のプログラムとは違って、実行されているハードウェアのプラットフォームをOSは理解しなければならない。言いかえるならば、ハードウェアの込み入った詳細をアプリケーションのプログラムから見えないようにするために、OSを開発するプログラマーは、その詳細部分を直接操作するコードを書かなければならない（ハードウェアの仕様書に目を通す必要がある）、ということである。都合の良いことに、これを行うためにJack言語を用いることができる。本章でこの後見ていくことだが、Jackは“低レベル”な要素を扱うことができ、必要に応じてハードウェアに近い処理を書くことができる。

本章は「背景」の節から始まる。「背景」の節はやや長い。そこでは、基本的なOSのサービスを示し、そのサービスを実装するために用いられるアルゴリズムについて説明を行う。これには、数学ファンクション、文字列操作、メモリ管理、テキストやグラフィックのスクリーンへの出力管理、などが含まれる。このアルゴリズムの解説に続いて、「仕様」の節では、Jack OSの完全なAPIを示す。次の「実装」の節では、先に説明したアルゴリズムを用いて、OSを構築する方法を説明する。いつものとおり、最後の「プロジェクト」の節では、本章で提示するOSを作るために必要な材料およびユニットテストを段階的に行う。

本章では重要な教訓をふたつ与える。ひとつはソフトウェアエンジニアリングに関することである。我々は本章で、高水準言語、コンパイラ、OSというトリオを完成させる。もうひとつの教訓はコンピュータサイエンスに関することである。OSが提供するサービスは効率さが求められるため、処理時間について注意を払う必要がある。結果として、一連のエレガントなアルゴリズムを学ぶ必要がある。そのアルゴリズムはコンピュータサイエンスの分野である。

12.1 背景

12.1.1 数学操作

コンピュータシステムは、加算、乗算、除算などの数学操作をサポートしなければならない。通常、加算はハードウェアで——3章で示したようにALUのレベルで——行われる。乗算と除算については、ハードウェアかソフトウェアのどちらかで扱われる。ハードウェアで扱うかソフトウェアで扱うかは、コストとパフォーマンスに依存して決まる。本節では、乗算、除算、平方根をソフトウェアで効率良く計算するための実装方法について説明を行う。参考までに、これらの数学操作をハードウェアで実現する場合、ここで説明するアルゴリズムをベースにすることができる。

効率優先

数学アルゴリズムはnビットのバイナリ数に対して処理を行う。一般的なアーキテクチャにおいて、nは16、32、64のいずれかに該当する。原則として、nのサイズに処理時間が比例する（少なくとも多項式で表される）アルゴリズムが求められる。処理時間がnビットの数字の“値”に比例するアルゴリズムは受け入れられない。なぜなら、その値はnの指数関数であるからである。たとえば、$x \cdot y$の計算を、「$for\ i = 1 ... y\ \{result = result + x\}$」というアルゴリズムを用いて繰り返し加算によって行うとする。その場合、64ビットのコンピュータで問題になるのは、yは18,000,000,000,000,000,000より大きい数字になり得るということである。これが意味することは、この単純なアルゴリズムを実行するのに、高速なコンピュータであっても、何年もかかってしまう、ということである。これとは対照的に、この後示すアルゴリズムは、乗数の値（0から2^nの範囲）ではなく、nに比例した処理時間となる。そのため、処理に必要な時間は、どのような乗数の組み合わせであったとしても、$c \cdot n$である。ここで、cは小さな値の定数であり、ループ処理で行う基本操作の回数を表す。

ここでは「big O-記法」と呼ばれる表記法を用いる。これは$O(n)$とも表記され、アルゴリズムの処理時間を記述するために用いる。この表記法に慣れていない読者は、$O(n)$ を「n のオーダー（程度）である」と単に読み替えればよいだろう。その点を考慮すれば、n ビットの整数の乗算を行う効率的な $x \cdot y$ アルゴリズムの処理時間は、$O(x)$ や $O(y)$ ではなく、$O(n)$ と書くことができる。$O(x)$ や $O(y)$ は指数関数的に大きくなることを意味する。

乗算

小学校で習った「掛け算」の計算方法を思い出そう。たとえば、356 × 27 を計算するためには、最初に、そのふたつの数字を上下に並べて書いたことだろう。次に、356 の各桁の数字と 7 を掛け算し、その結果を書く。そして、356 の各桁と 2 を掛け算し、1 桁分左へズラして結果を書く。最後に、そのふたつの結果を列ごとに和を求めて、最終的な結果を計算する。この計算のやり方をバイナリにも適用することができる。その手法は**図 12-1** に示すとおり、小学校の掛け算とまったく同じである。

掛け算

x			1	0	1	1	=	1	1		
y		*		1	0	1	=		5		yのj番目のビット
			1	0	1	1					1
		0	0	0	0						0
	1	0	1	1							1
$x \cdot y$	1	1	0	1	1	1	=	5	5		

```
multiply (x, y):
   // xとyは0より大きい
   sum = 0
   shiftedX = x
   for j = 0 ...(n − 1) do
      if (yのj番目のビット) = 1 then
         sum = sum + shiftedX
      shiftedX = shiftedX * 2
```

図 12-1　ふたつの n ビット数の乗算

図 12-1 のアルゴリズムは、n ビットの整数に対して $O(n)$ の加算演算を行う。ここ

で、n は x と y を構成するビットの個数である。また、「$shiftedX * 2$」の計算は、そのビット表現を左にシフトするか、$shiftedX$ 自身を加算することによって、効率良く計算することができる。これらの操作はともに、プリミティブな ALU の操作を使って、簡単に計算することができる。そのため、このアルゴリズムはソフトウェアとハードウェアの両方を用いた実装に向いている。

コードの表記について

本章で述べるアルゴリズムは、擬似コードで書かれている。この擬似コードは説明不要であろう。唯一、表記について明らかでない点は、インデント（字下げ）を用いてコードのまとまりを表している（波カッコや `begin`/`end` は使っていない）ことであろう。たとえば、**図 12-1** の例では、「$sum = sum + shiftedX$」という文は `if` 文の中に入っている。一方、「$shiftedX = shiftedX * 2$」は `for` 文に入っている。

除算

ふたつの n ビット整数の除算 x/y を計算する単純な方法は、x から y を差し引く計算を、$x < y$ になるまで繰り返すことである。このアルゴリズムの処理時間は除算の商に比例するため、$O(x)$ の大きさの処理を必要とするかもしれない。ここで、$O(x)$ は n の指数関数である。このアルゴリズムを高速化するためには、繰り返し処理において、x から大きい塊からなる y を差し引くようにすればよい。たとえば、もし $x = 891$ で $y = 5$ とすると、5 を 100 個分、x から差し引くことができる。そのようにしても、余りは依然として 5 より大きいため、100 回分の繰り返し処理を省くことができたことになる。実際のところ、これは小学校で習った「割り算」の方法と原理は同じである。公式的に書くとすれば、繰り返し処理において、最大のシフトを行った y で x を割る。つまり、繰り返し処理において、T を 10 の累乗として、$y \cdot T \leqq x$ を満たす最大の T を用いて $y \cdot T$ を計算する。バイナリ版の計算も、T が 10 でなく 2 の累乗になる点を除けば、まったく同じである。

この割り算アルゴリズムを書くことは、掛け算アルゴリズムはすでに実装済みであるから、それほど難しい問題ではない。ここでは、再帰的プログラムによるコードを**図 12-2** に示す。同じロジックは別方法で実現することも可能であるが、再帰によるプログラムのほうが、実装が簡単で、かつ理解の助けになるであろう。

このアルゴリズムの処理時間は再帰処理の深さに依存して決まる。各再帰処理にお

```
divide (x, y):
  // x/yの整数部分を返す。ここで、xは0以上、yは0より大きいとする。
  if y > x return 0
  q = divide(x, 2 * y)
  if (x - 2 * q * y) < y
    return 2 * q
  else
    return 2 * q + 1
```

図 12-2 除算

いては y が2ずつ乗算され、$y > x$ になったらその処理を打ち切る。そのため、再帰の深さは n までに制限される（n は x を構成するビットの数である）。再帰の毎回の処理において、加算、減算、乗算の操作を決まった回数だけ行うため、全体の処理時間のオーダーは $O(n)$ になる。

このアルゴリズムは、さらに最適化することができる。なぜなら、ここで使用した乗算操作も $O(n)$ の加算と減算操作を必要とするためであり、実際、$2 \cdot q \cdot y$ という積は、乗算を用いることなく計算することができるからである。それには、ひとつ前の再帰処理の結果に対して加算処理を行い、現在の値を計算する方法がある。

平方根

平方根を効率良く計算するための手法はいくつか存在する。たとえば、ニュートン・ラフソン法やテイラー展開などがある。しかし我々の場合に限っては、単純なアルゴリズムで十分である。平方根関数である $y = \sqrt{x}$ はふたつの便利な点がある。ひとつ目は単調に増加すること。ふたつ目は逆関数である $x = y^2$ については、その計算方法は既知である（乗算）、ということである。このふたつを合わせると、二分探索（binary search）を使って平方根を計算することができる。**図 12-3** には、その詳細を示す。

ループ処理においては、算術操作を決まった回数行う。このループ処理の回数は最大で $n/2$ 回であるから、このアルゴリズムの処理時間は $O(n)$ である。

```
sqrt (x):
  // y = √x の整数部を計算する
  // y² ≦ x < (y + 1)² (ただし、 0 ≦ x < 2ⁿ) を満たす整数yを見つける。
  // そのために、0...2^(n/2)−1の範囲で二分探索を行う。
  y = 0
  for j = n/2 − 1...0 do
    if (y + 2^j)² ≦ x then y = y + 2^j
  return y
```

図 12-3 二分探索を用いた平方根の計算

12.1.2 数字の文字列表示

コンピュータにおいて、数を表現するため内部的にバイナリコードが用いられる。しかし、人にとっては、数は10進数表記で扱うほうが自然である。そのため、人が数字を読むまたは入力する場合にのみ、10進数表記への変換または10進数表記からの変換を行う必要がある。一般的に、このサービスはOSによって提供される文字操作ルーチンによってひそかに行われる。それでは、そのようなサービスが実際にどのように実装されているか見てみよう。

もちろん、ここで対象とする集合は数字を表す文字だけである。これらの文字のASCIIコードは次のようになっている。

文字：	'0'	'1'	'2'	'3'	'4'	'5'	'6'	'7'	'8'	'9'
ASCIIコード：	48	49	50	51	52	53	54	55	56	57

ASCIIコードを見れば、数字文字をその数へ変換すること、またはその逆の変換は簡単に行えることがわかる。xという数（$0 \leqq x \leqq 9$）のASCIIコードを求めるには、xに48（'0'のコード）を加算するだけでよい。逆に、cというASCIIコード（$48 \leqq c \leqq 57$）によって表現される数値は$c - 48$を計算するだけである。単一の数（1桁の数）を変換する方法がわかれば、何桁の数であっても変換することができる。このアルゴリズムは、再帰によるロジックまたは反復によるロジックに基づいて実装することができる。それぞれのロジックに基づくアルゴリズムを**図 12-4**、**図 12-5**に示す。

```
// 自然数を文字列に変換する
int2String (n):
  lastDigit = n % 10
  c = lastDigitの文字表現
  if n < 10
    return c (as a string)
  else
    return int2String(n/10).append(c)
```

図 12-4 文字列－数の変換

```
// 文字列を自然数に変換する
string2Int (s):
  v = 0
  for i = 1 ... sの長さ do
    d = s[i]の整数値
    v = v * 10 + d
  return v
  // (s[1]がsの最上位桁と仮定する)
```

図 12-5 文字列－数の変換

12.1.3 メモリ管理

動的メモリ割り当て

コンピュータのプログラムでは、あらゆるタイプの変数が宣言され、使用される。変数には、`int` や `boolean` などの単純な型から配列やオブジェクトなどの複雑なものまで含まれる。高水準言語を用いる利点のひとつは、――変数のための RAM 領域への割り当てや、変数が必要でなくなったときにそれを再利用する方法について、プログラマーはその詳細を気にかける必要がない――という点が挙げられる。これは最大の利点のひとつと言ってもよいだろう。実際、このメモリ管理を行う雑務は、コンパイラ、OS、バーチャルマシン実装によって、見えない場所で行われる。本節では、その共同作業における OS の役割について説明する。

プログラムのライフサイクルにおいて、異なる変数が異なるタイミングでメモリに割り当てられる。たとえば、スタティック変数はコンパイラによってコンパイル時に割り当てが行われるかもしれない。一方、ローカル変数はサブルーチンが呼び出されるたびにスタック上に割り当てられる。他のメモリは、プログラムが実行されている間、動的に割り当てが行われる。この「動的メモリ割り当て」を行う処理においてOSが登場する。たとえば、Javaプログラムでは、配列やオブジェクトを新たに生成すると、そのメモリブロック——そのサイズは実行時にのみ決定することができる——が割り当てられる。そして、その配列やオブジェクトが必要なくなったとき、RAM領域は再利用される。C++やJackなどの言語では、使用しない領域の破棄作業はプログラマーが明示的に行わなければならない。一方、Javaには**ガーベッジコレクション**（garbage collection）という仕組みが備わっており、自動的にオブジェクトの破棄を行ってくれる。動的に割り当てが行われるRAMセグメントは**ヒープ**（heap）と呼ばれる。ヒープの管理を行う責任があるのがOSである。

OSはさまざまな手法を用いて、動的メモリの割り当てと破棄を行う。その手法は、伝統的に`alloc()`と`deAlloc()`というふたつの関数を使って実装される。ここではふたつのバージョンを示す。ひとつは簡易版、もうひとつは改善版である。

簡易版メモリ割り当てアルゴリズム

このアルゴリズムが管理するデータ構造は、*free*と呼ばれる単一のポインタである。この*free*というポインタは、まだ割り当てが行われていないヒープ領域の先頭を指す。図12-6にて詳細を示す。

```
Initialization: free = heapBase

// sizeで指定されたメモリブロックの割り当てを行う
alloc(size):
   pointer = free
   free = free + size
   return pointer

// 与えられたオブジェクトについて、そのメモリ領域の破棄を行う
deAlloc(object):
   何も行わない
```

図12-6 簡易版メモリ割り当ての概要（再利用なし）

このアルゴリズムは明らかにむだが多い。なぜなら、使わなくなったオブジェクトの領域を再利用しないからである。

改善版メモリ割り当てアルゴリズム

このアルゴリズムは、利用可能なメモリセグメントを連結リスト（linked list）を使って管理する。この連結リストを *freeList* と呼ぶ。各セグメントはふたつのフィールドを含む。ふたつのフィールドとは、自身のセグメントの長さと、リストの次のセグメントへのポインタである。このふたつのフィールドは、セグメントの最初のメモリ位置（ふたつ分）に格納することができる。たとえば、`segment.length==segment[0]` と `segment.next==segment[1]` という記法を用いて実装することができる。**図 12-7**（左上）では、一般的な *freeList* の状態を図示する。

あるサイズのメモリブロックを割り当てるように命令した場合、このアルゴリズムは *freeList* を探し、適したセグメントを見つけなければならない。この探索を行うためのよく知られたヒューリスティックな方法がふたつある。best-fit アルゴリズムは、要求されたサイズに最も近いセグメントを見つける。一方、first-fit アルゴリズムは、要求されたサイズを満たすことができる最初のセグメントを見つける。一旦、適したセグメントが見つかれば、必要なメモリブロックがそこから取られる（割り当てられたメモリセグメントの開始場所がリターンされるが、そのリターンされるひとつ前の場所、つまり $block[-1]$ の場所には、そのセグメントの長さが保持されている。この値は破棄するときに用いる）。続いて、*freeList* の中でこのセグメントが更新され、割り当てを行った後に残された部分セグメントになる。もしそのセグメントにメモリ領域が残されていなければ、または、残された領域が小さすぎたら、そのセグメント全体は *freeList* から取り除かれる。

使用していないオブジェクトのメモリブロックを再利用する命令を実行した場合、アルゴリズムは破棄したメモリブロックを *freeList* に追加する。詳細は**図 12-7** に示す。

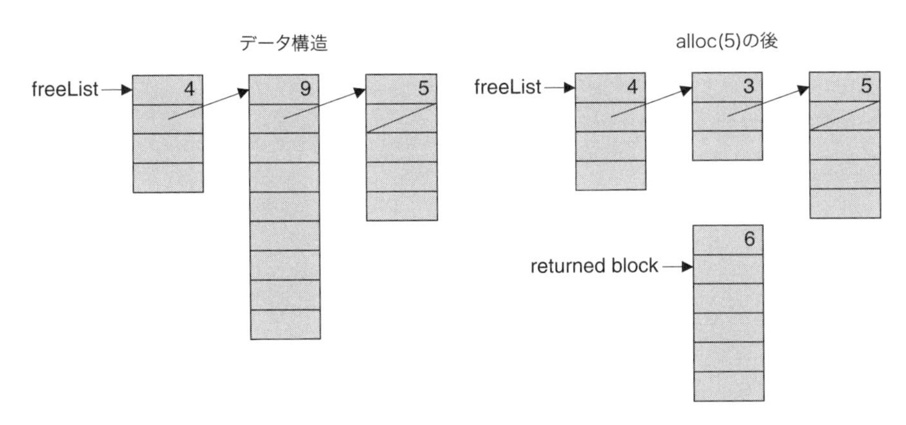


```
Initialization:
  freeList = heapBase
  freeList.length = heapLength
  freeList.next = null

// sizeで指定された大きさのメモリを割り当てる
alloc(size):
  segment.length > sizeを満たすセグメントを得るために、
    best-fitまたはfirst-fitアルゴリズムを用いてfreeListを探索する
  そのようなセグメントが見つからない場合、失敗を返す
    （もしくはデフラグを行う）
  block = 見つかったセグメントで必要な部分セグメント
    （もしくは、残るセグメントが小さい場合、そのセグメントすべて）
  割り当てを反映するためにfreeListを更新する
  block[-1] = size + 1 // 破棄に備え、ブロックサイズを記憶する
  Return block

// 使わないオブジェクトの破棄を行う
deAlloc(object):
  segment = object - 1
  segment.length = object[-1]
  freeListにsegmentを追加する
```

図 12-7 改善版メモリ割り当ての概要（再利用あり）

図12-7 の動的メモリ割り当てをしばらく実行させたままでいると、断片化（fragmentation、フラグメンテーション）が問題になる。断片化とは、利用可能なメモリ領域が細切れになることである。そのため、フラグメンテーションを解消する操作（これを「デフラグ」と言う）を考えなければならない。つまり、*freeList* の論理的に断片化されたセグメントではなく、物理的に連続したメモリ領域へと結合する。このデフラグ操作はオブジェクトが破棄されるタイミングで行うことができる。または `alloc()` 呼び出しで適切なブロックを見つけることに失敗した場合にデフラグ操作を行うことができる。

12.1.4　可変長な配列と文字列

ここでは、「`s1="New York"`」や「`s2=readLine("enter a city")`」のような高水準な命令について考えよう。このような可変長な文字列はどのように実装することができるだろうか？ モダンな言語においては、文字列を表現するために `String` クラスを使うことが一般的である。`String` クラスは、文字列オブジェクトの生成と操作に関するサービスを提供する。

文字列オブジェクトは配列を用いて実現することができる。通常、文字列が生成されると、ある最大の長さを収納可能な配列が割り当てられる。ある時点における文字列の実際の長さは、その最大長さより短くなるかもしれない。そして、その最大長さで指定されたサイズのメモリは、文字列オブジェクトのライフサイクルを通して、保たれていなければならない。たとえば、`s1.eraseLastChar()` のようなコマンドを実行したとしたら、`s1` の実際の長さは 8 から 7 へ減らされるべきである（最初に生成された配列の長さは変化しないが）。一般的には、配列で現在の長さを超えた場所にある要素は、文字列の一部とはみなされない。

ほとんどすべてのプログラミング言語では文字列用の型が備わっている。通常、文字列オブジェクトは、その言語の標準ライブラリによって提供される。たとえば、Java では `String` と `StringBuffer` であり、C 言語では `str` で始まる名前の関数がそれに該当する。

12.1.5　入出力管理

コンピュータは一般的に、キーボードやスクリーン、マウスやディスク、ネットワークカードなどのさまざまな入出力装置とつながれている。このような入出力装置は、それぞれに特有の構造をしているため、それぞれの装置でデータの読み書きを行うには技術的詳細を把握しなければならない。一方、高水準言語を用いれば、そのような詳細はプログラマーにとって抽象化される。たとえば、`c=readChar()` や `printChar(c)` のような高水準な命令を用いることができる。これらの命令は、OS のルーチンとして実装されており、そのルーチンが実際の入出力に関する処理を行っている。

コンピュータにつながれたさまざまな入出力装置を操作することは OS の重要な機能である。これを行うには、デバイスのインターフェイスの詳細をカプセル化し、その装置にアクセスするための便利な関数群——これは**デバイスドライバ**として知られる——を提供する。本書では、最も一般的な入出力であるスクリーンとキーボードのふたつを対象とする。スクリーンの扱いはロジック的にふたつの別のモジュールに分けて行う。そのふたつのモジュールとは、グラフィック出力（graphics output）と文字出力（character output）である。

12.1.6 グラフィック出力

ピクセル描画

今日のほとんどすべてのコンピュータは「ラスター」または「ビットマップ」と呼ばれるディスプレイ技術を使用している。ビットマップスクリーンにおいて物理的に行われるプリミティブな命令は、個別のピクセルの描画だけである。ピクセルは (行、列) によって、その場所が指定される。慣例としては、行は左から右へいくに従い数が増え（通常の x 軸のように）、列は上から下へいくに従い数が増える（通常の y 軸とは反対に）。そのため、スクリーンの左上の座標は $(0, 0)$ である。

低レベルにおけるピクセルの描画はハードウェアに関連した操作であり、スクリーンに関連したインターフェイスと内部のグラフィックカードに依存して決まる。もしスクリーンのインターフェイスが RAM 常駐のメモリマップに基づくものであれば (Hack のように)、ピクセルの描画は適切な RAM 位置にバイナリ値を書き込むことで行うことができる（**図 12-8**）。

Hack スクリーンのメモリマップについては 5.2.4 節で説明を行った。`drawPixel` アルゴリズムは、その節で説明した規約を満たす。その実装は簡単であり、ここでは読者の練習問題として残しておくことにする。さて、それでは、単一のピクセルの描画を行う方法はすでに知っているものとして、直線と円を描画する方法について考えよう。

```
drawPixel (x, y):
    // ハードウェア依存
    // メモリマップドスクリーンを想定する
    スクリーンの(x, y)に対応するRAM位置に所定の値を書き込む。
```

図 12-8 ピクセルの描画

直線描画

スクリーン上のふたつのポイントを結ぶ直線を描画するように求められたとき、我々ができる最善の方法は、ふたつのポイントを結ぶ仮想の直線間を一連のピクセルとして描画すること、それによって直線を近似することである。我々が使うことのできる“ペン”は4方向——上、下、左、右——にしか動かすことができない。そのため、描画される直線は、高解像度のスクリーンでなければ、ギザギザになる。人間の網膜も“入力ピクセル”のようなグリッドによって構成されているため、いずれにせよ画像の細かさには限度がある。実際、高解像度のスクリーンやプリンタは、直線がスムーズに描画またはプリントされていると見せかけているにすぎない（細かく見れば、その直線もギザギザしている）。

$(x1, y1)$ から $(x2, y2)$ へ直線を描画するための手続きでは、$(x1, y1)$ にピクセルを描画し、続けて $(x2, y2)$ の方向へジグザグと向かいながらピクセルを描画していく。詳細は**図 12-9** を参照してほしい。

このアルゴリズムを一般用途の直線描画ルーチンへと拡張するためには、「$dx, dy < 0$」「$dx > 0, dy < 0$」「$dx < 0, dy > 0$」の場合を考えなければならない。$dx = 0$ または $dy = 0$ の場合（水平線または垂直線を描画することに対応）は、このアルゴリズムでは対応できない。いずれにせよ、特別なケースを場合分けして最適化する必要がある。

図 12-9 で示したアルゴリズムにおいて懸念となる点は、ループ処理において除算を毎回行う必要があるということである。除算は処理に時間がかかるというだけでなく、除算の計算では小数の精度が必要になる。この解決策として、$a/dx < b/dy$ を $a \cdot dy < b \cdot dx$ に置き換えることが、最初に思いつくであろう。そのようにすれば、整数の乗算だけが必要になるため、除算を行う必要がなくなる。さらに、その式を注意深く見れば、乗算を使わなくてもよいことがわかる。**図 12-10** に示すとおり、a または b が修正されるたびに $a \cdot dy - b \cdot dx$ の値を更新して、その値を保持することで効率良くどちらに進むかテストすることができる。

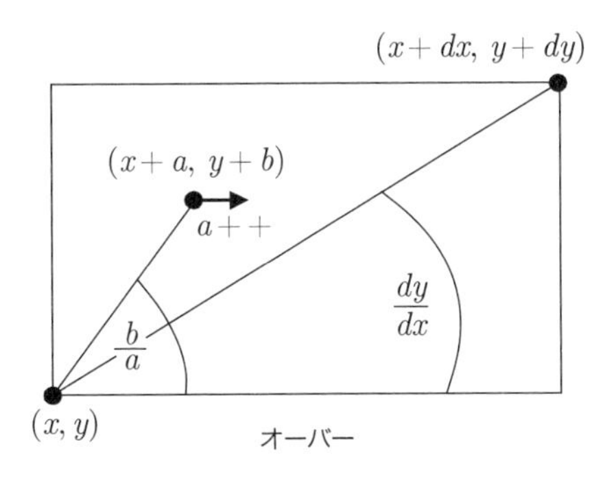

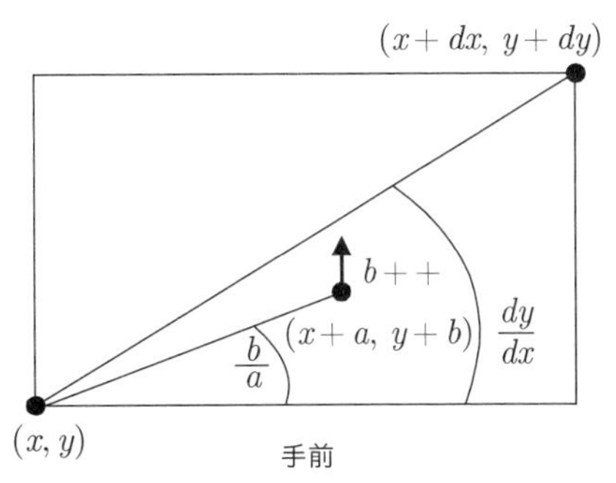

drawLine $(x,\ y,\ x+dx,\ y+dy)$:
　// $dx,\ dy > 0$と想定する
　$(a,\ b) = (0{,}0)$で初期化
　while $a \leq dx$ and $b \leq dy$ do
　　drawPixel($x+a,\ y+b$)
　　if $a/dx < b/dy$ then a++ else b++

図 12-9　直線描画

// $a/dx < b/dy$をテストするために、$adyMinusbdx$変数を保持し、
// それが負であるかどうかテストする。
　初期化：　　　$adyMinusbdx = 0$
　a++ 実行時：$adyMinusbdx = adyMinusbdx + dy$
　b++ 実行時：$adyMinusbdx = adyMinusbdx - dx$

図 12-10　加算だけを用いた効率的なテスト

円描画

スクリーン上に円を描画する方法はいくつか存在する。ここで示すアルゴリズム（**図 12-11**）は、本章ですでに実装したルーチンを 3 つ使用する。そのルーチンとは、乗算、平方根、直線描画（drawLine）である。

ここで示すアルゴリズムは水平線を繰り返し描画することに基づく（**図 12-11** で示す直線 ab のように）。$y-r$ から $y+r$ までの範囲の行に対して、水平線を描画する。r はピクセル単位（整数）で指定されるため、円の y 軸方向の軸線に沿って、指定範

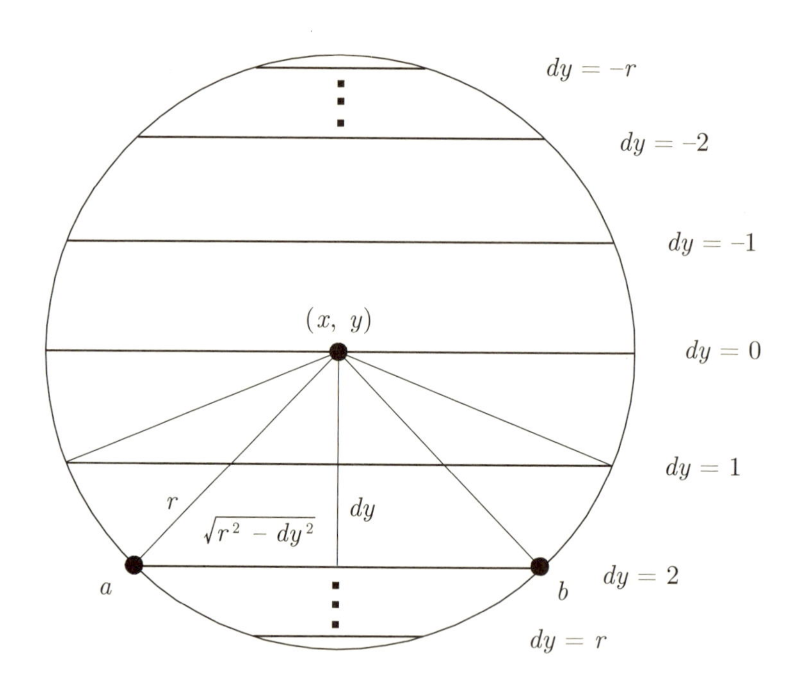

ポイント $a = (x - \sqrt{r^2 - dy^2}, y + dy)$　　ポイント $b = (x + \sqrt{r^2 - dy^2}, y + dy)$

drawCircle(x, y, r):
　for each $dy \in -r...r$ do
　　drawLine $(x - \sqrt{r^2 - dy^2}, y + dy)$ から $(x + \sqrt{r^2 - dy^2}, y + dy)$
　　　へ直線を描画

図 12-11　円描画

囲内のすべての行で水平線が描画され、完全に塗りつぶされた円になる。このアルゴリズムを微調整すれば、空の円にも対応することができる。

ループ処理で毎回行う平方根の計算は重たい処理であるため、このアルゴリズムはいくぶん効率が悪い。円を描画するアルゴリズムにおいても、直線描画のときと同様に、加算命令だけからなる、より効率の良いアルゴリズムが存在する。

文字出力

スクリーンへの出力について、これまで扱ってきた対象はグラフィカルなもの——ピクセル、直線、円——であった。ここでは、文字をスクリーンに描画する方法について説明する。そのために、OSの便利なサービスを利用し、ピクセル単位の描画を行う。

スクリーンにテキストを出力する機能を開発するためには、まずは物理的なピクセル指向のスクリーンを文字指向のスクリーンに分割することから始める。たとえば、横512ピクセル、縦256ピクセルのスクリーンを考えよう。もしひとつの文字を描画するために8×11ピクセルのグリッドを配置するとすれば、1行あたり64文字を23行分表示することができる（スクリーン最下部の3ピクセルは使わずのままである）。

続いて、スクリーンに表示したい文字を対象に、形の良いフォントをデザインする。そのためには、文字ごとにビットマップを使って実装する。たとえば、“A”という文字のビットマップは**図12-12**のようになる。

図12-12 “A”の文字ビットマップ

ここでは文字間のスペースを考慮して、8×11ピクセルのビットマップにおいて、次の文字と最低でも1ピクセル、その下の文字に対しても同様に最低で1ピクセル、空白が入るようにデザインしている（空白のサイズは文字によって異なる）。

通常、文字は左から右へ順々にスクリーンに描かれる。たとえば、`print("a")`と`print("b")`というふたつのコマンドを実行した場合、プログラマーがおそらく期待することは、スクリーンに“ab”の文字が表示されることであろう。そのため、文字描画を行うモジュールは“カーソル”というオブジェクトを持つ。カーソルは次の文字が描画されるスクリーンの位置を表し、$line$ と $column$ というふたつの要素からなる。$0 \leqq line \leqq 22$、$0 \leqq column \leqq 63$ の範囲で、$(line, column)$ の位置に文字を描画するとすれば、$line \cdot 11 \leqq x \leqq line \cdot 11 + 10$、$column \cdot 8 \leqq y \leqq column \cdot 8 + 7$ の領域を対象に文字が描画されることになる。文字が描画された後に改行が要求されれば、行が 1 だけ加算され、列が 0 にリセットされる。カーソルがスクリーンの最下部に達したら、次に何をすべきか決めなければならない。よく用いられる策としては、“スクロール”操作を行うことである。別の策として、左上の $(0, 0)$ の位置にカーソルを移動することも考えられる。

結論を言えば、我々はスクリーンに文字を描画する方法を知っていることになる。その他のデータ型についても、文字の描画機能を用いて対応することができる。たとえば、文字列は文字をひとつずつ描画することができる。数字は最初に文字列に変換して描画することができる。

12.1.7 キーボード操作

ユーザーが入力するテキストを扱うことは、見た目以上に多くのことが関連する。たとえば、`name=readLine("enter your name:")` という文について考えてみよう。このコマンドの低レベルにおける実装はささいなものではない。なぜなら、予期せぬ出来事――そのコードが適切に終了する前に、人間であるユーザーがキーボードのあるキーを押すことになっている――に備える必要があるからである。もちろん、問題となることは、人間であるユーザーがキーボードのキーを一定しない時間押すことである（毎回押している時間が異なる）。そのため、この低レベルにおける込み入った操作を OS のルーチンがカプセル化することで（`readLine` のように）、高水準言語のプログラマーからはその雑務から解放することができる。

本節では、テキスト入力を OS がどのように扱うかということについて、次の 3 つの抽象レベルで説明を行う。

- キーボードのどのキーが現在押されているかを判定する。
- 単一文字の入力を読み取る。
- 複数文字（文字列）の入力を読み取る。

キーボードの入力判定

最も低レベルなキーボードの入力読み取りは、プログラムがハードウェアから直接データを取得し、ユーザーによって現在どのキーが押されているかを示すことである。このローデータ（raw data）にアクセスする操作はキーボードのインターフェイスに依存して決まる。たとえば、もしそのインターフェイスが（Hackと同じように）キーボードから絶えず更新されるメモリマップであるとすれば、対応するRAM領域の値を検証するだけで、現在どのキーが押されているかを判定することができる。この操作の詳細は**図12-13**で示すアルゴリズムの実装に組み込むことができる。

```
keyPressed( ):
  // キーボードのインターフェイスの仕様に依存する
  if キーボードのキーが押されている
    return そのキーのASCIIの値
  else
    return 0
```

図12-13 "生"のキーボード入力

たとえば、キーボード用メモリマップのRAMアドレスを知っていれば、このアルゴリズムの実装は、単にそのメモリの値を読み込むだけである。

単一文字の読み込み

"キーが押されて"から"キーが離される"までの時間を予測することはできない。そのため、その点に対応したコードを書く必要がある。また、ユーザーがキーボードのキーを押したとき、どのキーが押されたかということについて視覚的なフィードバックを期待するであろう。そのためには、グラフィカルなカーソルを表示し、あるキーが押された後に、その文字がスクリーン上のカーソル位置に出力されるようにするのが一般的である。このロジックは**図12-14**のように実装することができる。

文字列の読み込み

通常、ユーザーによって打たれる複数のキー入力は、Enterキーが押されて終わりであると考えられる。Enterキーは改行文字を生成する。Enterキーが押されるまで、バックスペースを使って以前に打った文字を消すことができるようにすべきである。

```
readChar( ):
  // 単一文字の読み込みと出力
  カーソルを表示
  while キーが何も押されていない
    何もしない  // キーが押されるまで待つ
  c = 現在押されたキー
  while キーが押されている
    何もしない  // ユーザーがキーを離すのを待つ
  現在のカーソル位置にcを出力する
  カーソルを右へ1つ移動する
  return c
```

図 12-14 単一文字の読み込み

このロジックは**図 12-15** のように実装することができる。

```
readLine( ):
  // 読み込みと“行”の出力（Enterキーが押されるまで）
  s = 空の文字列
  repeat
    c = readChar( )
    if c = 改行文字
      改行を出力
      return s
    else if c = バックスペース文字
        sから最後の文字を取り除く
        カーソルを1つ前に戻す
      else
        s = s.append(c)  // sにcを追加する
```

図 12-15 文字列の読み込み

これまでと同じように、入力操作も抽象化を用いている――高水準言語は `readLine` という抽象化されたルーチンを用い、`readLine` は `readChar` という抽象化されたルーチンを用いる。さらに `readChar` は `keyPressed` という抽象化されたルーチンを用いる。keyPressedというルーチンはハードウェアに依存する。

12.2 Jack OSの仕様

前節では、オペレーティングシステムのタスクを行うアルゴリズムについて説明を行った。本節では、Jack OSを対象として、その仕様をAPIの形で示す。Jack OSもまたJackプログラミング言語の拡張とみなすことができる。そのため、ここで示すドキュメントは、「9.2.7 Jack標準ライブラリ」で示した内容とまったく同じものである。9章で示したOSの仕様は、OSを抽象化されたサービスとして使うプログラマーを対象としたものであった。本章で示すOSの仕様は、そのサービスを実装する必要があるプログラムを対象としたものである。技術的に関する情報および実装に関するヒントは12.3節で示す。

オペレーティングシステムは8つのクラスに分けられる。

`Math`
: 数学に関する基本的な演算を提供する。

`String`
: `String`型と文字列に関するサブルーチンを実装する。

`Array`
: `Array`型と配列に関するサブルーチンを実装する。

`Output`
: スクリーンへのテキストによる出力を扱う。

`Screen`
: スクリーンへのグラフィックによる出力を扱う。

`Keyboard`
: キーボードからのユーザー入力を扱う。

`Memory`
: メモリ操作を扱う。

`Sys`
: プログラムの実行に関連するサービスを提供する。

12.2.1 Math

このクラスは数学に関する演算を提供する。

`function void` **`init`**`()`

内部的な用途にのみ使用する。

`function int` **`abs`**`(int x)`

xの値の絶対値を返す。

`function int` **`multiply`**`(int x, int y)`

xとyの積を返す。

`function int` **`divide`**`(int x, int y)`

x/yの整数部分を返す。

`function int` **`min`**`(int x, int y)`

xとyの最小値を返す。

`function int` **`max`**`(int x, int y)`

xとyの最大値を返す。

`function int` **`sqrt`**`(int x)`

xの平方根の整数部分を返す。

12.2.2 String

このクラスはString型と文字列に関するサブルーチンを実装する。

`constructor String` **`new`**`(int maxLength)`

新しい空の文字列（長さは0）を作る。それに含むことができる最大の文字数はmaxLengthで指定される。

`method void` **`dispose`**`()`

この文字列を破棄する。

`method int` **`length`**`()`

この文字列の長さを返す。

`method char` **`charAt`**`(int j)`

この文字列の頭からi番目の場所にある文字を返す。

`method void` **`setCharAt`**`(int j, char c)`

j番目の文字をcという文字に設定する。

`method String` **`appendChar`**`(char c)`

この文字列にcという文字を追加し、この文字列を返す。

`method void eraseLastChar()`
この文字列の最後の文字を消去する。

`method int intValue()`
この文字列を整数による値として返す（もしくは、頭からたどっていき数字でない文字に遭遇するまでの文字列を整数として返す）。

`method void setInt(int j)`
`j`という整数値の表現を文字列として格納する。

`function char backSpace()`
バックスペース文字を返す。

`function char doubleQuote()`
ダブルクォート文字（"）を返す。

`function char newLine()`
改行文字を返す。

12.2.3 Array

このクラスは`Array`型と配列に関するサブルーチンを実装する。

`function Array new(int size)`
与えられたサイズの配列を生成する。

`method void dispose()`
この配列を破棄する。

12.2.4 Output

このクラスはスクリーンへのテキストによる出力を扱う。

`function void init()`
内部的な用途にのみ使用する。

`function void moveCursor(int i, int j)`
カーソルをスクリーンの(i, j)へ移動し、そこに表示されている文字を消去する。

`function void` **`printChar`**`(char c)`

カーソルが位置する場所に c という文字を表示させ、カーソルの場所を 1 列先へ進ませる。

`function void` **`printString`**`(String s)`

カーソルが位置する場所に s という文字列を表示させ、その文字数に応じてカーソルを先に進ませる。

`function void` **`printInt`**`(int i)`

カーソルが位置する場所に i を表示させ、その数値に応じてカーソルを先に進ませる。

`function void` **`println`**`()`

カーソルを次の行の先頭に移動する。

`function void` **`backSpace`**`()`

カーソルを一列後ろへ戻す。

12.2.5 Screen

このクラスはスクリーンへのグラフィックによる描画を行う。スクリーンの列（column）は 0 から始まり、左から右へ進む。行（row）は 0 から始まり上から下へ進む。スクリーンのサイズはハードウェアに依存する。Hack のプラットフォームでは 256 行× 512 列である（縦 256 ×横 512）。

`function void` **`init`**`()`

内部的な用途にのみ使用する。

`function void` **`clearScreen`**`()`

スクリーン全体を消去する。

`function void` **`setColor`**`(boolean b)`

色の設定を行う（白＝ `false`、黒＝ `true`）。このコマンドは、この後に続く `draw`*XXX* コマンドで使用される。

`function void` **`drawPixel`**`(int x, int y)`

(x, y) にピクセルを描画する。

`function void` **`drawLine`**`(int x1, int y1, int x2, int y2)`

$(x1, y1)$ から $(x2, y2)$ まで直線を引く。

`function void` **`drawRectangle`**`(int x1, int y1, int x2, int y2)`

左上コーナーが $(x1, y1)$、右下コーナーが $(x2, y2)$ の塗りつぶされた矩形を描画する。

`function void` **`drawCircle`**`(int x, int y, int r)`

(x, y) を中心に、半径が r の塗りつぶされた円を描画する（ただし $r <= 181$）。

12.2.6 Keyboard

このクラスはキーボードからのユーザー入力を扱う。

`function void` **`init`**`()`

内部的な用途にのみ使用する。

`function char` **`keyPressed`**`()`

キーボードで現在押されているキーの文字を返す。何も押されていなければ0を返す。

`function char` **`readChar`**`()`

キーボードでキーが押され、離されるまで待つ。キーが話された時点で、スクリーンにその文字を表示し、このファンクションはその文字を返す。

`function String` **`readLine`**`(String message)`

`message`をスクリーンに表示し、キーボードから文字列（改行文字が判定されるまで押された文字列）を読む。この文字列をスクリーンに表示し、ファンクションはその文字列を返す。このファンクションはユーザーのバックスペースにも対応する。

`function int` **`readInt`**`(String message)`

`message`をスクリーンに表示し、キーボードから数字の列（改行文字が判定されるまで押された数字列）を読む。この数字列をスクリーンに表示し、その整数の値を返す。このファンクションはユーザーのバックスペースにも対応する。

12.2.7 Memory

このクラスはプラットフォームのメインメモリへ直接アクセスする。

`function void` **`init`**`()`

内部的な用途にのみ使用する。

`function int` **`peek`**`(int address)`

メインメモリの address の場所にある値を返す。

`function void` **`poke`**`(int address, int value)`

メインメモリの address の場所に value を設定する。

`function Array` **`alloc`**`(int size)`

ヒープから指定されたサイズのメモリブロックを探し、それを確保し、そのベースアドレスを返す。

`function void` **`deAlloc`**`(Array o)`

与えられたオブジェクトが占めるメモリ領域を破棄する。

12.2.8 Sys

このクラスはプログラムの実行に関連するサービスを提供する。

`function void` **`init`**`()`

他の OS クラスの init ファンクションを呼ぶ。そして、そのファンクションが Main.main() ファンクションを呼ぶ。内部的な用途にのみ使用する。

`function void` **`halt`**`()`

プログラムの実行を終了させる。

`function void` **`error`**`(int errorCode)`

エラーコードをスクリーンに表示し、プログラムの実行を終了させる。

`function void` **`wait`**`(int duration)`

およそ duraiton ミリ秒の間、待機する。

12.3 実装

前節で説明した OS は、Jack クラスの集合として実装される。OS が提供するサブルーチンは、Jack のコンストラクタ、ファンクション、メソッドのいずれかに該当する。それらの API については 12.2 節で示した。また、主となるアルゴリズムについては 12.1 節で示した。本節ではさらに、実装を完成させるためのヒントを示す。最終的な技術詳細とテストプログラムについては 12.5 節で示す。OS のサブルーチンの多くは単純であるため、その実装も難しくないであろう。そのため、ここでは一部のOSサブルーチンを対象に説明を行う。

いくつかのOSクラスはクラスレベルの初期化が必要である。たとえば、数学に関するファンクションは、以前に計算した値を使って、より高速に実行することができる。前に計算した値はスタティックな配列などに保存することができる。スタティックな配列は最初に生成し、`Math`クラスで使えるようにする。OSの`Xxx`というクラスが、ある初期化コードを必要とする場合、そのコードは`Xxx.init()`と呼ばれるファンクションで行うことを原則とする。コンピュータが起動し、OSの実行が開始されたとき、`init()`というファンクションが呼ばれる。その方法については、後ほど説明する。

12.3.1 Math

Math.multiply()、Math.divide()

図12-1と**図12-2**で示したアルゴリズムは、自然数（負でない整数）だけを操作するように設計されている。負の数を扱うためには、絶対値に対してアルゴリズムを適用し、その後で符号を適切に設定する、といった方法が単純なものとして考えられる。ただし、乗算を行うアルゴリズムについては負の数を考慮する必要はない。というのは、乗数が2の補数で与えられるのであれば、その積は、それ以上手を加えなくても正しい結果となるからである。

図12-1で示したアルゴリズムにおいて、そのループのj回目の処理では、数字のj番目のビットが抜き出されていることに注意してほしい。その操作をカプセル化するために、次のファンクションを実装することを推奨したい。

bit(x, j)

整数`x`の`j`番目のビットが1であれば`true`を返し、それ以外は`false`を返す。

`bit(x, j)`ファンクションは、シフト操作を用いて簡単に実装することができる。残念ながら、Jackはシフト操作をサポートしていない。その代わりに、Jackでこのファンクションを実装するには、長さが16のスタティックな配列を定義するとよいだろう。たとえば、その配列を`twoToThe[j]`とすると、`j`番目の場所には、2のj乗（2^j）を計算した値を格納する。この配列は初期化時に（`Math.init`の中で）一度だけ生成する。`bit(x, j)`の実装は、その配列を用いてビット単位のブール操作を行う。

Math.sqrt()

図12-3の $(y+2^j)^2$ という計算はオーバフローを起こし得るから、結果は負の数になるかもしれない。これに対応するためには、`if` 文のロジックを次で示す文に置き換えればよい。

$$\text{if} \quad ((y+2^j)^2 \leqq x) \quad \text{and} \quad ((y+2^j)^2 > 0) \quad \text{then} \quad y = y + 2^j$$

12.3.2 String

12.1.4節で説明したように、文字列は配列を用いて実装される。同じように、文字列に関連するすべてのサービスは配列の操作を用いて実装することができる。この実装の詳細について重要な箇所は、——文字列の実際の長さは、その操作の間中保持されなければならない。そして、その長さを超える配列要素は文字列の一部と見なさないようにする——ということである。

String.intValue、String.setInt

このファンクションは**図12-4**と**図12-5**で示したアルゴリズムを用いて、それぞれ実装することができる。両方のアルゴリズムとも負の数を扱わない点に注意すること。

このクラスの他のサブルーチンの実装は簡単であろう。ひとつ注意するとすれば、改行、バックスペース、ダブルクォートのASCIIコードは、それぞれ128、129、34に対応する、ということである。

12.3.3 Array

`Array.new()` はコンストラクタではなく、ファンクションであることに注意すること（その名前にもかかわらず）。そのため、新しい配列のメモリ領域は、`Memory.alloc()` を呼び出して明示的に割り当てる必要がある。同様に、配列の破棄は、`Memory.deAlloc()` を用いて明示的に行わなければならない。

12.3.4 Output

文字ビットマップ

ここでは、1文字あたり横8×縦11ピクセルのビットマップを用いることを推奨する。そうした場合、1行あたり64文字、全体で23行分の文字がスクリーンに収まる。ASCII文字のすべてをビットマップとしてデザインすることはたいへんな作業であるから、本書では定義済みのビットマップデータを提供している（練習問題として1文字だけ除いてある）。具体的に言うと、ビットマップデータをJackコードで定義し、それを含む`Output`クラスをひな形として用意した。この`Output`クラスでは、全部で127個のASCII文字のため、それぞれの文字用にビットマップデータが定義されている。文字は配列として表現され、その配列は11個の要素からなる。各要素はバイナリ数であり、文字画像の各行のピクセルに対応する。たとえば、`j`番目の要素の値は、文字画像の`j`行目の8ピクセルに対応するバイナリ値である。

12.3.5 Screen

Screen.drawPixel()

スクリーンにピクセルを描画するには、`Memory.peek()`と`Memory.poke()`を使って、スクリーンのメモリマップに直接アクセスすることで行う。Hackプラットフォームにおけるスクリーンのメモリマップの仕様については——スクリーンのc列、r行（$0 \leqq c \leqq 511, 0 \leqq r \leqq 255$）は、アドレスが$16384 + r \cdot 32 + c/16$にあるワード（値）の$c\%16$番目のビットに対応する——という形で表されることはすでに述べた。ピクセルを描画するには、アクセスしたワードの対応するビットを変更することで行う。この操作は、Jackのビット単位の操作を用いて行うことができる。

Screen.drawLine()

図12-9で示したアルゴリズムでは、オーバフローが発生する可能性がある。一方、改善版である**図12-10**のアルゴリズムではオーバフローの問題はなくなる。

Screen.drawCircle()

図12-11で示したアルゴリズムもオーバフローが発生する可能性がある。円の半径

を181までに制限することで、この問題を避けることができる。

12.3.6 Keyboard

Hackプラットフォームにおいて、キーボードのメモリマップは単一の16ビットワードである。このワードのアドレスは24576である。

Keyboard.keyPressed()

このファンクションはそのメモリアドレスに“生の”アクセス（直接アクセス）を行うだけである。`Memory.peek()`を用いて簡単に実装することができる。

Keyboard.readChar()、Keyboard.readString()

このファンクションは、単一の文字と文字列入力への“調理された”アクセス（調整を行ったアクセス）を行う。そのレシピはそれぞれ**図12-14**と**図12-15**で与えた。

12.3.7 Memory

Memory.peek()、Memory.poke()

このファンクションはメモリへの直接アクセスを行う。これを高水準言語のレベルで実現するにはどうすればよいだろうか？ 結論からいうと、プログラマーがコンピュータのメモリを完全に操作できる仕組みがJack言語には備わっている。この仕掛けは、単純なJackプログラミングを用いて、`peek`と`poke`を実装することで実現することができる。

その仕掛けを実現するためには、参照変数（ポインタ）を使用する。仕様として、Jack言語は、プログラマーが参照変数に定数値を設定することを禁止していない。この定数値はメモリのアドレスとして扱われる。特に、参照変数が配列であったとしたら、コンピュータメモリ全体に直接アクセスすることができる。**図12-16**に詳細を示す。

図12-16の最初の2行に従えば、`memory`配列のベースはコンピュータのRAMの最初のアドレスを指すことになる。RAMで物理的なアドレスが`j`の位置に値を設定（または取得）するには、`memory[j]`を操作すればよい。そうすれば、RAMアドレスが`0+j`である位置を操作する命令をコンパイラが生成することになる。

```
// JackレベルにおけるRAMの"代理"を生成する
var Array memory;
let memory = 0;
// この時点から、次のように使うことができる
let x = memory[j]  // jはRAMのアドレス
let memory[j] = y  // jはRAMのアドレス
```

図 12-16 Jack から RAM を制御する仕掛け

前に説明したとおり、Jack の配列領域はヒープ上に割り当てられるが、それはコンパイル時ではなく、実行時に、つまり、配列の new ファンクションが呼ばれるタイミングで行われる。しかし、配列を参照する変数はコンパイル時に生成され、その変数は将来生成されるであろう配列データのベースアドレスが格納されることになる。

Memory.alloc()、Memory.deAlloc()

このファンクションは、**図 12-6** または改良版の**図 12-7** で示したアルゴリズムを用いて（best-fit または first-fit を用いて）実装することができる。ここでは、Hack プラットフォーム上の VM において、ヒープは RAM の 2048〜16383 に位置することを思い出そう。

12.3.8 Sys

Sys.init()

Jack で書かれたアプリケーションはクラスの集合である。そのクラスのひとつには Main という名前のクラスが存在し、その Main クラスには main という名前のファンクションを含まなければならない。そのような仕様であるため、アプリケーションを実行するには、Main.main() というファンクションを呼び出す必要がある。ここで、OS 自身もひとつのプログラム（クラスの集合）であることを思い出そう。そのため、コンピュータを起動させるとき、OS のプログラムを最初に実行させ、その後に、OS がメインのプログラムを実行させるようにしたいのである。

その点を踏まえると、一連のコマンドは次のように実装することができる。最初に、VM（8 章）にはブートストラップ用のコードが含まれ、そのコードは自動的に

Sys.init()というファンクションを呼び出すようになっていた。8章では、そのファンクションがOSのSysクラスに存在することを想定していた。Sys.init()は、続いて他のOSクラスのinit()ファンクションをすべて呼び、その後Main.main()を呼び出す。このMain.main()ファンクションは、アプリケーションプログラムに存在することを想定している。

Sys.wait()

このファンクションは、シミュレートされたHackプラットフォームという限定された環境を対象に実装することができる。具体的に言うと、およそnミリ秒の間実行されるループ関数を使うことができる。CPUが違えば、必要なループの回数は変化するため、特定のコンピュータでその回数を計測しなければならない。結果として、あなたのSys.wait()ファンクションは移植することはできないが、それは仕方ないであろう。

Sys.halt()

このファンクションは、無限ループに入ることによって実装することができる。

12.4 展望

本章で述べたソフトウェアライブラリは、ほとんどすべてのOSでも提供される基本的なサービスを含んでいる。たとえば、メモリ管理、I/Oドライバ、初期化処理、ハードウェアで実装されていない数学関数、文字列クラスなどのデータ型の実装などが挙げられる。我々はこの標準ソフトウェアライブラリを「オペレーティングシステム」と呼ぶことにした。そう呼ぶようにした理由は、そのソフトウェアライブラリがOSのメインとなる機能——ハードウェアの込み入った詳細をソフトウェアにカプセル化し、他のプログラマーが整備されたインターフェイスを通してそのサービスを使えるようにすること——を実現しているからである。しかし、ここでOSと呼ぶものと世の中に出回っているOSを比較すると、そのギャップは非常に大きいことがわかる。

まず第一に、我々のOSは、最も基礎的な要素のいくつかを欠いている。たとえば、我々のOSはマルチスレッドやマルチコアCPUに対応できない。これとは対照的に、ほとんどすべてのOSはマルチスレッド・マルチコアに対応している。また、我々のOSは大容量記憶装置を備えていないが、一般的なOSではデータの保存操作はファイルシステムという抽象化で行われる。さらに、我々のOSはコマンドラインのインターフェイス（Unix シェルや DOS など）やグラフィカルなツール（ウィンドウ、マウス、アイコンなど）は持たない。一方、そのようなツールは一般の OS で必ず備えられている。他にも、セキュリティや通信など、一般的な OS が備えているさまざまなサービスを我々の OS は備えていない。

また、OS のコードとユーザーのコードの間のやりとりの点において、大きな違いがある。ほとんどすべてのコンピュータでは、OS のコードは“特権を持つ”と考えられる——プラットフォームに対するさまざまな操作については、ユーザーのコードによって行うことは禁じられているが、OS のコードからは可能である。そのため、OS が提供するサービスへのアクセスは、単純な関数呼び出し以上に複雑なメカニズムが必要である。さらに、プログラミング言語は、この OS のサービスをファンクションやメソッドで覆うのが一般的である。これとは対象的に、Hack プラットフォームにおいては、OS のコードとユーザーのコードの違いはない。そして、OS のサービスは、アプリケーションプログラムと同じ“ユーザーモード”として実行される。

効率の点で言えば、本章で示した乗算と除算を行うアルゴリズムは標準的なものであった。しかし、それらのアルゴリズムは、ソフトウェアではなく、ハードウェアで実装するほうが一般的である。乗算・除算アルゴリズムの実行時間は $O(n)$ の加算演算である。ふたつの n ビット数の加算は $O(n)$ ビットの操作が必要であるから（ハードウェアのゲートで）、そのアルゴリズムは $O(n^2)$ ビットの操作が必要である。処理時間が漸近的に $O(n^2)$ よりかなり高速な乗算・除算アルゴリズムが存在する。ビットの数が多くなればなるほど、そのアルゴリズムの効率度は増す。同様に、幾何操作（直線描画や円描画など）についても、専用のハードウェアで実装されることが一般的である。

この OS の機能を拡張したいと思う読者は、ぜひとも挑戦してほしい。13 章では、その点についてコメントしている。

12.5 プロジェクト

目標

本章で説明した OS を実装する。OS の各クラスは、他クラスと独立して、好きな順に実装し、テストすることができる。

材料

本プロジェクトで主に必要なツールはJackである。我々はJackを用いてOSを開発する。さらに、本書が提供するJackコンパイラとVMエミュレータが必要である。コンパイラを用いて、あなたが実装したOSをコンパイルし、テストプログラムとVMエミュレータを使って、そのコンパイルされたOSコードをテストすることができる。ここで、本書のVMエミュレータにはすべてのOSの機能が備わっていることに注意する必要がある。しかし、もしVMエミュレータが、VMコードの形でコンパイルされたOSのコードを見つけた場合、ビルトイン版のOSコードの代わりに、そのコンパイルされたコードを使用する。これを行うには、この後で説明する方法に従えばよい。

規約

Jack OSを実装し、ここで述べるテストプログラムとテスト方法に従ってテストする。テストプログラムではOSのサービスを使用する。

12.5.1 テスト方法

本プロジェクトの開発とテストはクラスごとに分けてを行うことを推奨する。そうするためには、あなたが実装したOSのクラスとそれに対応するテストプログラムを同じディレクトリに置くようにする。具体的には、次の手順に従って進めることを推奨する。

1. あなたが実装したOSクラス（これを`Xxx.jack`とする）とそれに対応する本書が提供するテストプログラムを同じディレクトリに置く。
2. 本書のJackコンパイラを用いて、そのディレクトリを対象としてコンパイルを行う。結果として、OSクラスの`Xxx.jack`とテストプログラムがコンパイルされ、新たに`Xxx.vm`ファイルが生成される。この`Xxx.vm`には、あなたのOSクラスの実装が含まれる。これが我々の望むことである。VMエミュレータをこのディレクトリに適用した場合、VMエミュレータは`Xxx`というOSクラス以外はビルトイン版を用い、`Xxx`はあなたの実装（`Xxx.vm`）を用いる。
3. VMエミュレータにそのディレクトリにあるコード（OSとテストプログラム）を読み込ませる。
4. コードを実行する。OSのサービスが、下に示すガイドラインに従って適切に実行されているか確認を行う。

12.5.2 OSクラスとテストプログラム

OSには8つのクラス――Memory、Array、Math、String、Output、Screen、Keyboard、Sys――がある。OSの各クラスに対して（これをXxxとすると）、Xxx.jackという名前のひな形のクラスを用意している。このひな形クラスには、必要なサブルーチンの宣言が含まれている（実装が部分的に欠けている）。また、Xxxをテストとするために Main.jackという名前のファイルとテストスクリプトも提供している。

Memory、Array、Math

OSクラスの実装をテストするには、関連するディレクトリをコンパイルし、VMエミュレータ上で提供されたテストスクリプトを実行し、比較ファイルと比較を行い、その結果が正しいことを確認する。

本書が提供するテストプログラムには、Memory.allocとMemory.deAllocのファンクションを詳しくテストするスクリプトは含まれていないことに注意してほしい。メモリ操作の詳細なテストを行うには、内部実装を検査する必要があり、ユーザーレベルのテストからその詳細を見ることはできない。そのため、そのふたつのファンクションをテストするために、VMエミュレータで1ステップずつ進めてデバッグ作業を行うことを推奨する。

String

対応するテストプログラムを実行し、次の画面出力と一致することを確かめる。

```
new,appendChar: abcde
setInt: 12345
setInt: -32767
length: 5
charAt[2]: 99
setCharAt(2,'-'): ab-de
eraseLastChar: ab-d
intValue: 456
intValue: -32123
backSpace: 129
doubleQuote: 34
newLine: 128
```

Output

対応するテストプログラムを実行し、次の画面出力と一致することを確かめる。

```
A                                                                                B

0123456789
ABCDEFGHIJKLMNOPQRSTUVWXYZ abcdefghijklmnopqrstuvwxyz
!#$%&'()*+,-./:;<=>?@[]^_`{|}~"
-12346789




C                                                                                D
```

Screen

対応するテストプログラムを実行し、次の画面出力と一致することを確かめる。

Keyboard

このOSクラスをテストするために、ユーザーが操作を行うテストプログラムを用いる。Keyboardクラスのファンクション（keyPressed、readChar、readLine、readInt）において、プログラムはユーザーに特定のキーを押すように要求する。もしそのファンクションが正しく実装されており、ユーザーが期待どおりのキーを押せば、プログラムは「ok」と出力し、次のファンクションのテストへ進む。もしそうでなければ、プログラムは同じファンクションを繰り返し要求する。すべての要求が正しく処理されれば、プログラムは「Test ended successfully」と出力する。その時点でのスクリーンは次のようになる。

```
keyPressed test:
Please press the 'Page Down' key
ok
readChar test:
(Verify that the pressed character is echoed to the screen)
Please press the number '3': 3
ok
readLine test:
(Verify echo and usage of 'backspace')
Please type 'JACK' and press enter: JACK
ok
readInt test:
(Verify echo and usage of 'backspace')
Please type '-32123' and press enter: -32123
ok

Test completed successfully
```

Sys

このクラスではふたつのファンクション――Sys.initとSys.wait――だけをテストする。本書が提供するテストプログラムは、ユーザーに何かキーを押すことを要求し、キーが押されたら2秒間待機し（Sys.waitを使う）、そして、別のメッセージを画面に出力する。この一連の処理によりSys.waitファンクションをテストする。

Sys.initは明示的にはテストされない。しかし、OSの初期化に必要なすべての処理はSys.initで行われ、その後でテストプログラムのMain.mainが呼ばれることを思い出そう。そのため、Sys.initが正しく実装されていないかぎり、プログラムは適切に動作しないことが想定できる。Sys.initを分離してテストする単純な方法は、あなたのSys.vmファイルを使ってPongゲームを実行させることである。

総合テスト

すべてのOSクラスがユニットテストをクリアしたら、Pongゲームを使ってOS全体のテストを行う。Pongゲームのソースコードは、`projects/11/Pong`にある。あなたのOSである`.jack`ファイルを`Pong`ディレクトリに置き、そのディレクトリをコンパイルし、そのゲームをVMエミュレータで実行する。ゲームが正しく動けば、成功である！ そのOSはすべてあなたによって書かれたことになる。つまり、あなたはそのOSの誇らしいオーナーである！

13章 さらに先へ

探求をやめてはならない。
探求とは、最終的には初めの場所に戻り、その場所を初めて理解することである。
——イギリスの詩人 T・S・エリオット (1888–1965)

おめでとう! コンピュータシステムの構築はこれで終わりである。読者がこの旅路を楽しんでくれたことを筆者らは願っている。ここで、秘密を打ち明けたいと思う。その秘密とは、筆者らは本書の執筆を読者の方以上に楽しんだ(と思っている)、ということだ。結局のところ、設計することが最も楽しい作業のひとつであり、コンピュータを設計したのは筆者らである。読者の中には(特に好奇心旺盛な読者の中には)、この設計を自分で行いたいと思う人もいるだろう。もしかすると、より優れたアーキテクチャを設計できるかもしれない。もしかすると、新たな機能を追加したいと思っているかもしれない。もしかすると、より広範囲なシステムを設計したいと思っているかもしれない。もしかすると、あなたは操縦席に座り、どこに行くかということを(そこに行く方法だけでなく)指示したいのかもしれない。

これまでのプロジェクトであなたが実装してきたソフトウェアを修正・拡張し、別の設計を取り入れることができる。たとえば、アセンブリ言語、Jack言語、オペレーティングシステム(OS)は、好きなように拡張することができる。仕様を変更し、その仕様を満たすように、アセンブラ、コンパイラ、OSの実装を書き直すことができる。また、別の要素として、本書が提供したソフトウェアを拡張したいと思うかもしれない。たとえば、VMの仕様やハードウェアの仕様を変更したとすれば、それに対応するようにエミュレータも変更したいと思うだろう。また、Hackコンピュータに新たな入出力デバイスを追加したいと思うかもしれない。その場合は、ハードウェアシミュレータのビルトイン回路として、それをモデル化したいと思うだろう。

そのような修正や拡張を読者が行えるようにするため、本書で使用したソフトウェアはすべて、そのソースコードをオープンソースとして公開している。プログラムを起動するために用いるバッチファイルを除くと、コードはすべてJavaで書かれている。これらのソフトウェアおよびドキュメントは、本書のWebサイト(http://www.nand2tetris.org/)から取得できる。あなたのアイデアに従って、そのツールを修正し拡張することは大歓迎である——もしよかったら、それを他の人と共有してほしい。筆者らはコードをなるべく簡単に拡張できるように、ドキュメントとコードを書いたつもりである。特に、本書が提供したシミュレータは、新しいビルトイン回路を追加することのできるシンプルなインターフェイスを備えている(それについてのドキュメントも用意している)。そのインターフェイスを使えば、たとえば、記憶装置や通信機器などのハードウェアを持つようなシミュレーションも可能である。

あなたがどのような設計をするかということについて想像はできないが、筆者らが思いつく設計案をここでいくつか紹介する。

13.1 ハードウェアの実現

本書で提示したハードウェアモジュールはすべてソフトウェアベースであり、HDLでシミュレートしたものであった。つまり、これはハードウェアの"設計図"にすぎない。しかし、このHDLによる設計図をシリコン上へ移し、"本物のコンピュータ"として動かすことも不可能ではない。実際にHackを作り、"本物のプラットフォーム"上でJackで書かれたプログラムを実行することができたら、それは素敵なことではないだろうか? そのための方法は、いくつか考えられるだろう。ひとつの極端な例としては、Verilog-HDLやVHDLなどの一般的なHDLを用いてHackを設計し、実際の回路を製造することである。その場合、RAM、ROM、I/Oデバイスなどに関連する実装の問題についても解決する必要がある。また、別の極端な例としては、スマートフォンや携帯電話などの実在するハードウェア機器を用いて、エミュレートすることであろう(Hack、VM、Jackプラットフォームのいずれかをエミュレートする)[†1]。

13.2 ハードウェアの改良

Hackはプログラム内蔵式コンピュータ(stored program computer)ではあるが、プログラムはROMに書き込んで準備しなければならない。現在のHackアーキテクチャにおいては、物理的なROM回路を丸ごと取り替える以外に、ユーザー操作によって別のプログラムをコンピュータに読み込む方法はない。「プログラム読み込み」機能を追加するためには、Hackの階層において、そのいくつかを変更する必要があ

†1 訳注:FPGAを用いてHackコンピュータを実装することもできる。実際に実装した例がhttps://www.youtube.com/watch?v=UHty1KKjaZwで見ることができる。

るだろう。Hack ハードウェアを修正して、読み込んだプログラムを書き込み可能なRAM に配置することができる。プログラムを格納するために、何らかの永久記憶装置（disk-on-chip など）をハードウェアに追加することはおそらく可能であろう。そのような永久記憶装置を操作し、そして、プログラムの読み込みと実行を行う新しいロジックを操作するように、OS を拡張することができる。この時点で、OS のユーザーインターフェイスのようなもの（シェルや DOS など）があれば便利だろう。

13.3 高水準言語

すべてのプロフェッショナルがそうであるように、プログラマーも自分の使用するツールに強い愛着を持ち、それを自分好みに調整したいと思うものである。プログラマーの場合、そのツールとは「プログラミング言語」のことを指す。本書で開発したプログラミング言語は Jack であった。この Jack 言語には不満な点がたくさん残されている。実際、改良の余地は多くあり、完全に他の言語と置き換えてもよいかもしれない（Scheme はどうだろう？）。ある変更は単純であり、ある変更は込み入ったものになるだろう。また、ある変更は VM の仕様から修正する必要があるかもしれない（たとえば、「継承」を追加する、など）。

13.4 最適化

本書では「最適化」について、そのほとんどを省略した（12 章は除く）。最適化は、すべてのハッカーにとって“偉大なる競技場”である。あなたも、これまで作ってきたコンパイラやハードウェアに対して、少しずつ最適化を行うことができる（おそらく、最も成果が得られる場所は、VM 変換器の最適化だろう）。大規模な最適化を行うのであれば、機械語や VM 言語などのインターフェイスから見直す必要があるかもしれない。

13.5 通信

Hack コンピュータをインターネットにつなぐことができたとしたら、素敵なことではないだろうか？ そのためには、ビルトインの通信回路をハードウェアに追加し、高水準の通信プロトコルを扱うためのコードを書く必要があるだろう。また、シミュレートされた通信回路と“話す”ためのプログラムも他に必要になるはずである——たとえば、HTTP を話す Web ブラウザを Jack で開発するプロジェクトなどは、有意義な体験になるだろう。

ここで示した例は、筆者らの考えた一例にすぎない。この他にもさまざまな可能性が考えられるだろう。さぁ、あなたならどうする？

付録A ハードウェア記述言語（HDL）

知性とは、人工物――特に、道具を作るための道具――を作る技能に他ならない。
――フランスの哲学者 アンリ・ベルクソン（1859－1941）

ハードウェア記述言語（HDL）を用いれば、回路を定義しテストを行うことができる。回路は、バイナリ信号を伝達する入力ピンと出力ピンをインターフェイスとして持ち、その内部は他の下位レベルの回路を組み合わせて作られている。本章では標準的なHDLについて解説を行う。ここで解説するHDLは、本書が提供するハードウェアシミュレータによって実行できる要件を満たしている。1章（特に1.1節）でHDLについて最低限の重要事項は述べた。そのため、本付録で述べることを完全に把握しなくても差し支えない。

本付録の使い方

本付録はテクニカルリファレンスである。そのため、最初から最後まで順に読んでいく必要はない。その代わりに、必要に応じて必要な箇所を参照するとよい。HDLは直感的な言語であり、改めて説明する必要はないであろう。実際、本書が提供するハードウェアシミュレータを使って簡単なHDLプログラムで遊べば、おおよそのことは把握できるはずだ。そして、そのほうが手っ取り早いであろう。そのため、可能なかぎり早くHDLプログラムを実装することを推奨する。それには、次に示す例題から始めるとよいだろう。

A.1 例題

例A-1 に示すコードは、2本の3ビットデータを受け取り、それらが等しいかどうか結果として出力する。回路の実装は、Xorゲートを用いて各ビットのペア同士を比較し、比較結果がすべて等しい場合に`true`を返す。HDLプログラムの内部パーツとして、たとえばXxxが用いられているとすると、その回路は別ファイルのXxx.hdlプログラムで定義されていることになる。**例A-1**に示すEQ3という回路について、そのコードを書いた設計者は、他に3つの下位レベルのプログラムであるXor.hdl、Or.hdl、Not.hdlが用意されていることを想定している。ここで大切なことは——設計者はそれらの回路について「どのように実装されているか」を気にする必要がない——ということである。新しい回路をHDLで開発する場合、設計に関係する内部パーツは、常にブラックボックスとしてみなすことができる。これにより、現在の回路構築における作業は、その内部回路を適切に配置することだけに集中することができる。

例A-1　HDLプログラムの例

```
/** 3ビット入力バスが等しいかどうかチェックを行う */
CHIP EQ3 {
  IN a[3], b[3];
  OUT out; // True iff a=b
  PARTS:
  Xor(a=a[0], b=b[0], out=c0);
  Xor(a=a[1], b=b[1], out=c1);
  Xor(a=a[2], b=b[2], out=c2);
  Or(a=c0, b=c1, out=c01);
  Or(a=c01, b=c2, out=neq);
  Not(in=neq, out=out);
}
```

このようなモジュール化のおかげで、上位レベルの回路を含むすべてのHDLプログラムは、短く読みやすい形に保つことができる。たとえばRAM16Kのような複雑な回路の場合でさえ、わずかな内部パーツ（RAM4K回路など）だけから実装することができ、コードにすれば該当箇所を1行のコードで記述することができる。そして、ハードウェアシミュレータによって評価される段階で、この回路の階層が再帰的に展開され、そこで使われている内部パーツは数千からなるビルディングブロック（構成要素）が相互に連結した形へと変換される。しかしそのようなことが実際に内部で行われていたとしても、回路設計者はその複雑な構造について考える必要はない。その代わりに、回路についての最上位のアーキテクチャだけに集中することができる。

A.2 規則

ファイル拡張子

回路は個別のテキストファイルに分けて定義されている。Xxxという名前の回路はXxx.hdlというファイルで定義される。

回路構造

回路の定義はヘッダとボディのふたつの要素から構成される。ヘッダでは回路の**インターフェイス**について指定され、ボディでは**実装**が記される。ヘッダは回路のAPIとして、つまりパブリックなドキュメントとして機能する。ボディ部分は、その回路のユーザーにとって（その回路を内部パーツとして使うユーザーにとって)、読む必要がない場所である。

構文

HDLは大文字と小文字を区別する。HDLではキーワードは大文字で書かれる。

命名規則

回路の名前やピンの名前は、英語と数字の羅列であればどのようなものでもよい。ただし、数字から始まる名前は除く。慣例として、回路の名前は大文字で始め、ピンの名前は小文字で始める。また、可読性を考慮して、名前の先頭だけを大文字にすることも可能である。

空白スペース

スペース、改行、コメントは無視される。

コメント

コメントには次のフォーマットを用いることができる。

```
//  行末までのコメント
/*  結びまでのコメント */
/** APIドキュメント用のコメント */
```

A.3 ハードウェアシミュレータへの回路の読み込み

HDLプログラムをハードウェアシミュレータに読み込むには、次に示す3つの方法（経路）が存在する。ひとつ目は、メニューから［Load Chip］を選択する、またはGUIアイコンを選択する方法である。ふたつ目は、テストスクリプトによって読み込まれる場合である。テストスクリプトには「load Xxx.hdl」のような記述が含まれ、該当のHDLを読み込むことができる。3つ目は、HDLプログラムが読み込まれ、パース（構文解析）が行われるときである。Xxxという名前の回路が内部パーツとして使用されていれば、シミュレータは対応する Xxx.hdl ファイルを読み込み、回路の階層を再帰的にたどって必要な回路をロードする。この3つのケースのどの場合においても、シミュレータは次に示すようなロジックを実行する。

```
if (Xxx.hdl がカレントディレクトリに存在する):
  そのファイル（そして、その回路の“子孫回路”すべて）をシミュレータに読み込む
else
  if (Xxx.hdl がシミュレータの builtInChips ディレクトリに存在する):
    そのファイル（そして、その回路の“子孫回路”すべて）をシミュレータに読み込む
  else
    エラーメッセージを表示する
```

本書で登場するすべての回路は、シミュレータの builtInChips ディレクトリに、実行可能な形式で保存されている（ただし、CPU、Memory、Computer 回路などの最上位の回路は除く）。したがって、どのような回路であれ、その内部において必要な下位レベルの回路がまだ実装される前であったとしても、その回路を実装しテストを行うことができる。なぜなら、シミュレータは自動的にビルトイン版の回路を読み込むからである。同様に、もし Xxx という回路がユーザーによって実装されていれば、単純に Xxx.hdl ファイルをカレントディレクトリから移動するだけで、ビルトイン版の回路がシミュレータに読み込まれることになる。最後に、（シミュレータではなく）ユーザーがビルトイン版の回路を、たとえば実験のために、直接シミュレータに読み込みたい場合があるかもしれない。その場合は、メニューから［Load Chip］を選択した後、単純に tools/builtInChips ディレクトリから希望する回路を選択すればよい。tools/builtInChips ディレクトリは、ハードウェアシミュレータの標準環境である。

A.4 回路ヘッダ（インターフェイス）

HDL プログラムのヘッダは次のフォーマットに従う。

```
CHIP chip name {
    IN input pin name, input pin name, ... ;
    OUT output pin name, output pin name, ... ;
    // ここにボディ部分がくる
}
```

CHIP 宣言

「CHIP」というキーワードの次に回路の名前が続く。その残りは波カッコの中にHDLコードが書かれることになる。

入力ピン

「IN」というキーワードの次に、入力ピンの名前のリストがコンマ（,）で区切られた形で続く。リストの最後はセミコロン（;）で終わる。

出力ピン

「OUT」というキーワードの次に、出力ピンの名前のリストがコンマ（,）で区切られた形で続く。リストの最後はセミコロン（;）で終わる。

入力ピン、出力ピンはデフォルトでは1ビット幅である。多ビットのバスを使用するためには、pin_name[w]（たとえば、EQ3.hdlのa[3]など）のように宣言する。これは「バス幅がwであるピン」を意味する。バスの各ビットにアクセスするには、0からw-1までのインデックスを用いる（インデックスが0の場合、最下位のビットにアクセスする）。

A.5　回路ボディ（実装）

A.5.1　パーツ

一般的な回路は複数の下位レベルの回路から構成される。それらの下位レベル回路の入力ピンと出力ピンが、ある“ロジック”（接続形式）に従って互いに接続され、それによってある機能を持つようになる。このロジックはHDLプログラムのボディ部分に書かれ、次のフォーマットに従う。

```
PARTS:
internal chip part;
internal chip part;
 ...
internal chip part;
```

「*internal chip part*」の部分は、内部回路が次の構文に従って記述される。

```
chip name (connection, ..., connection);
```

connection は次の構文に従う。

```
part's pin names = chip's pin name
```

本付録では、現在定義している回路を「回路」と呼び、内部で使用する下位レベルの回路を「パーツ」と呼ぶ。

A.5.2　ピンと接続

先に示したコード内の *connection* では、パーツのピンが他のピンとどのように接続するか、ということを記述している。最も単純な場合は、パーツのピンを回路の入力ピンもしくは出力ピンにそのまま接続する。他には、パーツのピンを他のパーツのピンと接続する場合がある。この内部的な接続を行うためには**内部ピン**（internal pin）が必要になる。

内部ピン

あるパーツの出力ピンをまた別パーツの入力ピンにつなげるためには、（プログラマーは）内部ピンを作成しなければならない。内部ピンの例として、次のコードに示す `v` がそれに該当する。

```
Part1 (..., out=v);       // Part1 の out は v へ送信される
Part2 (in=v, ...);        // v は Part2 の in へ送信される
Part3 (a=v, b=v, ...);    // v は Part3 の a と b 両方に送信される
```

内部ピン（このコードの `v` など）は、HDL プログラムでそれが初めて指定されたときに、必要に応じて作成される。内部ピン作成のために特別な宣言は必要ない。また、内部ピンの入力数は1であり、出力数は無限にとることができる。そのため、ひとつの内部ピンだけから、他の複数のパーツへと（複数の接続を通して）信号を送信することができる。この例では、内部ピン `v` は `Part2`（`in` を通して）と `Part3`（`a` と `b` を通して）に同時に送信される。

入力ピン

パーツの入力ピンは次に示すソースのうちのいずれかから送信される。

- 回路の入力ピン
- 内部ピン
- 定数である「true」か「false」（それぞれ1と0に対応する）

入力ピンの入力数は1であるため、ひとつのソースだけから信号を送信されることになる。そのため、「Part (in1=v, in2=v, ...)」という記述は正しいが、「Part (in1=v, in1=u, ...)」は誤りである。

出力ピン

パーツの出力ピンは次のどちらかへと送信される。

- 回路の出力ピン
- 内部ピン

A.5.3 バス

接続部分で使われるピンは、それが入力ピン、出力ピン、内部ピンのどれであっても、**多ビットバス**（multibit bus）を用いることができる。入力ピンと出力ピンの幅（ビットの数）は回路のヘッダで定義される。内部ピンの幅はその接続の関係性から自動的に決まるため、プログラマーが指定する必要はない。

多ビットバスの入力ピンや出力ピンの各ビットに接続するためには、（ピンの名前がxであれば）x[i]やx[i...j]=vのような記述を用いる。ここで、vは内部ピンであり、xのインデックスがi番目からj番目のピンが特定の内部ピンに接続されることを意味する。先に示したvのような内部ピンの幅は、HDLプログラムで最初に現れる箇所において、接続されるバスの幅と同じ幅を持つように自動で設定される。

定数であるtrueとfalseは、バスにおいても用いることができる。その場合、ビット幅は接続の関係性から自動的に設定される。以下に例を示す。

```
CHIP Foo {
   IN in[8]     // 8ビット入力
   OUT out[8]   // 8ビット出力
   // Foo回路のボディ部分（この例とは無関係）
}
```

それでは、Fooが他の回路から次のように用いられる場面を想定してみよう。

```
Foo(in[2..4]=v, in[6..7]=true, out[0..3]=x, out[2..6]=y)
```

ここでは、vは先ほど指定した3ビット幅の内部ピンであり、ある値に設定されている。そして、in[2..4]=vとin[6..7]=trueという接続は、Foo回路のin入力バスにおいて次のように設定される。

	7	6	5	4	3	2	1	0	（ビット）
in:	1	1	?	v[2]	v[1]	v[0]	?	?	（値）

それでは、Foo回路のロジックが次の出力を返すと想定しよう。

	7	6	5	4	3	2	1	0
out:	1	1	0	1	0	0	1	1

この場合、out[0..3]=xとout[2..6]=yという接続は次の値になる

	3	2	1	0
x:	0	0	1	1

	4	3	2	1	0
y:	1	0	1	0	0

A.6　ビルトイン回路

ハードウェアシミュレータはビルトイン回路のライブラリを持っている。このビルトイン回路は他の回路内で内部パーツとして用いることができる。ビルトイン回路は、Javaのようなプログラミング言語で書かれたコードで実装されており、HDLのインターフェイスの裏側で機能する。ビルトイン回路は標準的なHDLのヘッダ（インターフェイス）を持つが、HDLのボディ（実装）はビルトイン版として宣言されている。**例A-2**に一般的な例を示す。

例 A-2 ビルトイン回路の HDL 定義

```
/** 16 ビットマルチプレクサ。
sel=0 の場合 out=a、それ以外は out=b。
本回路は外部 Java クラスによるビルトイン版の実装が行われている。 */
CHIP Mux16 {
    IN a[16], a[16], sel;
    OUT out[16];
    BUILTIN Mux;     // builtInChips/Mux.class を参照。
                     // Mux.class にはビルトイン回路の Mux.hdl と
                     // Mux16.hdl の実装が含まれる
}
```

「BUILTIN」というキーワードの後に続く識別子は、回路の機能が実装された Java クラスの名前である。現バージョンのハードウェアシミュレータは Java で実装されており、ビルトインの回路はコンパイルされた Java クラスで実装されている。そのため、ビルトイン回路の場合、HDL のボディは次のフォーマットに従う。

```
BUILTIN Java_class_name;
```

ここで、*Java_class_name* は回路の機能を提供する Java クラスの名前である。通常、この名前は回路の名前と同じであり、たとえば、Mux.class のような名前になる。tools/builtInChips という名前のディレクトリにはビルトイン回路（コンパイルされた Java クラス）のすべてが格納される。このディレクトリはシミュレータの標準環境として用いられる。

ビルトイン回路は次に示す 3 つの特別な機能を提供する。

ビルディングブロック

ある特定の回路は“原子”として機能する。つまり、他のすべての回路は特定の回路をビルディングブロック（構成要素）として組み立てることができる。我々の場合、NAND とフリップフロップを、「組み合わせ回路」と「順序回路」におけるビルディングブロックとしてそれぞれ用いることにする。そのため、ハードウェアシミュレータはビルトイン版の Nand.hdl と DFF.hdl を持つ。

保証と効率

複雑な回路の開発をモジュール化して行うにあたって、回路の内部で使うパーツにビルトイン版の回路を用いることができる。これにより、回路の構築とテストを行う場合、その下位レベルで使われるパーツ――シミュレータが自動的にビルトイン版の実装を読み込むパーツ――の実装については考えなくてすむ。さらに、たとえ HDL で実装済みの回路があったとしても、ビルトイン版の回路を使うのには利点がある。それは、ビルトイン回路のほうが一般的に高速でメモリ効率にも優れているからである。たとえば、`RAM4K.hdl` をシミュレータに読み込んだ場合、シミュレータによって下位レベルの回路のためのデータ構造がメモリに作られる。このシミュレータによる作業は、回路の階層構造を再帰的にたどりながらフリップフロップまでたどりつくまで行われることになる。この“掘り下げ”作業（シミュレータが上位レベルの回路で RAM4K を使うたびに行う作業）は明らかに繰り返す必要のない作業である。

ベストプラクティス

パフォーマンスを向上させエラーを減らすためには、できるかぎりビルトイン版の回路を使うようにする。

視覚化

メモリユニットなどの上位レベルの回路においては、操作を視覚化して検証できるのであれば、より簡単にデバッグ作業を行うことができる。ビルトイン回路には視覚化のために GUI 表示の実装が行われている。この GUI 表示機能は、回路がシミュレータに読み込まれるとき、もしくは下位レベルのパーツとして回路から読み込まれるときに動作する。また、この GUI 機能のある回路は、GUI 表示部分を除くと、他の回路と同じように動作するため、通常の回路と同様に用いることができる。A.8 節では GUI 機能を持つ回路について詳細な説明を行う。

A.7　順序回路

コンピュータで使用する回路は、**組み合わせ回路**（combinational circuit）か**順序回路**（sequential circuit あるいは clocked circuit）のどちらかである。組み合わせ回路は、出力が現時点の入力によってのみ決まる。組み合わせ回路の入力ピンの値が、ユーザーもしくはテストスクリプトによって変更されれば（そして再評価されれば）、即座に回路のロジックによって出力ピンの結果が更新される。これとは対照的に、順序回路の操作はクロックによる規制を受ける。順序回路の入力が変更された場合、回路の出力が変更される（可能性がある）タイミングは、タイムユニットにおける開始時だけであり、これはシミュレータによってクロックが進められたタイミングに相当する。

実際、順序回路（たとえば、「カウンター」など）は入力値が変更されない場合であっても、クロックの経過とともに、その出力値が変更される場合がある。それとは対照的に、組み合わせ回路ではクロックの経過により出力値が変更されることはない。

A.7.1 クロック

シミュレータは時間の進行をモデル化するために、`tick`と`tock`というふたつの操作を用いる。これらの操作は、一連の**タイムユニット**（time unit）をシミュレートするために用いられる。タイムユニットはふたつのフェーズから構成される――`tick`でタイムユニットの第1フェーズが終わり第2フェーズが開始し、`tock`の合図で次のタイムユニットの第1フェーズが開始する。ここでは、シミュレーションを行っている間のタイムユニットと実際の時間は無関係であることに注意してほしい。なぜなら、我々は回路の時間（クロック）を完全にコントロールすることができるからである。つまり、ユーザー（もしくはテストスクリプト）は、`tick`と`tock`を意のままに操ることができ、それによって一連のタイムユニットをシミュレートすることができる、ということである。

ふたつのフェーズからなるタイムユニットは、**すべて**の順序回路において次のように動作する。まず、タイムユニットの第1フェーズ（**tick**）で、アーキテクチャ内に存在する順序回路への入力は読み込まれ、回路のロジックに従い回路の内部状態に影響を与える。そして、第2フェーズ（**tock**）で、回路の出力が新しい値に設定される。したがって、順序回路を外部から見れば、出力ピンは`tock`のタイミング――連続して続くタイムユニットの合間――で新しい値に設定されることになる。

クロックを制御するためには、次のふたつの方法がある。ひとつは、シミュレータのGUIにある時計（クロック）の形をしたボタンを使用する方法である。このボタンを一度押すと、クロック周期の第1フェーズを終了させる（`tick`に相当）。さらに続けてボタンを押せば、クロック周期の第2フェーズを終了させ、次の周期の第1フェーズをスタートさせる（`tock`に相当）。もうひとつの方法は、テストスクリプトからクロックを実行させることである。これは、たとえば「repeat n {tick, tock, output;}」のような記述を用いる。ここで示した例では、タイムユニットをn回分進めさせ、その都度、結果を出力する。テストスクリプトの中で用いられるrepeatやoutputなどのコマンドについては付録Bで解説する。

A.7.2　クロック回路とピン

ビルトインの回路は、クロックに依存していること宣言するために、次の構文を用いる。

```
CLOCKED pin, pin, ..., pin;
```

ここで、上の*pin*は、回路のヘッダで宣言された入力ピンまたは出力ピンである。たとえば、入力ピンxが上の「CLOCKEDリスト」に含まれるとすると、次のタイムユニットが始まるまでは、xの変更がどの回路にも影響を与えないことをシミュレータに指示することになる。

ここで注意すべき点は、入力ピンまたは出力ピンの一部だけをCLOCKEDとして宣言できるということである。その場合、ノンクロックの（クロック機能を持たない）入力ピンの値を変更すれば、ノンクロックである出力結果も、それに呼応して変更されることになるだろう。つまり、クロックとは独立して、結果が変更される。実際、「CLOCKED」というキーワードの後に空のリストがくる可能もあり、その場合、回路の内部状況はクロックに応じて変化するかもしれないが、入力ピンの値が変更されれば即座に出力ピンの値も変更されることになるだろう。

回路の“クロック”属性

与えられた回路に対して、そのクロック属性の有無をシミュレータはどのように判断しているのだろうか？　――もし回路がビルトイン回路であれば、そのHDLのコードには「CLOCKED」というキーワードが含まれているため、シミュレータはクロック属性を特定することができる。もし回路がビルトインでない場合、その回路の下位レベルのパーツのいくつかの回路がクロック属性を持てば、その回路もクロック属性を持つことになる。この場合、クロック属性は再帰的にチェックされ、回路の階層構造を順にたどっていく。その階層構造をたどっていく過程でビルトイン回路があれば、クロック属性の有無が明示的に宣言されている。もしそのような回路が見つかれば、その回路に依存するすべての回路（階層が上位の回路）はクロック属性を持つことになる。また、HDLコード中にクロック属性を示す手がかりが見つからない場合があるかもしれない。その場合、クロック属性を確かめる唯一の方法は回路のドキュメントを参照することである。ここでは例としてDFF回路を**例A-3**に示す。他の回路の“クロック”にどのように影響するかということについて考えてほしい。

例A-3 クロック回路のHDL定義

```
/** D型フリップフロップ
もし load[t-1]=1 であれば、out[t]=in[t-1]、それ以外は変化なし。 */
CHIP DFF {
    IN in;
    OUT out;
    BUILTIN DFF;       // builtInChips/DFF.class にて実装される
    CLOCKED in, out; // 明示的なクロック属性
}
```

我々が使用する順序回路はすべて、何らかの形で（通常は、多数の）DFF回路に依存している。たとえば、RAM64回路はRAM8回路を8個使用して作られる。そして、そのRAM8はそれぞれ8個のレジスタ回路から作られる。さらに、そのレジスタ回路はそれぞれ16個のビット回路から作られ、そのビット回路にはDFF回路が含まれる。つまり、ビット回路、レジスタ、RAM8、RAM64と続き、これらはすべて、クロック回路ということになる。
順序回路の内部には、クロックに影響を受けない「組み合わせ回路」が含まれる可能性がある。これは重要なことなので、しっかり覚えておいてほしい。たとえば、RAM回路はアドレスを管理するために、組み合わせ回路が含まれた構造を持つ（詳細は3章を参照）。

A.7.3 フィードバックループ

回路の出力が同じ回路の入力に直接（もしくは、ある依存関係のパスを経て）影響を及ぼすとき、「回路はフィードバックループを含む」と言う。たとえば、次のふたつの例は直接的なフィードバック依存関係を持つ例である。

```
Not (in=loop1, out=loop1)      // 無効
DFF (in=loop2, out=loop2)      // 有効
```

このふたつの例ではどちらも、内部ピン（loop1 または loop2）が回路の出力から入力へ信号を送り、循環した流れを作ろうとしている。ふたつの違いは、Not は「組み合わせ回路」、DFF は「順序回路」ということである。Not の例では、loop1 が in と out の間に制御不能な依存関係を作る。これは、**データレース**（data race）と呼ばれる。DFF の例では、loop2 によって作られる in と out の関係は、DFF のクロックにより遅れが生じることになる。そのため、out(t) は in(t) の関数ではなく in(t-1) の関数となる。

フィードバックループの有効/無効

シミュレータは回路を読み込むとき、接続箇所でフィードバックループが含まれるかどうか再帰的な確認を行う。もしフィードバックループが見つかれば、そのループのどこかでクロックピンを経由している回路が存在するかどうか確認を行う。もしそのようなクロックピンを持つ回路が存在すれば、そのループは有効であるとみなされる。そうでなければ、シミュレータはそこで処理を中断し、エラーメッセージを表示する。これは制御不能なデータレースを避けるための対策である。

A.8　回路操作の視覚化

ビルトインの回路には“GUI 機能”を有するものがある。そのような回路は視覚化のための機能を持ち、回路操作が行えるように設計されている。GUI 機能を持つ回路は、他の回路と同様に、次のふたつの方法によってシミュレータに読み込まれる。ひとつは、ユーザーが直接シミュレータに読み込む方法である。もうひとつは（こちらのほうがより一般的な方法であるが)、GUI 機能回路がパーツとして使用される場合である。その場合、シミュレータによって自動で操作画面が表示される。両方の場合で、シミュレータは回路の操作画面を表示する。この操作画面は、インタラクティブな GUI から構成されており、回路の現在の状況を確認したり、内部状況を変更したりするために用いることができる。現バージョンでは、次に挙げる回路が GUI 機能を

持つ。

ALU

Hack の ALU については、その入力と出力、そして現在計算中の関数が表示される。

レジスタ

A レジスタ（アドレスレジスタ）、D レジスタ（データレジスタ）、PC（プログラムカウンタ）の 3 種類がある。レジスタの値が表示され、値を変更することも可能である。

Memory 回路（ROM32K や RAM 回路など）

メモリの状態については、アドレスとその値をペアデータとして、それらが配列上に上下にスクロールできる状態で表示される。メモリの値を変更することも可能であり、シミュレーションを行っている途中でメモリの値を変更した場合、GUI の対応する値もそれに応じて変更される。また、ROM32K 回路の場合（ROM32K は我々のコンピュータにおいてメモリの役割を担う回路である）、機械語で書かれたプログラムを外部テキストファイルから読み込むためのボタンも表示される。

Screen 回路

読み込んだ回路の HDL コードがビルトインの「Screen 回路」を呼び出した場合、ハードウェアシミュレータは横 512 ピクセル、縦 256 ピクセルのウィンドウを表示する。このウィンドウは実際の物理的なスクリーンをシミュレートしたものである。シミュレーションの過程でスクリーン用のメモリマップが変更されれば、シミュレータに実装された“リフレッシュロジック”に従い GUI 画面の対応するピクセルが変更される。

Keyboard 回路

読み込んだ回路の HDL コードがビルトインの「Keyboard 回路」を呼び出した場合、シミュレータはクリック可能なキーボードアイコンを表示する。このキーボードアイコンを押すと、実際のコンピュータのキーボードがシミュレートされている回路へとつながれる。そのため、これ以降は、実際のキーボードで押したキーがシミュレートされている回路によって解釈され、そのバイナリで表されるキーコードがキーボード用のメモリマップに現れる。もしユーザーがマウスを動かしシミュレータ GUI の他の場所をクリックしたならば、先のキーボード接続は切れる。

例 A-4 にはこれまでに述べてきた特徴を満たす回路を示している。

例 A-4　GUI 機能回路の HDL 定義

```
// GUI 機能を持つ回路のデモ。
// この回路のロジックに特に意味はない。
// シミュレータに単に GUI を表示させるためのデモである。
CHIP GUIDemo {
  IN in[16], load, address[15];
  OUT out[16];
  PARTS:
  RAM16K(in=in, load=load, address=address[0..13], out=a);
  Screen(in=in, load=load, address=address[0..12], out=b);
  Keyboard(out=c);
}
```

例 A-4 に示した回路のロジックは、16 ビットの入力値である in の値をふたつの場所へと送信している。ひとつは、RAM16K 回路のレジスタ番号 address の場所であり、もうひとつは、スクリーン回路のレジスタ番号 address の場所である（このHDL コードを書いたプログラマーは、アドレスピンの幅を決定するために、おそらく対象とする回路のドキュメントを読んだのだろう）。さらに、**例 A-4** の回路は、現在押されているキーボードのキーの値を内部ピン c へと送信している。これは意味のない操作であるが、シミュレータが GUI 機能を持つ回路をどのように用いるかを示すために例として示した。実際の効果は**図 A-1** のようになる。

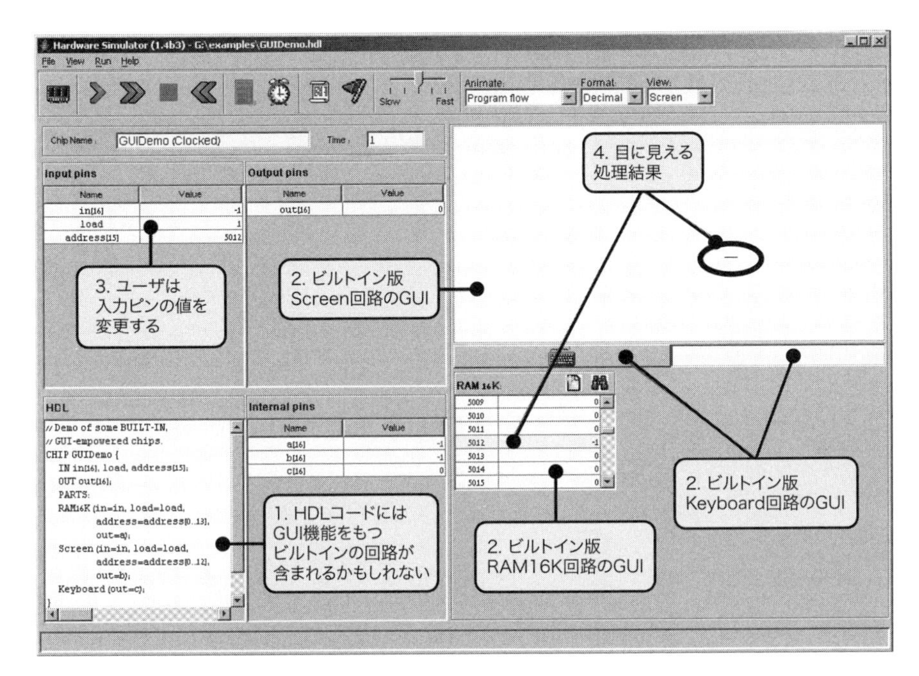

図 A-1 GUI 機能を持つ回路。ここで読み込んだ HDL プログラムは、内部パーツとして GUI 機能を持つ回路を読み込んでいるため（ステップ 1）、シミュレータによって対応する GUI 画面が描画される（ステップ 2）。ユーザーが入力ピンの値を変更した場合（ステップ 3）、シミュレータは対応する GUI の内容を変更し反映する（ステップ 4）。丸で囲まれた領域にある横線は、メモリの 5012 番地に− 1 が格納されることによって描画された結果である。− 1 を 16 ビットの 2 の補数を用いて表現すると、1111111111111111 であるため、上から 156 行目、左から 320 行目の場所から横 16 ピクセルに渡ってピクセルが塗りつぶされることになる。ここで 156 行目、320 行目という数字は 5012 というアドレスから計算された数値である（実際のメモリとスクリーンのマッピングについては 4 章で説明する）

A.9 新しいビルトイン回路

ハードウェアシミュレータとともに提供されるビルトイン回路の一覧を図 A-2 に示す。これらはすべて Java ベースで実装された回路であり、Hack コンピュータの構築を主眼において設計した回路である（いくつかの回路については、他の 16 ビットのプラットフォームに用いることもできるだろう）。読者の中には、Hack 以外にも別のオリジナルなプラットフォームを開発したいと思う人がいるかもしれない。そのような人のために、シミュレータにはビルトイン回路を新しく定義するための機能が備えられている。

回路名	該当章	GUIの有無	コメント
Nand	1		すべての「組み合わせ回路」の基板となる
Not	1		
And	1		
Or	1		
Xor	1		
Mux	1		
DMux	1		
Not16	1		
And16	1		
Or16	1		
Mux16	1		
Or8way	1		
Mux4way16	1		
Mux8way16	1		
DMux4way	1		
DMux8way	1		
HalfAdder	2		
FullAdder	2		
Add16	2		
ALU	2	☑	
Inc16	2		
DFF	3		すべての「順序回路」の基板となる
Bit	3		
Register	3		
ARegister	3	☑	Registerと同一機能、ただしGUIが付く
DRegister	3	☑	Registerと同一機能、ただしGUIが付く
RAM8	3	☑	
RAM64	3	☑	
RAM512	3	☑	
RAM4K	3	☑	
RAM16K	3	☑	
PC	3	☑	プログラムカウンタ
ROM32K	5	☑	テキストファイルを読み込むGUI機能を持つ
Screen	5	☑	シミュレーションされたスクリーンとGUIを接続する
Keyboard	5	☑	実際のキーボードとGUIを接続する

図A-2　ハードウェアシミュレータと一緒に提供されているビルトイン回路。ビルトイン回路のインターフェイスはHDLで書かれているが、実装部分は実行可能なJavaクラスが用いられている

新しいビルトイン回路の開発

ハードウェアシミュレータは、HDL で書かれた回路であればどのような回路でも実行することができる。回路拡張 API を用いることで、Java で書かれた「新しいビルトイン回路」を実行することができる（**図 A-2** に示した一覧に追加することができる）。ビルトイン回路は Java で書くことができ、新しいハードウェア部品や GUI 効果を追加したり、回路の処理速度を向上させたり、HDL だけでは実装できないような回路のシミュレーション動作を追加することができる（新しいプラットフォームやハードウェアに関連するプロジェクトを設計する場合、このような拡張性は重要である）。新しいビルトイン回路の開発の詳細については 13 章を参照してほしい。

付録B テストスクリプト言語

失敗は発見の扉である。
——作家 ジェイムス・ジョイス（1882 – 1941）

システム開発において、テストを行うことは非常に重要である。しかしながら、コンピュータサイエンスの教育においては、その重要性が説かれることはめったにない。本書では、テストを重要な要素として扱っている。もっとも筆者らの信ずるところによれば、Pという新しいソフトウェアモジュール（もしくはハードウェア）を作る前に、それをテストするためのTというモジュールを先に開発すべきである。さらに、TはPの正式な開発規約の一部とすべきである。

新たに設計したモジュールの最終的なテストは、そのモジュールの開発者ではなく、そのモジュールのインターフェイスの設計者によって書かれるべきである。それがベストプラクティスであろう。そのため、本書で提示したすべての回路およびソフトウェアシステムには、著者らによって書かれた正式なテストプログラムが用意されている。自分の仕事を自分のやり方で進めるのは一向にかまわないが、テストはその最終的な規約である。そのため、あなたの実装は本書のテストを通過しなければならない。

本書ではいたるところでテストを行う。テストを効率良く行うために、筆者らは統一されたテストスクリプト言語（test scripting language）を設計した。この言語は、本書のすべてのシミュレータでほとんど同じように動く。本書で提供するシミュレータは以下に示すとおりである。

ハードウェアシミュレータ

HDLで書かれた回路をシミュレートし、テストを行うために用いる。

CPUエミュレータ

機械語で書かれたプログラムをシミュレートし、テストを行うために用いる。

VM エミュレータ

VM 言語で書かれたプログラムをシミュレートし、テストを行うために用いる。

これらのシミュレータ（エミュレータ）はすべて、テストスクリプトを用いてテストを行うための GUI を備えている。これらのシミュレータは、読み込んだ回路やプログラムをインタラクティブに、または、バッチ形式でテストすることができる。テストスクリプトは一連のコマンドである。ハードウェアまたはソフトウェアモジュールを対象のシミュレータに読み込み、そして、予定された一連のテストケースを、その読み込んだモジュールに実行させる。さらに、テストスクリプトはテスト結果を出力し、その結果を希望する結果（これは比較ファイルで指定される）と比較する機能を備える。以上をまとめると、テストスクリプトを用いることで、体系立てられた、繰り返し行える、ドキュメント化されたテストを行うことができる――このようなプロセスがプロジェクト開発で最も必要とされることである。

重要

本書を授業で使用する際、学生にテストスクリプトを書くことを要求はしない。本書で登場するハードウェアとソフトウェアについて、そのすべてをテストするために必要なテストスクリプトはすでに用意してある（テストスクリプトは本書の Web サイトから取得することができる）。そのため、本付録の主な目的は、本書が提供するテストスクリプトについて、その構文とロジックを説明することである。

B.1　ファイルフォーマットと使用方法

ハードウェアまたはソフトウェアモジュールをテストするには、シミュレータ（またはエミュレータ）と、次に示す 4 つのファイルを使用する。

`Xxx.yyy`

`Xxx` はモジュールの名前であり、`yyy` は `hdl`、`hack`、`asm`、`vm` のいずれかに該当する。`hdl` は HDL で書かれた回路定義である。`hack` は Hack 機械語で書かれたプログラム、`asm` は Hack アセンブリ言語で書かれたプログラム、`vm` は VM（バーチャルマシン）言語で書かれたプログラムである。

Xxx.tst

このテストスクリプトは一連の操作—— Xxx.yyy に格納されたコードをテストするように設計されている——をシミュレータに行わせる。

Xxx.out

これはオプションの出力ファイルである。シミュレーションを実行すると、その結果がこのファイルに出力される。

Xxx.cmp

これはオプションの比較ファイルである。期待されるシミュレーション結果があらかじめ格納されている。

これらのファイルはすべて同じディレクトリに保存する必要がある。ディレクトリの名前は Xxx という名前にすると都合が良いだろう。すべてのシミュレータにおいて「現在のディレクトリ」が指すディレクトリは、シミュレータ環境で最後に開いたファイルのディレクトリである。

空白文字

テストスクリプトにおいて、スペース文字、改行文字、コメントは無視される。テストスクリプトは、ファイルとディレクトリ名を除いて、大文字小文字を区別しない。

コメント

テストスクリプトのコメントには、次のフォーマットがある。

```
//  行末までのコメント
/*  結びまでのコメント */
/** API ドキュメント用のコメント */
```

使用方法

本書のすべてのプロジェクトでは、Xxx.tst、Xxx.out、Xxx.cmp の3つのファイルが用意されている。これらのファイルは、Xxx.yyy をテストするために用いる（Xxx.yyy の開発がプロジェクトで最も重要な仕事である）。また、ひな形として、Xxx.yyy を用意している場合もある。たとえば、実装の一部が欠けた HDL がその例である。プロジェクトで使用するすべてのファイルはプレーンなテキストファイルであるため、一般的なテキストエディタで編集することができる。

提供された Xxx.tst スクリプトファイルを対象のシミュレータに読み込めば、シミュレーションが開始される。スクリプトの最初のコマンドは、シミュレータに Xxx.yyy に格納されたコードを読み込ませるように命令し、その後、オプションとして出力ファイルと比較ファイルの初期化を行わせる。

B.2　ハードウェアシミュレータでの回路テスト

付録 A では、本書で使用する HDL の仕様を説明した。本書が提供するハードウェアシミュレータは、その HDL で書かれた回路をシミュレートし、テストするように設計されている。1 章では、回路の開発とテストを行うにあたっての背景を説明している。そのため、1 章を先に読むことを推奨する。

B.2.1　例

例 B-1 に示されるスクリプトは、**例 A-1** で定義された EQ3 回路をテストするように設計されている。テストスクリプトは、通常、初期化のためのコマンドからスタートし、続いてシミュレーションステップ（simulation step）を実行する。コマンドはセミコロンで終わる。シミュレーションステップは、回路の入力ピンに適当な値を設定し、回路を評価し（動かし）、選択された変数値を出力ファイルに書き込むのが一般的な動作である。**図 B-1** は、EQ3.tst スクリプトを実行しているときの画面である。

例 B-1　ハードウェアシミュレータ上での回路テスト

```
/* EQ3.tst: EQ3.hdl プログラムのテストを行う。EQ3 回路は、
   2 本の 3 ビット入力が等しいとき true を、それ以外は false を返す。*/
load EQ3.hdl,             // シミュレータに HDL プログラムを読み込む
output-file EQ3.out,      // このファイル（EQ3.out）に出力する
compare-to EQ3.cmp,       // スクリプトの出力をこのファイル（EQ3.cmp）と比較する
output-list a b out;      // output というコマンドは、
                          // a、b、out という変数値を出力するように指定する。

set a %B000, set b %B000, eval, output;
set a %B111, set b %B111, eval, output;
set a %B111, set b %B000, eval, output;
set a %B000, set b %B111, eval, output;
set a %B001, set b %B000, eval, output;
// 回路には 3 ビット入力が 2 本あるから、すべての組み合わせをテストしようと思えば、
// 2^3*2^3=64 通りのテストケースが必要である。
```

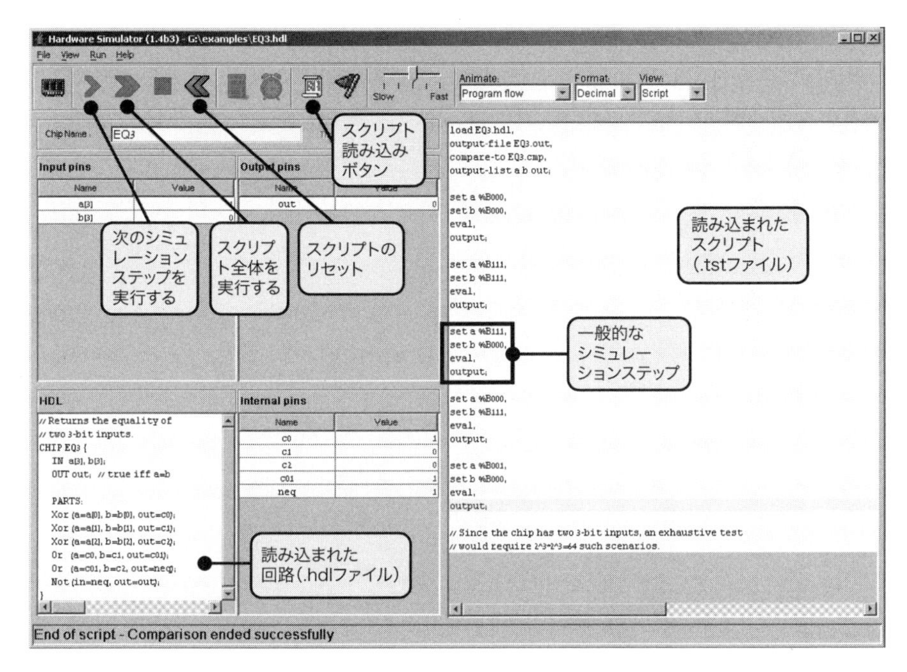

図 B-1 スクリプトの終了時における、ハードウェアシミュレータの画面。読み込んだスクリプトは例 B-1 の EQ3.tst と同じである。ただし、可読性を考慮して、改行が追加されている

B.2.2 データ型と変数

データ型

テストスクリプトは、整数と文字列のふたつのデータ型をサポートしている。整数を表すフォーマットには、16 進数（「%X」を前に置く）、2 進数（「%B」を前に置く）、10 進数（「%D」を前に置く）の 3 つのフォーマットがある（10 進数がデフォルトである）。これらの値は、2 の補数によるバイナリ値に変換される。たとえば、「set a1 %B1111111111111111」「set a2 %XFFFF」「set a3 %D-1」「set a4 -1」のコマンドは、4 つの変数に同じ値を設定する（1 が 16 個連続して続けば、10 進数の −1 を表すことを思い出そう）。文字列は" "によって囲み、出力のためだけに使用する。文字列は変数に割り当てることはできない。

シミュレータのクロック（順序回路をテストする場合のみ用いる）は、0、0+、1、

1+、2、2+、3、3+ といった一連の値を出力する。このクロックサイクル（または「タイムユニット（time unit)」と呼ばれる）は、`tick` と `tock` のふたつのコマンドによって制御される。`tick` はクロック値を t から $t+$ へ、`tock` は $t+$ から $t+1$（次のクロックサイクル）へクロックサイクルを移動する。現在のタイムユニットは、`time` と呼ばれるシステム変数に格納される。

変数

スクリプトのコマンドは次の3種類の変数にアクセスすることができる。3種類の変数とは、ピン、ビルトイン回路の変数、システム変数の `time` である。

ピン
: シミュレートされる回路の入力ピン、出力ピン、内部ピン。たとえば、「`set in 0`」というコマンドは、`in` という名前のピンの値を0に設定する。

ビルトイン回路の変数
: 回路の外部実装により、外からアクセスすることができる変数。詳細はB.2.4を参照のこと。

`time`
: シミュレーションを開始してから経過したタイムユニットの数（読み込み専用）。

B.2.3　スクリプトコマンド

コマンド構文

スクリプトは一連のコマンドによって構成される。各コマンドはコンマ、セミコロン、感嘆符のいずれかで終わる。これらの終端文字の意味は次に示すとおりである。

コンマ（,）
: スクリプトのコマンドを終了させる。

セミコロン（;）

スクリプトのコマンドとシミュレーションステップを終了させる。シミュレーションステップはひとつ以上のスクリプトコマンドによって構成される。シミュレータのGUIを通してユーザーがシミュレータに“シングルステップ”を行わせると、シミュレータは現在のコマンドからセミコロンにたどりつくまでスクリプトを実行し、セミコロンにたどりついた段階で次の指示を待つ。

感嘆符（!）

スクリプトのコマンドを終了させ、スクリプトの実行を止める。ユーザーは後ほど、スクリプトの実行を再開させ、その時点から先に進めることができる。この操作方法は通常、オプションとしてインタラクティブなデバッグを行うときに用いる。

スクリプトコマンドは概念上ふたつのセクションから構成されると考えたほうが都合が良い。「セットアップコマンド」はファイルを読み込み、初期設定を行う。「シミュレーションコマンド」は一連のテストを通じてシミュレーションを動かす。

セットアップコマンド

`load` `Xxx.hdl`

`Xxx.hdl`に格納されたHDLプログラムをシミュレータに読み込む。ファイルの拡張子は`.hdl`でなければならない。また、ファイル名にパスが含まれてはいけない（たとえば、`./test/Xxx.hdl`はNG）。シミュレータは、現在のディレクトリからそのファイルの読み込みを行う。読み込みに失敗した場合、A.3節で説明したように、`builtInChips`ディレクトリから対象ファイルの読み込みを行う。

`output-file` `Xxx.out`

出力の結果を`Xxx.out`に書き込むようにシミュレータに命令する。書き込みを行うファイルの拡張子は`.out`でなければならない。出力ファイルは現在のディレクトリに生成される。

output-list v1, v2, ...

スクリプト中のoutputコマンドが出力ファイルに書き込む内容をシミュレータに指定する（次のoutput-listがあれば、それにたどりつくまでの間）。リストの各値は、変数名に続き書式仕様の要素が入る。このコマンドは変数名からなるヘッダ行も出力する。output-listの引数にある各v（v1, v2, ...）は、「*variable format padL.len.padR*」という構文である。この構文によるコマンドはシミュレータに次の結果を出力させる――padL個のスペースを出力し、現在のvariableの値をlenで指定された長さで出力、そして、padR個のスペースを出力した後、区切り文字である「|」を出力する。先の構文におけるformatには、%B（2進数）、%X（16進数）、%D（10進数）、%S（文字列）のいずれかが入る。デフォルトの書式仕様は「%B1.1.1」である。

たとえば、HackプラットフォームのCPU.hdl回路はresetという入力ピンとpcという出力ピン、DRegisterというパーツ回路がある。回路を実行している間に、その変数の値を記録したいと思えば、次に示すようなコマンドを用いることができる（ビルトイン回路の状態変数についてはこの先で説明する）。

```
Output-list  time%S1.5.1          // システム変数
             reset%B2.1.2         // 回路の入力ピン
             pc%D2.3.1            // 回路の出力ピン
             DRegister[] %X3.4.4 // ビルトイン回路の状態変数
```

このコマンドは次のような結果を出力するだろう（ふたつ分のコマンド出力を行った後で）。

```
| time  |reset|  pc |DRegister[]|
|   20+ |  0  | 21 |    FFFF    |
|   21  |  0  | 22 |    FFFF    |
```

compare-to Xxx.cmp

出力ファイルの内容と指定した比較ファイル（Xxx.cmp）と比較するように、シミュレータに命令する。比較ファイルの拡張子は.cmpでなければならない。出力ファイルと比較ファイルの対応する行に異なる箇所があれば、シミュレータはエラーメッセージを表示し、スクリプトの実行を停止する。比較ファイルは現在のディレクトリに置く。

シミュレーションコマンド

set *variable value*

*variable*という変数に*value*という値を設定する。*variable*は、シミュレートされている回路の（またはその内部パーツの一部で使用される）内部変数、もしくはピンのどちらかである。ここで、*value*と*variable*の幅は一致しなければならない。たとえば、xが16ビット幅の入力ピン、yが1ビット幅の入力ピンの場合、「set x 153」は妥当であるが、「set y 153」を実行するとエラーが発生し、シミュレーションが停止する。

eval

現在の入力ピンの値に対して回路ロジックを適用し、出力結果を計算するようにシミュレータに命令する。

output

このコマンドは次のロジックをシミュレータに実行させる。

1. 最後のoutput-listコマンドで挙げられた変数の値をすべて取得する。
2. output-listコマンドの書式仕様で指定されていたフォーマットを使用して出力行を生成する。
3. 出力行を出力ファイルに書き込む。
4. （compare-toコマンドにより比較ファイルがあらかじめ指定されている場合）出力行と比較ファイルの対応する行が異なれば、エラーメッセージを表示し、スクリプトの実行を中止する。
5. 出力ファイルと比較ファイルの次の行へ進む。

tick

現在のタイムユニット（クロックサイクル）の最初のフェーズを終了する。

tock

現在のタイムユニット（クロックサイクル）の2番目のフェーズを終了させ、次のタイムユニットの最初のフェーズを開始する。

repeat *num* {*commands*}

波カッコで囲まれた*commands*をシミュレータに*num*回繰り返し実行させる。*num*が省略されていれば、シミュレータが何らかの理由で処理を中断するまで*commands*が繰り返し実行される。

while *Boolean-condition* {*commands*}

Boolean-condition が true である間、波カッコで囲まれた *commands* をシミュレータに繰り返し実行させる。条件の指定は「x op y」という書式に従う。ここで x と y は定値または変数名のどちらかであり、op は=、>、<、>=、<=、<>の記号のいずれかである。もし x と y が文字列であれば、op は=か<>のどちらかである。

echo *text*

text という文字列をステータス行（シミュレータ GUI の一部）に表示させるようにシミュレータに命令する。テキストは" "で囲まなければならない。

clear-echo

ステータス行を消去するようにシミュレータに命令する。

breakpoint *variable value*

variable で指定された変数が *value* で指定された値と等しいかどうか比較するように、シミュレータに命令する。各スクリプトコマンドが実行された後に、この比較は行われる。もし指定した変数と値が異なれば、実行が停止され、メッセージが表示される。そうでなければ、通常どおり、実行は継続される。

clear-breakpoints

以前に定義したすべてのブレークポイントを消去する。

built-in-chip *method argument(s)*

ビルトイン回路の外部実装を用いれば、回路専用の操作を行うメソッドを外から呼び出せるようにすることができる。メソッド呼び出しの形式は回路ごとに異なる。その点については、次節で説明を行う。

B.2.4 ビルトイン回路の変数とメソッド

回路のロジックは、HDL プログラムまたは高水準言語を用いて実装することができる。高水準言語を用いる場合、その回路は「ビルトイン」や「外部実装された」と表現される。ビルトイン回路の外部実装は、*chipName*[*varName*] という構文を用いて回路の状態にアクセスすることができる。ここで、*varName* は変数名であり、どのような名前でも取り得る。そのため、対象のビルトイン回路にどのような変数が存在するかということについて API ドキュメントを用意すべきである。本書が提供するすべてのビルトイン回路（Hack コンピュータのプラットフォームのパーツとして使用する）について、その API を図 **B-2** に示す。

回路名	外部変数	データ型/範囲	メソッド
Register	Register[]	16ビット(-32768...32767)	
ARegister	ARegister[]	16ビット	
DRegister	DRegister[]	16ビット	
PC	PC[]	15ビット(0...32767)	
RAM8	RAM8[0..7]	各要素は16ビット	
RAM64	RAM64[0..63]	各要素は16ビット	
RAM512	RAM512[0..511]	各要素は16ビット	
RAM4K	RAM4K[0..4095]	各要素は16ビット	
RAM16K	RAM16K[0..16383]	各要素は16ビット	
ROM32K	ROM32K[0..32767]	各要素は16ビット	Xxx.hackまたは Xxx.asmを読み込む
Screen	Screen[0..16383]	各要素は16ビット	
Keyboard	Keyboard[]	16ビット、読み込み専用	

図 B-2 本書が提供するすべてのビルトイン回路の API

たとえば、「set RAM16K[1017] 15」というコマンドを考えよう。もしRAM16Kが、現在シミュレートされる回路、もしくは、現在シミュレートされる回路の内部パーツであるとすれば、そのコマンドは、メモリの1017番目の場所に2の補数で表現された15のバイナリ値を設定する。さらに、ビルトインのRAM16K回路にはGUI機能が備わっているため、その新しい値は画面上にも表示される。

もしビルトイン回路が内部状態として単一の値を保持しているとしたら、*chipName*[]という表記を用いて、その値にアクセスすることができる。内部状態がベクトル（配列）であれば、*chipName*[*i*]という表記を用いる。たとえば、ビルトインのレジスタ回路をシミュレートするとき、「set Register[] 135」というコマンドを書くことができる。このコマンドは、2の補数で表現された135のバイナリ値をその回路に設定する。次のタイムユニットで、レジスタ回路はこの値を取り込み、出力先へはき出す。

ビルトイン回路は、外部から使用することができるメソッドも持つことができる。たとえば、Hackコンピュータでプログラムが格納される場所は、ROM32Kという回路の命令メモリユニットである。Hackコンピュータで機械語のプログラムを実行する前には、ROM32K回路に機械語プログラムを読み込まなければならない。これを行うために、ROM32Kには「load *filename*」というメソッドが備えられている。このメソッドはテキストファイル（機械語が含まれることが期待される）を引数に取る。この回路専用の命令をテストスクリプトから使用するには、「ROM32K load Myprog.hack」のようなコマンドを用いる。本書が提供する回路の中で、ビルトイン回路がサポートするメソッドはこのメソッドだけである。

B.2.5 最後の例

本節を終えるにあたって、ここでは比較的複雑なテストスクリプトの例を示す。このテストスクリプトは、Hack プラットフォームの最上位の回路である Computer 回路をテストするために設計されたスクリプトである。Computer 回路をテストするひとつの方法は、——その回路に機械語プログラムを読み込み、コンピュータがそのプログラムを実行し、一度に命令をひとつずつ進めながら、選択した値をモニタリングすること——である。たとえば、RAM[0] と RAM[1] の最大値を計算し、その結果を RAM[2] に書き込むプログラムを書いたとする。そして、このプログラムを機械語へと変換し、その機械語プログラムは `Max.hack` というテキストファイルに保存されているとしよう。我々が操作する低水準のレベルにおいて、そのプログラムが正しく動かないとしたら、原因はそのプログラムにバグがあるか、ハードウェアにバグがあるかのどちらかである（完全を期すならば、テストスクリプトやハードウェアシミュレータにもバグが含まれている可能性もある）。ここでは、物事を簡単にするために、テスト対象の Computer 回路を除いて、他のすべてにおいてはエラーは含まれないことを想定する。

Computer 回路を `Max.hack` プログラムを用いてテストするためには、`ComputerMax.tst` というテストスクリプトを書く。このスクリプトは `Computer.hdl` をハードウェアシミュレータに読み込み、それから `Max.hack` プログラムを ROM32K 回路に読み込む。その回路が正しく動作しているかどうかを確認するには、次のような方法が考えられるだろう。RAM[0] と RAM[1] に適当な値を設定し、コンピュータをリセットし、クロックを実行し、RAM[2] を検証する。**例 B-2** で示したスクリプトは、まさにこのプロセスを実行するように設計されている。

プログラムを実行するのに、クロックサイクルが 14 で十分であると、どのように判断することができるだろか？ そのためには、たとえば、大きい値を設定し、コンピュータの出力が安定する時間を確認すれば、おおよそのめどが立つだろう。

例 B-2 最上位の Computer 回路のテスト

```
/* ComputerMax.tst スクリプト
   max.hack プログラムは RAM[0] と RAM[1] の最大値を RAM[2] に書き込む。 */

// Computer 回路を読み込み、シミュレータのセットアップを行う
load Computer.hdl,
output-file Computer.out,
compare-to ComputerMax.cmp,
output-list RAM16K[0] RAM16K[1] RAM16K[2];

// Max.hack プログラムを ROM32K 回路パーツに読み込む
ROM32K load Max.hack,
// RAM16K の最初のふたつの要素に適当な値を設定する
set RAM16K[0] 3,
set RAM16K[1] 5,
output;
// プログラムの計算が終了するのに十分なクロックを実行する
repeat 14 {
    tick, tock,
    output;
}

// コンピュータをリセットする
set reset 1,
tick,           // リセットするためにクロックを進める
tock,           // プログラムカウンタ（PC、順序回路）は新しいリセット値へ
output;
// 別の値を用いてプログラムを再実行する
set reset 0,    // リセットされないように設定する（次の tick-tock 時に）
set RAM16K[0] 23456,
set RAM16K[1] 12345,
output;
repeat 14 {
    tick, tock,
    output;
}
```

B.2.6　デフォルトスクリプト

シミュレータのGUIボタン（シングルステップ、実行、ストップ、リセット）から、読み込まれた回路を制御することはできない。それらのボタンを使ってできることは、読み込まれた回路の進行を制御するだけである。そのため、ユーザーが回路をシミュレータに直接読む場合（スクリプトから読み込むのではなく）、シミュレータは何を実行するのだろうか？ そのような場合、シミュレータは次のスクリプトをデフォルトスクリプトとして実行する。

```
// ハードウェアシミュレータのデフォルトスクリプト
repeat {
    tick,
    tock;
}
```

B.3　CPUエミュレータでの機械語プログラムのテスト

本書が提供するCPUエミュレータは、5章で説明したHackコンピュータ上でのバイナリプログラムの実行をシミュレートし、テストを行うように設計されている。テストプログラムは、ネイティブなHackコードまたは4章で説明したアセンブリ言語で書かれたコードのどちらかを用いることができる。後者の場合、読み込んだコードからバイナリコードへの変換は、シミュレータが見えないところで行っている。

慣例として、`Xxx.hack`という機械語プログラムまたは`Xxx.asm`というアセンブリプログラムをテストするためのスクリプトは`Xxx.tst`という名前を付ける。いつものとおり、シミュレーションを行うにあたっては、関連するファイルは4つある——テストスクリプト（`Xxx.tst`）、テストが行われるプログラム（`Xxx.hack`または`Xxx.asm`）、オプションとしての出力ファイル（`Xxx.out`）、オプションとしての比較ファイル（`Xxx.cmp`）。これらすべてのファイルは同じディレクトリに配置されなければならない。そのディレクトリ名は`Xxx`という名前にすると都合が良いだろう。詳細についてはB.1節を参照のこと。

B.3.1　例

ここでは、`Mult.hack`という乗算を行うプログラムを例として考える。このプログラムは、RAM[2]=RAM[0]*RAM[1]を行うように書かれている。このプログラムをテストするには、RAM[0]とRAM[1]に適当な値を設定し、RAM[2]の値を検証すればよい。これを行うスクリプトを**例 B-3** に示す。

例 B-3　CPU エミュレータでの機械語のテスト

```
// プログラムの読み込みとシミュレータのセットアップ
load Mult.hack,
output-file Mult.out,
compare-to Mult.cmp,
output-list RAM[2]%D2.6.2;

// RAM の最初のふたつの要素に適当な値を設定する
set RAM[0] 2,
set RAM[1] 5;
// プログラムの計算が終了するのに十分なクロックを実行する
repeat 20 {
ticktock; }
output;
// 別の値を設定して、同じプログラムを再度実行する
set RAM[0] 8,
set RAM[1] 7;
repeat 50 {     // Mult.hack は加算を反復して行う
  ticktock;     // そのため、先ほどよりクロックサイクルの数を多く設定する
} output;
```

B.3.2　変数

CPU エミュレータは、Hack プラットフォームの内部コンポーネントに関連する変数を認識する。特に、CPU エミュレータ上で実行されているスクリプトコマンドにおいては、次に示す要素にアクセスすることができる。

A

アドレスレジスタの値（符号なし 15 ビット）

D

データレジスタの値（16 ビット）

PC

プログラムカウンタ（Program Counter）レジスタの値（符号なし 15 ビット）

RAM[i]

RAM の i 番目の値（16 ビット）

time

シミュレーションが開始してから経過したタイムユニットの数（「クロックサイクル」や「ticktocks」とも呼ばれる）。

B.3.3 コマンド

CPU エミュレータは、以下の変更点を除き、B.2.3 節で説明したすべてのコマンドをサポートする。

load *program*

ここで program は Xxx.hack か Xxx.asm のどちらかに該当する。このコマンドは、（テストを行うために）機械語のプログラムをシミュレートされる命令メモリに読み込む。プログラムがアセンブリで書かれていれば、バイナリへの変換が裏側で行われる。

eval

使用不可。

built-in-chip *method argument(s)*

使用不可。

ticktock

tick と tock を用いる代わりに、このコマンドを用いることができる。ticktock はクロックのタイムユニットをひとつ進める。

B.3.4 デフォルトスクリプト

CPU エミュレータの GUI ボタン（シングルステップ、実行、ストップ、リセット）から、読み込まれたプログラムを制御することはできない。それらのボタンを使ってできることは、読み込まれたプログラムの進行を制御するだけである。そのため、ユーザーがプログラムを CPU エミュレータに直接読む場合（スクリプトから読み込むのではなく）、エミュレータは何を実行するのだろうか？ そのような場合、エミュレータは次のスクリプトをデフォルトスクリプトとして実行する。

```
// CPUエミュレータのデフォルトスクリプト
repeat {
    ticktock;
}
```

B.4 VMエミュレータでのVMプログラムのテスト

7章と8章ではバーチャルマシンについて説明し、Hackプラットフォームにおける VM実装を指定した。本書が提供するVMエミュレータは別のVM実装であり、これはVMプログラムを実行するためにJavaを用いて実装してある。このVMエミュレータは、操作命令や仮想メモリセグメントの状態を確認できる画面を備えている。

VMプログラムはひとつ以上の.vmファイルから構成されていることを思い出そう。そのため、VMプログラムのシミュレーションには4つのファイルが含まれる。その4つのファイルとは、テストスクリプト（Xxx.tst）、テスト対象のプログラム（Xxx.vmファイル、もしくは、複数の.vmファイルを含んだディレクトリ）、オプションとしての出力ファイル（Xxx.out）、オプションとしての比較ファイル（Xxx.cmp）である。これらすべてのファイルは同じディレクトリに配置されなければならない。そのディレクトリ名はXxxという名前にすると都合が良いだろう。詳細についてはB.1節を参照のこと。7章では、バーチャルマシンのアーキテクチャについて重要な説明を行っている。先にそれを把握しないと、以下の内容は理解できないだろう。

スタートアップコード

VMプログラムには少なくともふたつのファンクション――Main.mainとSys.init――が含まれていると想定される。VM変換器がVMプログラムを変換すると、機械語が生成される。この機械語は、スタックポインタを256に設定し、Sys.initファンクションを呼び、続いて、Sys.initファンクションはMain.mainを呼ぶ。同様に、VMエミュレータにVMプログラム（ひとつ以上のVMファンクションの集合）を実行するように命令すると、Sys.initファンクションを実行する。このSys.initは、読み込んだVMコードに存在すると想定される。もしSys.initファンクションが見つからなければ、エミュレータは読み込んだVMコードの最初のコマンドを実行する。

最後の仕様を追加した理由は、VM実装を段階的に開発するための手助けとするためである。VM実装の開発は本書の7章と8章で行った。7章では、VM実装のpop

と push、算術コマンドだけを実装し、サブルーチン呼び出しは無視した。そのため、7 章のプロジェクトで使用するテストプログラムは、“生の” VM コマンドから構成される（function や return などは使用しない）。そのようなコマンドを使って非公式なテストを行うために、VM エミュレータは “生の” VM コマンド――この VM コマンドは、適切に初期化が行われず、ファンクションの形でまとめられていない――を実行できる機能を備えている。

仮想メモリセグメント

バーチャルマシンの命令をシミュレートする間、VM エミュレータは Hack VM の仮想メモリセグメント（argument、local など）を管理する。これらのセグメントはホストの RAM 上に割り当てる必要がある。これは、通常エミュレータが行うタスクであり、call、function、return コマンドの実行をシミュレートした結果として現れる。これが意味することは、――サブルーチン呼び出しを含まない “生の” VM コードをシミュレートするときは、RAM 内で仮想セグメントを明示的に設定するように VM エミュレータに強制しなければならない――ということである。都合の良いことに、この初期設定はスクリプトのコマンドによって行うことができる。このスクリプトコマンドは、ポインタを操作し、仮想セグメントの RAM アドレスのベースを制御する。このスクリプトコマンドを使って、RAM で選択された領域に仮想セグメントを配置することができる。

B.4.1　例

FibonacciSeries.vm は一連の VM コマンドから構成され、フィボナッチ数列の最初の n 個を計算する。このコードはふたつの引数を取る。ふたつの引数は、n の値と、計算した結果を格納するメモリアドレスの開始位置である。**例 B-4** のスクリプトは、6 と 4000 を引数に用いてテストするように設計されている。

例B-4　VMエミュレータでのVMプログラムのテスト

```
/* FibonacciSeries.vmファイルは一連のVMコマンドを含み、フィボナッチ数列の最初
   のn個を計算する。プログラムにはfunction/call/returnコマンドは含まれないため、
   VMエミュレータは仮想メモリセグメントをコードによって明示的に初期化しなければならない。
*/
// プログラムを読み込み、シミュレーションの準備を行う
load FibonacciSeries.vm,
output-file FibonacciSeries.out,
compare-to FibonacciSeries.cmp,
output-list RAM[4000]%D1.6.2 RAM[4001]%D1.6.2 RAM[4002]%D1.6.2
            RAM[4003]%D1.6.2 RAM[4004]%D1.6.2 RAM[4005]%D1.6.2;
// stack、local、argumentセグメントを初期化する
set SP 256,           // スタックポインタ（スタックはRAM[256]から始まる）
set local 300,        // localセグメントをRAMのある場所に配置する
set argument 400;     // argumentセグメントをRAMのある場所に配置する
// テスト用に引数を設定する
set argument[0] 6,    // n=6
set argument[1] 4000; // RAM[4000]より先に、結果が格納される
// プログラムの実行を完了させるために十分なVMステップ
repeat 140 {
    vmstep;
}
output;
```

B.4.2　変数

VMエミュレータ上で実行されるスクリプトコマンドは、次に示す要素にアクセスすることができる。

VMセグメントのコンテンツ

local[i]

　　localセグメントのi番目の値。

argument[i]

　　argumentセグメントのi番目の値。

this[i]

　　thisセグメントのi番目の値。

that[i]

that セグメントの i 番目の値。

temp[i]

temp セグメントの i 番目の値。

VMセグメントへのポインタ

local

RAM内における local セグメントのベースアドレス。

argument

RAM内における argument セグメントのベースアドレス。

this

RAM内における this セグメントのベースアドレス。

that

RAM内における that セグメントのベースアドレス。

実装に関係する変数

RAM[i]

RAMの i 番目の値。

SP

スタックポインタの値。

currentFunction

現在実行している関数の名前（読み込み専用）。

line

次の形式の文字列を含む（読み込み専用）。

current-function-name.line-index-in-function

ここで *current-function-name* は「現在の関数の名前」、*line-index-in-function* は「関数内の行番号」を意味する。

たとえば、Sys.init ファンクションの3行目に到達したとき、line 変数には「Sys.init.3」が含まれる。これは、読み込んだVMプログラムにおいて、選択した位置にブレークポイントを設定するために用いることができる。

B.4.3　コマンド

VM エミュレータは、以下の変更点を除き、B.2.3 節で説明したすべてのコマンドをサポートする。

`load` *`source`*

ここで *`source`* は `Xxx.vm` か `Xxx` という名のディレクトリである。`.vm` ファイルには、ひとつ以上の VM 関数が含まれるか、一連の“生の”VM コマンドが含まれる。もし、`.vm` ファイルが現在のディレクトリにあれば、引数の *`source`* は省略することができる。

`tick/tock`

使用不可。

`vmstep`

VM プログラムから単一の VM コマンドの実行をシミュレートし、次のコマンドへ進める。

B.4.4　デフォルトスクリプト

VM エミュレータの GUI ボタン（シングルステップ、実行、ストップ、リセット）から、読み込まれた VM コードを制御することはできない。それらのボタンを使ってできることは、読み込まれたプログラムの進行を制御するだけである。そのため、ユーザーがプログラムを VM エミュレータに直接読む場合（スクリプトから読み込むのではなく）、エミュレータは何を実行するのだろうか？ そのような場合、エミュレータは次のスクリプトをデフォルトスクリプトとして実行する。

```
// VM エミュレータのデフォルトスクリプト
repeat {
    vmstep;
}
```

付録C Nand2tetris Software Suiteの使い方

本付録は日本語版オリジナルの記事である。本書が提供するツール「Nand2tetris Software Suite」（以下、「Nand2tetris ソフトウェア」と表記する）について説明を行う。ここでは、Nand2tetris ソフトウェアのインストール方法および基本的な使用方法を簡潔にまとめた。使い方の詳細については、次の URL を参照されたい。

http://www.nand2tetris.org/software.php

Nand2tetris ソフトウェアには、本書のプロジェクトを完成させるために必要なツールとファイルがすべて含まれている。一度、Nand2tetris ソフトウェアを自分のパソコンにダウンロードすれば、他のファイルやアプリなどを追加してダウンロードする必要はない。

Nand2tetris ソフトウェアは Windows、Unix/Linux、Mac OS X で実行することができる。本ソフトウェアはオープンソースであり、自由に使うことができる（ライセンスは GNU GPL)。

Nand2tetris ソフトウェアは次の URL よりダウンロードできる。

http://www.nand2tetris.org/software/nand2tetris.zip

C.1 ソフトウェアについて

Nand2tetrisソフトウェアは、`projects`と`tools`という2つのディレクトリから構成される。

`projects`ディレクトリには13個のディレクトリがある。`01`、`02`、…、`13`という名前で本書の章ごとにディレクトリが用意されている（「`13`」は自由なプロジェクト用に使う）。これらのディレクトリには、各章のプロジェクトで必要なファイルが含まれる。

`tools`ディレクトリには、Nand2tetrisソフトウェアで使用するツールが含まれる。

.batファイル、.shファイル

Nand2tetrisソフトウェアツールを呼び出すために使うバッチファイルとスクリプトファイル。詳細については後述する。

binディレクトリ

Nand2tetrisソフトウェアツールのコードが含まれる。`bin`ディレクトリには、Javaのクラスファイルおよび関連ファイルがディレクトリごとに保存されている。

builtInChips/builtInVMCodeディレクトリ

本書が提供するハードウェアシミュレータとVMエミュレータで使用されるファイルがそれぞれ含まれる。

OSディレクトリ

コンパイル済みのJackオペレーティングシステムが含まれる。

C.2 Nand2tetrisソフトウェアツール

Nand2tetrisソフトウェアツールには**表C-1**に示すツールが含まれる。ツールの詳しい使い方（チュートリアル）については、参考リンクを参照してほしい。ハードウェアシミュレータ、CPUエミュレータ、VMエミュレータ、アセンブラの使用時の画面例を図C-1〜図C-7に示す。

表 C-1 Nand2tetris ソフトウェアツール

ツール	説明	参考リンク
ハードウェアシミュレータ	論理ゲート、論理回路のシミュレーションとテストを行う。論理ゲートは、本書で説明した HDL で実装されていることを想定する。本ツールは、ハードウェアを構築するときに使用する	あり †1
CPU エミュレータ	Hack コンピュータシステムの動作をエミュレートする。Hack 機械語で書かれたプログラム（バイナリ版とアセンブリ版の両方に対応）を実行しテストするために用いる	あり †2
VM エミュレータ	本書で説明するバーチャルマシンの動作をエミュレートする。VM 言語で書かれたプログラムを実行しテストするために用いる	あり †3
アセンブラ	Hack アセンブリ言語で書かれたプログラムを Hack バイナリコードへ変換する。結果として生成されるコードは、Computer 回路（または、本書の CPU エミュレータ）で直接実行することができる	あり †4
Jack コンパイラ	Jack プログラミング言語で書かれたプログラムを VM コードへ変換する。結果として生成されるコードは、VM エミュレータで実行することができる。また、本書が提供する VM 変換器とアセンブラを用いて、その VM コードを Hack バイナリコードへ変換することができる（Hack バイナリコードは CPU エミュレータで実行することができる）	なし
オペレーティングシステム	Jack OS は Jack 言語を拡張する。本書が提供する Jack OS 実装には「Jack で書かれた 8 つの `.vm` クラスファイル」と「本書の VM エミュレータに埋め込まれた高速版の実装」の 2 つのバージョンがある。	なし
テキスト比較（TextComparer）	本ツールは 2 つの入力テキストが等しいかどうかをテストする。本ツールはいくつかのプロジェクトで用いることができる。Mac や Unix/Linux では、代わりに `diff` コマンドを用いてもよい	なし

†1 http://www.nand2tetris.org/tutorials/PDF/Hardware%20Simulator%20Tutorial.pdf
†2 http://www.nand2tetris.org/tutorials/PDF/CPU%20Emulator%20Tutorial.pdf
†3 http://www.nand2tetris.org/tutorials/PDF/VM%20Emulator%20Tutorial.pdf
†4 http://www.nand2tetris.org/tutorials/PDF/Assembler%20Tutorial.pdf

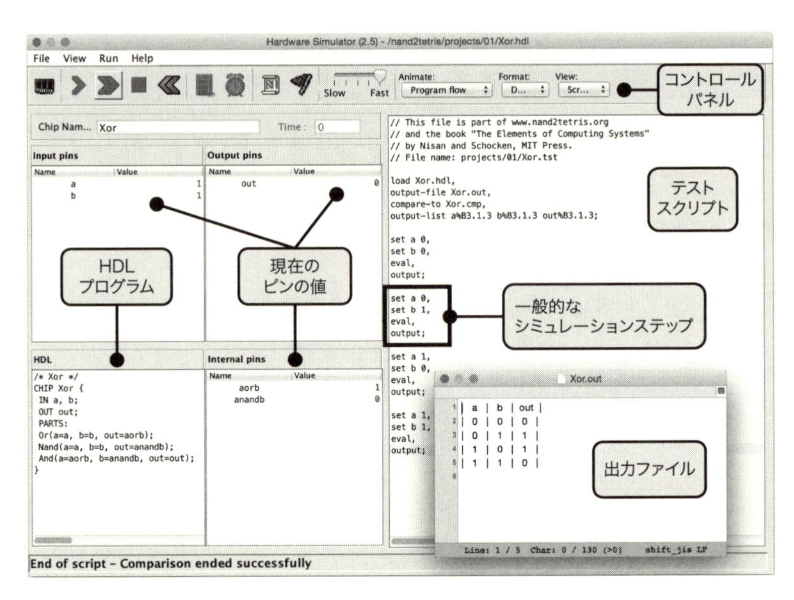

図C-1　ハードウェアシミュレータ①：Xorゲートのシミュレーション

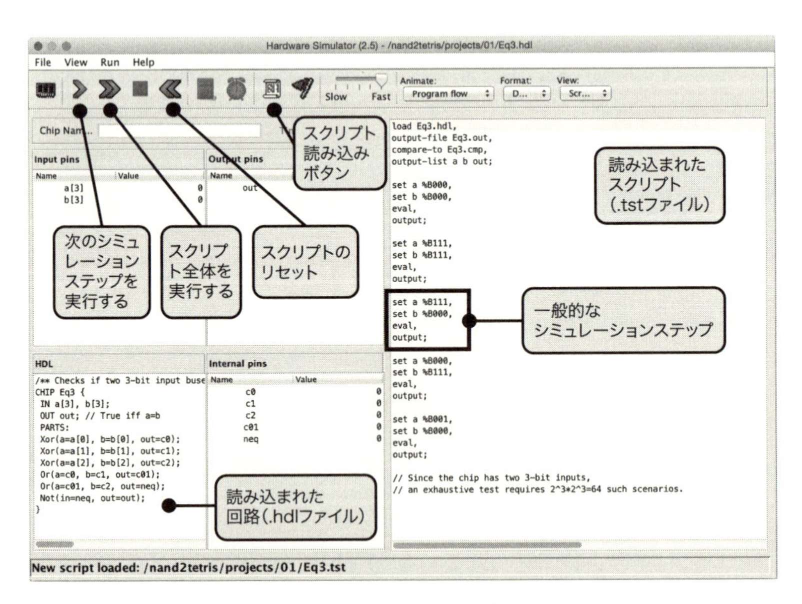

図C-2　ハードウェアシミュレータ②：テストスクリプトの実行

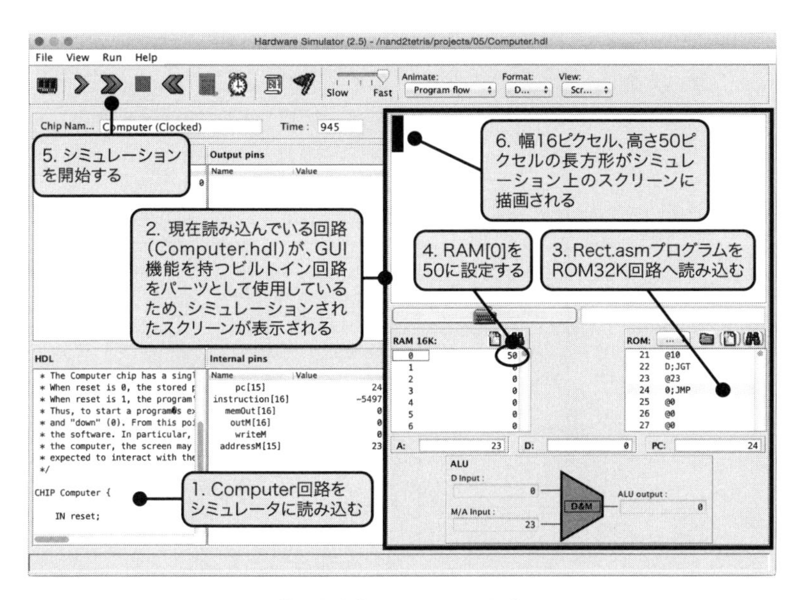

図 C-3　ハードウェアシミュレータ③：最上位の Computer 回路のシミュレーション

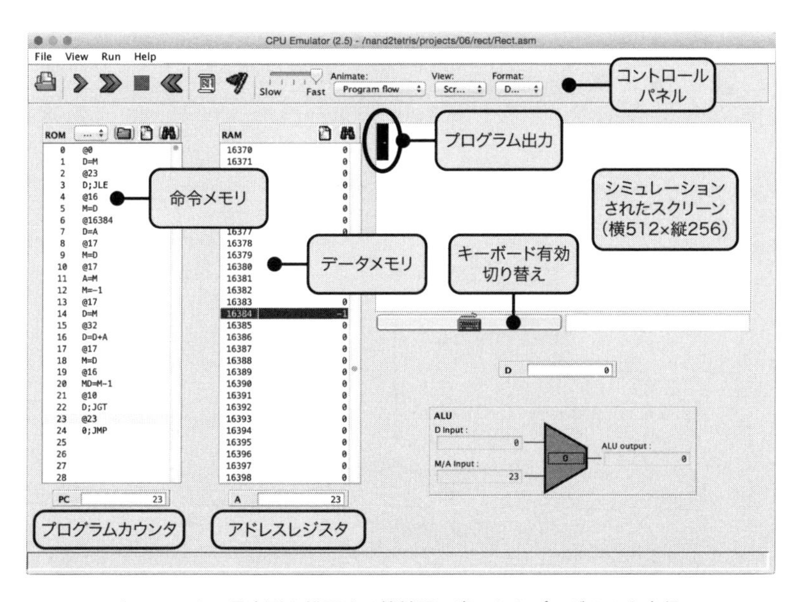

図 C-4　CPU エミュレータ：長方形を描画する機械語で書かれたプログラムを実行

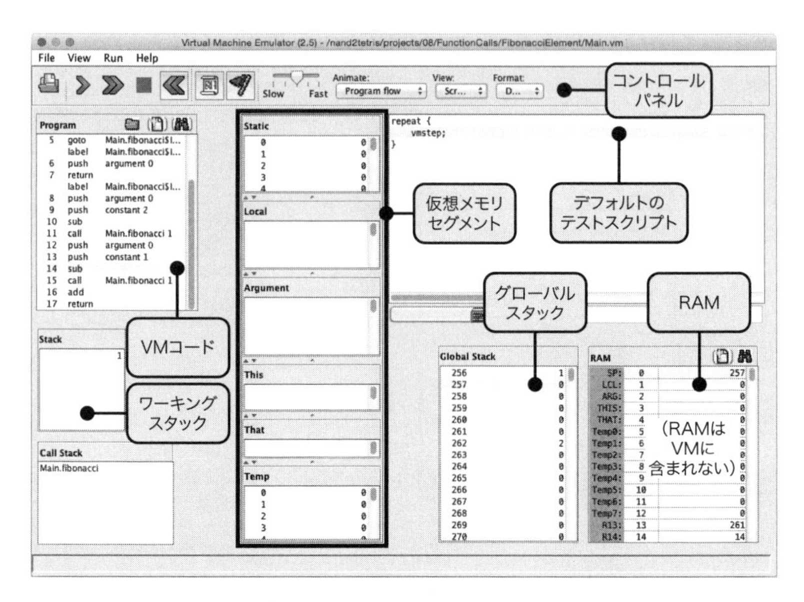

図C-5 VMエミュレータ:VMプログラムを実行

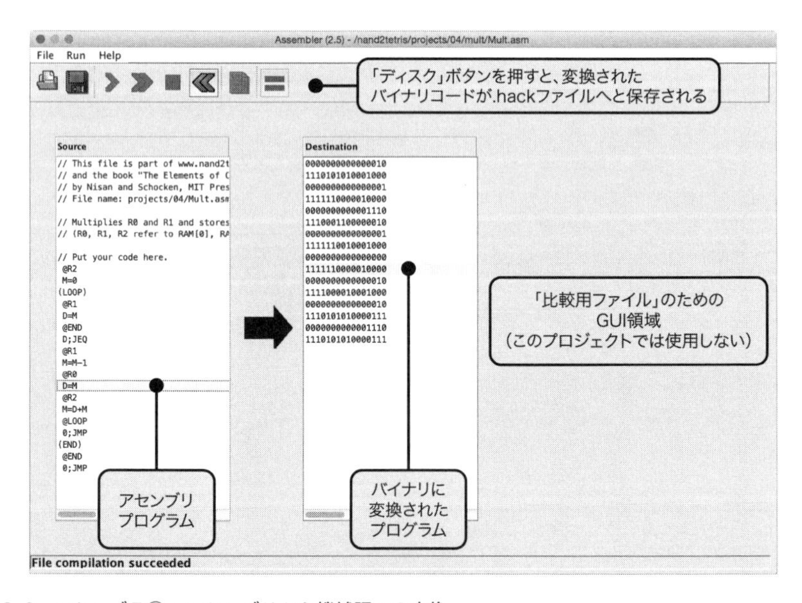

図C-6 アセンブラ①:アセンブリから機械語への変換

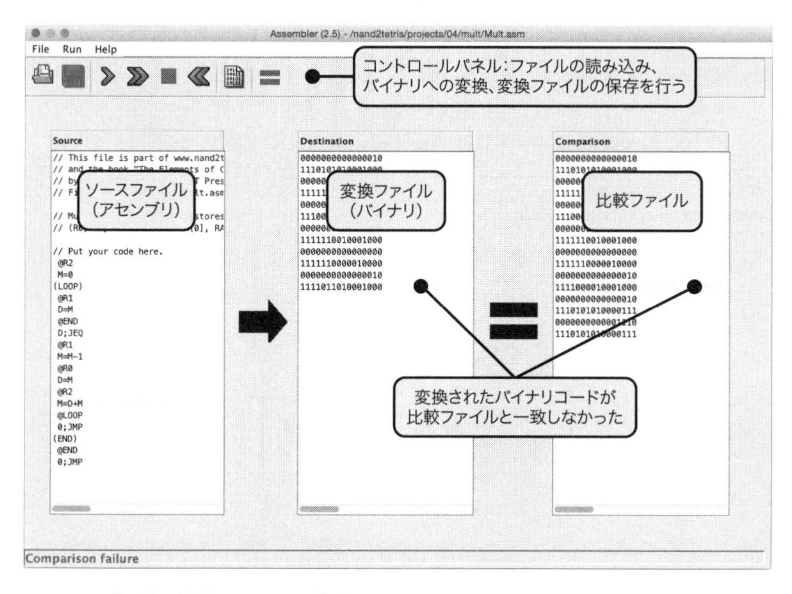

図 C-7　アセンブラ②：比較ファイルの使用

C.3　ソフトウェアツールの実行方法

本書が提供するソフトウェアツールは、コマンドライン（「ターミナル」や「シェル」、「コマンドプロンプト」）から実行する。OS が異なれば、コマンドライン環境も異なるため、OS に対応したシェルコマンドの知識が必要である。

本書用のバッチファイル（Windows 用）とシェルスクリプト（Unix/Linux および Mac OS X 用）が用意されている。これらのバッチファイル/シェルスクリプトは、対応するツールを呼び出す。

Mac ユーザーおよび Unix/Linux ユーザー

シェルスクリプトを実行する前に、ファイル属性が「実行可能」であるように変更する。その後で、ターミナルからそのスクリプトを実行する。たとえば、ハードウェアシミュレータの場合は次のようになる。

```
$ ~/Desktop/nand2tetris/tools/HardwareSimulator.sh &
```

拡張子 `.sh` を毎回タイプするのが面倒であれば、`~/bin` ディレクトリにシンボリックリンクを作るとよい。たとえば、ハードウェアシミュレータの場合は次のコマンドから行うことができる。

```
$ ln -s ~/nand2tetris/tools/HardwareSimulator.sh \
  HardwareSimulator
$ chmod +x HardwareSimulator
```

Windowsユーザー

バッチファイルをコマンドプロンプトから実行するには、nand2tetris\toolsディレクトリをPATH変数に追加する。バッチファイルをコマンドプロンプトから実行するには、そのファイル名を、拡張子.batを除いて入力する。

64ビット版のWindowsを使用しているのであれば、64ビット版のJavaをインストールする必要がある。バッチファイルを実行して、「'java' is not recognized...」というメッセージが表示された場合は、おそらく32ビット版のJavaだけがインストールされている。

C.4　使用方法

Windows環境を例に基本的な使い方を説明する。

ハードウェアシミュレータ

ハードウェアシミュレータをインタラクティブモードで起動するには、コマンドプロンプトから次のコマンドを実行する。

```
C:\...\projects\02>HardwareSimulator
```

「**HardwareSimulator xxx.tst**」と入力すれば、与えられたテストスクリプトをシミュレータは実行し、その結果が報告される。これはバッチモードでの実行形式である（インタラクティブモードでもテストスクリプトを読み込み、テストを実行することができる）。次に例を示す。

```
❖テストが成功する場合
C:\...\projects\02>HardwareSimulator ALU.tst
End of script - Comparison ended successfully

❖テストが失敗する場合
C:\...\projects\02>HardwareSimulator ALU.tst
Comparison failure at line 24

❖ HDL にエラーがある場合
C:\...\projects\02>HardwareSimulator ALU.tst
In HDL file C:\...\projects\02\ALU.hdl, Line 60, out[16]:
the specified sub bus is not in the bus range: load ALU.hdl
```

CPUエミュレータ/VMエミュレータ

これらのツールは、先のハードウェアシミュレータと同様に用いる。

アセンブラ

コマンド引数なしで実行すると、インタラクティブモードで起動する。「Assembler xxx.asm」として実行すれば、xxx.asmが変換され、xxx.hackが生成される（インタラクティブモードでも、この変換作業を行うことができる）。

```
❖アセンブルが成功
C:\...\projects\04\fill>Assembler Fill.asm
Assembling "c:\...\projects\04\fill\Fill.asm"

❖アセンブルが失敗
C:\...\projects\04\fill>Assembler Fill.asm
Assembling "C:\...\projects\04\fill\Fill.asm"
In line 15, Expression expected
```

コンパイラ

JackCompilerを引数なしで実行すると、現在のディレクトリにあるファイルをすべてコンパイルする。引数がファイルで与えられた場合、そのファイルをコンパイルする。引数がディレクトリの場合、ディレクトリに含まれるファイルをすべてコンパイルする。ワイルドカード（*）はサポートしていない。

```
❖現在のディレクトリをコンパイルする
C:\...\projects\09\Reflect>JackCompiler
Compiling "c:\...\projects\09\Reflect"

❖単一のファイルをコンパイルする
C:\...\projects\09\Reflect>JackCompiler Mirrors.jack
Compiling "C:\...\projects\09\Reflect\Mirrors.jack"

❖「Reflect」というディレクトリをコンパイルする
C:\...\projects\09>JackCompiler Reflect
Compiling "C:\...\projects\09\Reflect"
```

テキスト比較（TextComparer）

テキスト比較ツールを用いれば、与えられた2つのファイルを比較し、それらが等しいかどうかを判定することができる。たとえば、ハードウェアシミュレータでテストスクリプトを実行し、比較結果が異なったとしよう。その場合は、TextComparerを使って、次のように問題箇所を特定することができる。

```
C:\...\projects\02>HardwareSimulator ALU.tst
Comparison failure at line 24

C:\...\projects\02>TextComparer ALU.cmp ALU.out
Comparison failure in line 23:
|0101101110100000|0001111011010010|1|1|0|0|0|0|0001111011010010|0|0|
|0101101110100000|0001111011010010|1|1|0|0|0|0|0001111011010010|0|1|
```

ヘルプ

Windowsでは、各バッチファイルの引数に「/?」を与えれば、そのバッチファイルの使用方法が表示される（MacやUnix/Linuxの場合は「-h」）。

```
C:\...\projects\09>JackCompiler /?
Usage:
    JackCompiler                Compiles all .jack files in the current
                                working directory.
    JackCompiler DIRECTORY      Compiles all .jack files in DIRECTORY.
```

```
    JackCompiler FILE.jack    Compiles FILE.jack to FILE.vm.
```

C.5 ソースコード

Nand2tetris ソフトウェアツールはすべて Java で書かれている。もし、さらにそのツールを拡張したいと思ったとしたら、次の URL からソースコードをダウンロードすることができる。

http://www.nand2tetris.org/software/nand2tetris-open-source-2.5.7.zip

索　引

記号

A

B

C

D

H

J

L

M

N

P

R

V

あ行

か行

さ行

た行

な行

は行

ま行

や行

わ行

●著者紹介

Noam Nisan（ノーム・ニッサン）
エルサレム・ヘブライ大学（イスラエルの国立大学）の Computer Science and Engineering 研究所の教授。

Shimon Schocken（サイモン・ショッケン）
情報技術の IDB 教授。Interdisciplinary Center Herzliya（イスラエルの私立大学）の Efi Arazi School of Computer Science 学部長。

●訳者紹介

斎藤 康毅（さいとう こうき）
東京工業大学にて学士号、東京大学にて修士号（学際情報学）を取得。株式会社チームラボにて、コンピュータビジョン・機械学習に関する研究、またインタラクティブシステムの開発に従事する。翻訳書に『実践 機械学習システム』（オライリー・ジャパン刊）がある。

コンピュータシステムの理論と実装
——モダンなコンピュータの作り方

2015 年 3 月 23 日　初版第 1 刷発行
2021 年 5 月 11 日　初版第 7 刷発行

著　　者　Noam Nisan（ノーム・ニッサン）
　　　　　Shimon Schocken（サイモン・ショッケン）
訳　　者　斎藤 康毅（さいとう こうき）
発 行 人　ティム・オライリー
制　　作　株式会社トップスタジオ
印刷・製本　日経印刷株式会社
発 行 所　株式会社オライリー・ジャパン
　　　　　〒160–0002 東京都新宿区四谷坂町 12 番 22 号
　　　　　TEL（03）3356–5227
　　　　　FAX（03）3356–5263
　　　　　電子メール　japan@oreilly.co.jp
発 売 元　株式会社オーム社
　　　　　〒101–8460　東京都千代田区神田錦町 3–1
　　　　　TEL（03）3233–0641（代表）
　　　　　FAX（03）3233–3440

Printed in Japan（ISBN978–4–87311–712-6）
落丁、乱丁の際はお取り替えいたします。